U0167182

水资源开发与管理

世界水理事会　著

全球水安全
——经验和长远影响

水利部国际经济技术合作交流中心　译

中国水利水电出版社
www.waterpub.com.cn
·北京·

内 容 提 要

　　水资源作为一个重要载体，贯穿于社会经济生活的各个领域。为加深读者对其重大意义的认识，本书着重介绍了水利部门与社会其他部门之间的关系，既涵盖政策制定，又包括相关实践，同时对"水安全"的讨论不拘泥于传统的定义。本书介绍了有关国家水利部门在政策制定、水资源开发和管理以及治理决策等方面的实践，举例说明了水资源与农业、环境和能源领域的相互作用，讨论了决策中的利益取舍及其长短期影响、经验教训以及未来的选择等。本书案例来自澳大利亚、中国、新加坡、摩洛哥、法国、中亚、南部非洲、拉丁美洲、美国加利福尼亚州等多个国家、地区和城市。

图书在版编目（CIP）数据

全球水安全：经验和长远影响 = Global Water
Security：Lessons Learnt and Long-Term
Implications / 世界水理事会著；水利部国际经济技术
合作交流中心译. -- 北京：中国水利水电出版社，
2020.12　（2021.3 重印）
　　ISBN 978-7-5170-9100-4

　　Ⅰ. ①全… Ⅱ. ①世… ②水… Ⅲ. ①水资源管理—
研究—世界 Ⅳ. ①TV213.4

中国版本图书馆CIP数据核字(2020)第228586号
北京市版权局著作权合同登记号：图字 01-2020-6638

书　　　名	**全球水安全——经验和长远影响** QUANQIU SHUI ANQUAN——JINGYAN HE CHANGYUAN YINGXIANG	
外 文 书 名	Global Water Security：Lessons Learnt and Long-Term Implications	
编　　　者	世界水理事会　著	
译　　　者	水利部国际经济技术合作交流中心	
出 版 发 行	中国水利水电出版社 （北京市海淀区玉渊潭南路1号D座　100038） 网址：www.waterpub.com.cn E-mail：sales@waterpub.com.cn 电话：(010) 68367658（营销中心）	
经　　　售	北京科水图书销售中心（零售） 电话：(010) 88383994、63202643、68545874 全国各地新华书店和相关出版物销售网点	
排　　　版	中国水利水电出版社微机排版中心	
印　　　刷	北京虎彩文化传播有限公司	
规　　　格	155mm×235mm　16开本　20.75印张　268千字	
版　　　次	2020年12月第1版　2021年3月第2次印刷	
印　　　数	501—1000册	
定　　　价	**188.00元**	

译 校 人 员

审　定：石秋池
校　核：金　海　朱　绛
翻　译（按姓氏笔画排序）：
　　　　伊　璇　刘　博　孙　岩　李　卉
　　　　杨泽川　谷丽雅　张林若　武哲如
　　　　赵　晨　胡文俊　侯小虎　夏志然
　　　　黄聿刚

译 者 序

  《全球水安全——经验和长远影响》（英文版）是中国水利部和世界水理事会合作组织出版的。2018 年 3 月，该书在巴西举办的第八届世界水论坛上正式发布。

  水安全是全球关注的热点议题。围绕这一世界性问题，本书选择了中国、澳大利亚、新加坡、摩洛哥、法国、巴西、中亚地区、拉美地区、南部非洲地区、美国加州等 10 个国家和地区，结合各自的自然地理、经济社会、水资源禀赋等条件，介绍了它们关于水安全的思考、采取的措施和获得的成效及经验。

  感谢世界水理事会，从成书到中文翻译给予的支持和帮助，为玉成此事，将本书的中文翻译出版列入其三年工作计划（2019—2021 年）。

  水利部国际经济技术合作交流中心长期从事中外水利政策、经济、技术交流支撑工作，同时也是世界水理事会的董事和成员单位。此次组织力量翻译介绍相关国家和地区水安全实践，相信能够为践行"水利工程补短板、水利行业强监管"的水利改革发展总基调提供他山之石。

序言一　全球水安全：战略和政策意义

为在全球范围内实现水安全，现在比历史上任何时期都更迫切需要战略和政策的支持。近年来，许多地区缺水情况越来越严重，极端干旱和极端洪涝灾害情况也越来越频繁。水问题是造成饥荒、移民、流行病、不平等和政治不稳定的根源之一。经济合作与发展组织（OECD）发布的《2050年环境展望》预计，到21世纪中期，全球超过四成的人口有可能生活在面临严重水资源压力的流域，两成人口将面临洪涝灾害的威胁。

尽管可靠安全的水资源供给和完善的旱涝防御设施对于社会和经济的繁荣至关重要，但很少有国家对水资源的安全战略和政策给予足够重视。现在迫切需要的就是制定水安全战略和政策，以保护人口、城市、经济和生态系统免于遭受干旱、洪水、水污染、不安全饮用水、卫生设施不足和生态系统退化等与水相关的风险。人口增长、城市化、全球粮食需求上升和气候变化，使得水安全战略和政策的实施势在必行。未来，我们面临的最大挑战之一，就是为全球人口提供足够的水源并满足全球能源和粮食需求。预计到2035年，这一需求将增加1/3以上。

无论是发达国家还是发展中国家，水安全都至关重要。尽管发展中国家更易遭受与水相关的风险，但洪水和干旱也会给发达国家经济社会造成巨大损失。到2050年，受水旱灾害威胁的财产总值预计将增加两倍，达45万亿美元左右。据联合国水问题高级别小组估算，从现在到2030年，每年至少需要6500亿美元的资金，以保证实现水安全所需的基础设施。然而目前的投资远未达到全球需要，这一缺口已经对社区、经济和环境造成了巨大影响。

人们逐渐意识到水安全是跨部门可持续发展的关键。投资水安全，将降低社会风险和经济部门面临的风险，并对经济增长和包容性产生积极影响。水资源议程必须主动建立跨部门的合理使用水资源的政策。水安全、商业安全和地球的福祉基于我们的群策群力。因此，我们需要的是所有部门通力合作。

将水安全纳入主流政策，需要将知识转化为具有风险承受力并能提供投资回报的可持续和可融资项目。这需要调动政治意愿，制定政策和战略，为投资多功能基础设施创造有利环境。由于水的价值经常被低估，因此投资于更高价值的水资源用途更有潜在的机会。同时，政策干预可以降低风险，增加水投资回报，从而鼓励向更高价值用途的转变。技术和经营创新可以吸引对水资源的投资，因此有必要逐渐丰富创新模式。混合融资是大型水利基础设施融资的一种可行方式。面对未来的不确定性，采取在流域项目中融合个人投资的策略，可以建设高适应性且成本效益高的水利基础设施，从而获得多种收益。

为了实现水安全，需要优先考虑为水利基础设施融资制定战略和政策。世界水理事会始终致力于扩大对水资源的投资，努力提高人们对投资风险的认识，鼓励在世界范围内增加对水利基础设施的投资。经济合作与发展组织、荷兰政府和世界水理事会就水资源和融资签订的合作契约是启动2017年水资源融资圆桌会议的关键，利用政策、经济和金融专业知识，与私营部门、政府、监管机构、学术界和民间组织的领导人分享其成果。圆桌会议有助于水问题高级别小组制定政策和提出激励措施，以应对全球水利基础设施建设融资面临的挑战。

在这一系列研究中，世界水理事会获得了中国政府的慷慨支持，并借鉴了全球相关专家的意见。建立能满足日益增长的人口和经济需求的水安全，全球的愿景充满了复杂性和不确定性。迄今为止，大多数研究仅停留在理论阶段，或者只是对农业或能源等特定行业的水安全进行了调查。我们和各国政府一道制定未来可持续的政策和战略，但在建设和管理水资源体系以实现水安全发展方面，还需要具有可操作性的指导原则。

因干旱或洪水而歉收的农作物、城市有限的水资源、各经济体水资源供应的不足、数百万人面临的生计危险，这些都意味着必须制定相应的政策和战略，确保更有效的水安全——现在就应该开始行动。本书讨论了粮食、能源、生态、金融、工业、气候和抗灾问题的现实政策、管理和治理决策，世界水理事会希望这些研究成果能为水安全战略和政策提供新的视角并提供一些建设性意见。

世界水理事会前主席
本内迪托·布拉加

序言二　水安全——涉及全球、关乎人人、始于人人

　　整个世界正从一个危机走向另一个危机。紧张的政治局势加剧，军事和外交压力上升。气候也正以惊人的速度发生着变化。能源和水成为日益稀缺的资源。人们正面临着日益严重的健康威胁和重要的食物供应短缺威胁。这些日积月累的危机正危害着全球数十亿人口。

　　随着经济和社会相互依赖性增加、人口增长和城市化空前发展、新闻传播速度加快以及人们希望提高生活质量，这种危机变得越来越强烈。但同时，它也增强了人们对和平和人类尊严的呼声。

　　从长远来看，和平、尊严与一个更加公平的世界依靠两件事：获得发展的机会和对自然的保护。为了开发和保护自然，我们需要在相互尊重的基础上采取行动并在使用日益稀缺的自然资源和保护自然的需求之间保持可持续的平衡。

　　水，便是其中一种资源，而且正变得日益稀缺（包括质量和数量）。尽管我们在生活、工业和农业用水中采取了保护措施，但我们的河流、水井、水坝和水库中的水仍然在迅速枯竭。人们对水的需求日益增加，各地区和全球的水资源供应却停滞不前。我们的生活依赖于可饮用水的供应。如果我们不能管理好水资源，全人类将无法获得发展，也不能享受基本的人权保障。

　　大到全球命运，小到个人生存，保护水资源是我们的责任。确保全世界的水安全人人有责。

　　为了确保水的使用，我们首先需要确保资源本身的可利用性，并对其保护。我们必须在现有水资源和未来水资源之

间找到平衡点。这意味着我们需要在对水的需求和因水资源短缺带来的各种限制之间寻找平衡。保障水安全需要寻找新的水资源，以满足人们的需求并取得平衡。为了实现这一切，我们可以依靠人类的聪明才智和不断创新的能力，提出新的解决方案。

技术方案是首要的。将来，我们需要将井打得更深，将水输送到更远的地方，保存更长的时间，采取更有效的方式净化水资源。我们将开发新的技术，提出先进且价格低廉的解决方案，例如大范围的海水淡化和废水再利用。这些将成为农业和工业用淡水的绝佳来源。技术进步将使我们能够加快推出新的更智能、高效、环保、可持续和公平的解决方案。

但是，除了人类的聪明才智之外，还必须采取政治行动。政治家的工作就是引领、执行和监督水资源的有效利用。我们可以把水资源管理看作是一个由三大支柱支撑的房子，即治理、财政和知识。这三大支柱需要精心建造，以确保每一滴水都能尽其所用。

为了提高效率，我们需要超越水资源综合管理的传统理念，即短期水循环纵向方法。除此纵向方法之外，我们还需要采取基于"五指"（即水、能源、粮食、健康和教育）之间基本联系的横向方法。这是一种新的方法，可使发展政策在全国和各地区得到完整实施，不会使"五指"各因素孤立或对立，"五指"相互关联，互不冲突。因此，无论是扩建一座城市还是建设一所学校都必须同时顾及这五个基本因素，不能顾此失彼。这正体现了"保护水与能源，共筑未来"的口号。

随着新需求不断涌现，我们看到水安全同气候安全、核安全和海洋安全一样，成为我们这个星球现在面临的关键战略挑战之一。水资源短缺使人类社会变得更加脆弱，一些国家和地区因此处于极其脆弱的境地。

全球水安全现已纳入各国国家安全和外交政策。这使我们认识到了发展"水外交"的必要性。水外交是在这一人类最重要资源基础上构建和平的艺术。它不仅需要跨界流域的联合管理，还需要气候减缓和适应性谈判。我们还需要水外交来为世界上最贫穷的国家建立有效且公平的与水（和能源）相关的债务再融资机制。

然而，我们看到，在过去几年中政府已不再垄断这种战略构想。目前，尤其是未来，确保水安全的任务将掌握在议会、地方当局和用户群体手中。这是因为，确保水安全的最佳人选一直都是那些最接地气的人，他们能够阐述所有人的权利和义务，同时又有一双善于关注政治行动中的道德和透明度的眼睛。水权，宣称容易，但实施困难，这将是贯穿水安全共同行动和政策的主线。

那么，在这样一个追求效率、即时沟通往往比长期行动更重要的世界里，我们该如何去做呢？为了推进水安全，我们需要制定一项协定，或者更确切地说，是一系列协定。首先需要制定的就是一项全球协定，其中水资源将作为"可持续发展目标"、气候谈判以及发展机构和银行所作融资承诺的优先事项。

我们还需要制定一项全球协定，使国际组织和各国承诺将水资源作为关键优先事项，并将其转化为国际社会在联合国主持下制定的法律和决策。此外，我们需要制定流域、大都市和农村社区相关的地方协定。政治领导人、企业和社会参与者将公开承诺：水及水安全将成为常规公共政策的核心。

至于气候变化，只有世界各地的每个人都坚定不移地致力于实现这一目标，才能确保可持续的水安全。

这项工作旨在推广世界各地的一些不同举措和经验，为努力保证水安全树立榜样。这本书的构思，是在与中华人民共和国水利部部长的交流下完成的。在他的领导下，中国最近在水利方面取得了非凡的进步。

　　我要感谢他的远见卓识、领导能力以及他对水利事业所做的贡献。没有他的决心和承诺，就不会有这本书。我还要感谢和他一起工作的人，以及所有参与撰写这本书的人。我希望这本书能为确保水安全贡献一份力量，因为水安全涉及全球、关乎人人、始于人人。

世界水理事会主席
洛克·福勋

目　　录

第1章 实现全球水安全：走出现状？

*作者：*塞西莉亚·托塔哈达 (Cecilia Tortajada)、
维克托·费尔南德斯 (Victor Fernandez)

摘要：水资源一直都是关乎社会经济各部门的多维资源。从全球范围来看，人口增长和城市化进程加剧了对水、能源和粮食的需求。因此，在贫富差距日益加剧的今天，发达国家和发展中国家似乎都在争分夺秒地应对多样化的社会需求。随着水资源日益短缺、水污染日趋加重，水资源的管理、治理和开发越来越依赖于其他部门的决策，很多时候这些部门并没有充分协调，同时水资源可利用量比以往任何时候都更受气候差异和变化等问题的影响，从而增加了不确定性。上述问题的出现，迫使人们开始从风险和安全的角度重新审视水资源问题。水安全需要从现状出发，在了解不同的自然、政策和政治变量相互作用、相互影响的基础上，创建一个新的系统。该系统需要一个完整视角，能够提出替代方案以兼顾复杂性并适应未来不确定性。事实证明，现状无法满足当前的需求和期望，更难满足未来的需求和期望，因此，走出现状势在必行。

1.1 概述

广义上，水安全的定义是有足够数量且质量合格的水资源，可维持社会经济发展、生计、卫生和生态系统的需要（Grey 和 Sadoff，2007；联合国大学，2013）。水资源问题是一个多维度的问题，是保障人类安全的先决条件。水资源短缺对社会各阶层都有影响，往往会加剧贫困现象，阻碍社会经济发展。正如广泛讨论的那样，人口增长、城市化、土地利用变化、生活方式和社会期望的变化、经济活动、近期气候差异和变化以及相关极端事件等因素对全球人类和自然环境产生了深远影响（Biswas 和 Tortajada，2009；van Beek 和 Arriens，2014；Vörösmarty 等，2010）。

随着 20 世纪全球人口增长，用水量增加了约 6 倍（Bogardi 等，2012），对可利用资源产生了巨大压力。然而，并非所有国家都表现出这种趋势，比如全球最大的经济体——美国。在美国，2005 年至 2010 年间，包括市政、工业、热电和灌溉在内的所有行业的用水总量都有所下降。与 2005 年相比，2010 年只有采矿和水产养殖行业的用水量有所增加，但增量相对较小，没有抵消其他行业用水总量的减少量，据估算每天减少量达 2.04 亿 m³（美国地质调查局，未注明日期）。

水质较差是水安全问题的主要原因，将造成严重的社会和经济后果（世界银行，2007）。水污染主要是城市污水处理不当以及工农业废弃物管理和处理不当造成的。

水资源利用数据和信息对广泛了解水资源可利用量至关重要。但在大多数情况下，并没有数据可供使用，即便进行了数据收集，收集到的数据并不完整或充分，缺乏了解趋势、频率、短缺时间和高峰使用时间所需的时空分辨率（世界银行，2017）。

非传统观点认为，水安全对政治和军事也都产生了影响（Zeitoun，2011）。从这个角度看，水安全问题已经形成了一种"爆炸性状况"，甚至破坏了政权的稳定（Reed，2017）。美国情报部门表示，水资源问题可能导致一些国家局势不稳，从而破坏美国国家安全利益，该形势令人担忧。总体上，风险可能包括水资源短缺、贫困加剧、社会紧张、环境退化和治理不善造成的社会混乱；地下水枯竭可能威胁国家和全球粮食市场；水资源短缺和污染可能对重要贸易伙伴造成严重负面影响（美国国家情报局办公室，2012）。由于自然资源的稀缺及恶化，地方风险有可能升级到全球范围。因此，了解社会与政治、人文和自然环境之间的关系（Andrews-Speed 等，2013；Brauch 等，2009），以及环境和自然资源在促进和平稳定和保障人类安全方面的作用（Tortajada 和 Keulertz，2016）是至关重要的。

经济合作与发展组织（OECD，简称"经合组织"）国家和非经合组织国家的水资源前景差别很大。一方面，非经合组织国家的人口增长率更高，需水量随之急剧增长。另一方面，在经合组织国家，总需水量预计将从 2000 年的 10000 亿 m^3 降至 2050 年的 9000 亿 m^3。其驱动因素包括：节水措施和技术创新带来的效率增益，以及向低耗水的服务业转型（经济合作与发展组织，2013）。但是，水资源短缺对社会最贫困部门的影响最为严重（联合国，2007），因为这些部门面临的水风险更大，抵抗能力更差，获得替代水源和相关服务的机会也更有限（经济合作与发展组织，2013）。

1.2　水安全及其维度与风险

按照社会、经济和环境问题同等优先的可持续性模式，水安全具有三个同等维度：社会公平、经济效益和环境可持续性。

正如凡·贝克（van Beek）和艾瑞斯（Arriens）（2014）研究所述，社会维度是通过强有力的政策、法律和规章制度以及治理实践，确保社会各行业公平地获得用水服务和水资源。经济维度是指提高各行业的用水效率和节约用水程度。提高用水效率是解决当前和未来水安全问题的关键，因此经济效益至关重要。在操作层面上，能源用水和灌溉用水在很大程度上并没有量化，农业和能源行业的用水效率完全可以进行优化。这将需要更有效的做法以及地方、区域和国家机构之间更密切的协调。从长远来看，如果节水水平和用水效率没有进一步提高，家庭、农业和工业活动的用水量可能会不断增加到不可持续的水平（联合国，2007）。最后，同样重要的是环境维度：作为绿色经济的一部分，应对水资源进行可持续管理。

解决水安全问题需要制订更全面的规划和政策、提高管理和技术创新的速度以及加强跨部门跨社区和跨行政边界的更密切合作（欧盟委员会，2015；联合国大学，2013；Zeitoun，2011），同时需要降低与水相关的风险。因为水不仅对人类生存至关重要，而且是数百万企业、农场、发电厂和制造商的经济基础，它们都依赖于保质保量的供水（Kane，2017）。

水安全问题与气候差异性及涉水灾害有关，可以通过风险管理和减少薄弱环节来解决（亚洲开发银行，2016）。目的是了解社会如何通过优先考虑当前和未来可接受的风险水平阈值来应对气候差异性。

经合组织（2013）提出了一个将技术风险评价与诸如风险认知和风险评估等背景因素相结合的框架（见图1.1），作为一种基于风险的水安全实施方法。经合组织提出加强水安全意味着在以下与水有关的领域实现并保持可接受的风险水平：水资源短缺、水质恶化、洪水以及淡水水体的自我修复能力减弱。由于这些风险是相互关联和影响的，其管理应侧重于能产生尽可能多积极影响的事件（经合组织，2013）。该框架提出，一方面，风险管理以及风险评估属于"管理层面"，即决策和实施工具。另一方面，风险评价、风险表征和关注评估属于"评价层面"，即知识的生成。

根据这一框架，第一步是了解风险（见图1.1中的"了解"），即确定与水相关风险的主要驱动因素并预测其长期趋

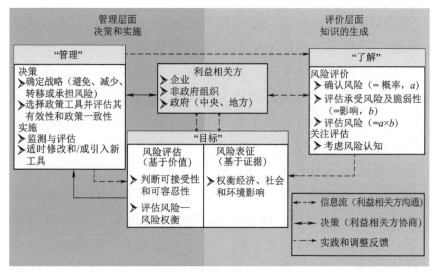

图 1.1 基于风险的水安全框架

资料来源：经合组织，2013

势。水风险的驱动因素包括政策和机构、社会经济趋势、水资源（数量和质量）以及自然事件。建立一个可为水风险决策提供翔实数据的信息库，需要经过科学的风险评价，还需要了解受影响的行为者的风险认知（Grafton 等，2012；经合组织，2013）。

第二步，针对风险（见图 1.1 中的"目标"）确定可能的响应以及哪些响应最合适。基于风险评估、证据和基于价值的判断，进一步考虑风险的可接受性，其等级可分为可接受、可容忍或不可容忍。这一过程的特点是权衡潜在的风险，因为减少特定人口、生态系统或活动引发的水风险的努力可能相互影响，或可能导致其他水风险。社会和环境对水风险的可接受程度至少在理论上应取决于经济、社会和环境后果之间的平衡，以及改善这些后果的成本和权衡（经合组织，2009，2013；van Beek 和 Arriens，2014）。

第三步，管理风险（见图 1.1 中的"管理"），水风险的适当响应决策及其实施考虑了上述所有步骤。这一步的目的是试图通过管理风险驱动因素或防止人口、生态系统和活动受到负面影响或增强其抵抗能力，来避免、减少、转移或单纯地接受风险。总的来说，基于风险的方法有可能有助于制定更全面的水安全实施方法，更好地评价有利于采取预防行动的优先政策，以及做出更知情的决策（经合组织，2013）。综合来看，那些更有准备管理不同风险并对其做出响应的正是配置了最具功能性、最负责任和最具包容性机构的国家、地区和流域（Rüttinger 等，2015）。

从治理的角度来看，最有争议的一项任务是确定风险是否可接受、可容忍。这里，通常使用所谓的交通信号灯模型：如果风险可以接受，则为绿色；如果需要采取进一步的管理措施，则为黄色；如果风险不可容忍，则为红色（Klinke 和 Renn，2012）。在这个模型中，根据风险发生的概率和后果对风险进行排序并确定优先顺序。如果风险是极不可能出现的且后果并不严重，则风险是可接受的。如果风险偶尔会产生严重影响，为此必须采取降低风险的措施，则风险是可容忍的。如果风险产生灾难性后果的概率很高时，则风险是不可容忍的（见图 1.2）。

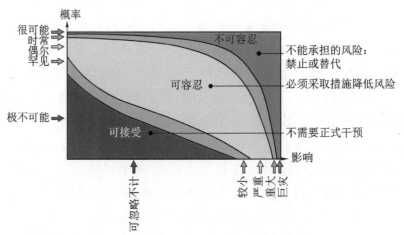

图 1.2　可接受、可容忍和不可容忍的风险

资料来源：Klinke 和 Renn，2012

根据风险的大小、后果和改善的成本，从社会、经济和环境的角度来看，风险或多或少是可以接受的。在图 1.3 中，特定风险的大小、后果和成本用横轴表示，风险发生的概率用纵轴表示。水资源管理通常只有在发生可接受的风险时才有效，例如，有中度影响的低概率事件。概率较高的较大事件可能会对水资源产生非常大的影响、改善的成本非常高，使其非常难以进行管理。这种较大事件的起因之一是气候变化，有可能将水资源风险提到非常高的水平（经合组织，2013）。

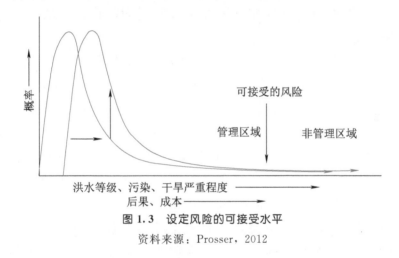

图 1.3　设定风险的可接受水平

资料来源：Prosser，2012

1.2.1　水和气候相关风险

水资源管理与气候变化和变异性有许多相互联系。这些相互联系，以及它们在时间和空间上的众多水文、经济、社会、环境和政治影响，使得政策选择、管理、治理和开发决策，以及用于缓解和适应战略的投资选择，在最佳情况下最具挑战性（Tortajada，2016）。

气候变化增加了水资源管理的复杂性（世界银行，2010）。气候变化对传统用于评估和管理风险的注重平稳性或历史差异性的水资源管理范式提出了诸多挑战（Milly 等，2008）。由于这些原则不再有效，水资源必须以不同的方式管理，且水系统必须以不同的方式优化。正如米莉（Milly）

等所讨论（2008）并由世界气象组织（2012）进一步解释的，人类活动对降水量、蒸散量和河流流量的平均值和极值的影响程度使得确定新的相关环境变量的非平稳概率模型变得至关重要。

许多发展中国家应对气候变化平稳性的信心不足，这些国家应对非平稳性的机构能力、法律和监管框架以及基础设施开发都处于历史最低水平（Weaver 等，2013）。流域和市级层面的水资源管理人员即便具备合格的管理和技术能力，在试图做出应对气候变化风险决策时仍面临诸多困难（Conway，2013）。

气候变化和变异性将会并且已经对水安全产生直接影响。大部分影响将发生在水循环上，加大气候和水文差异性。干旱、洪水和其他极端事件预计会更频繁、更强烈（Tortajada，2016；联合国大学，2013）。这将因国家、城市和流域的位置而异（联合国大学，2013），也会因政策、机构、治理和管理实践、可用的投资资金和应对变化的总体准备情况而异（Tortajada 等，2017）。即使气候变化在某些地方并不明显，但水资源短缺现象预计会更加严重。对于已经遭受水资源短缺、机构能力差和服务不完善的国家，这些国家的人民将面临最困难的情况（联合国，2007）。从中期和长期来看，气候变化和变异性很可能增加全球生活在缺水环境下的人数，使他们更加脆弱、更加不安全（世界银行，2015）。

1.3 解决水安全问题的工具

解决水安全问题是必要的，主要原因在于水安全对社会和自然环境有深远影响。即使不能完全实现水安全，也应制定政策工具，以增强水安全并做更充分的准备工作。这类政策工具包括机构改革、治理和管理方面的工具、基于市场的工具、水价制定、能力建设以及信息和数据共享（联合国大学，

2013；经合组织，2013；世界银行，2015）。不断变化的自然、
经济和社会条件要求自然和社会系统不断适应其变化，这使得
这类工具之间更密切相关（van Beek 和 Arriens，2014）。

亚洲开发银行（2016）指出，许多国家、地区为了提升
水安全水平，提出了一系列国际战略。一个例子是"水资源
综合管理"范例。亚洲开发银行认为，这一范例失败的一个
原因是，个别政府在使用该范例前，未考虑自身的发展阶
段、需求和能力与最初该范例适用国家的差异。（关于该范
例实践局限性的深入讨论，参见 Biswas，2008；Giordano 和
Shah，2014）

亚洲开发银行（2016）解释道，水利经济并不均衡，而
是处于不同的发展阶段。鉴于在金融、机构改革、能力建
设、水政策工具以及管理生态系统影响方面的差异，增强水
安全的必要条件在各个阶段都不相同。在表 1 中，水利经济
以正式部门用户的百分比表示：阶段 1 为完全非正式阶段
（低于 15％）；阶段 2 为基本非正式阶段（15％～35％）；阶
段 3 为正式化阶段（35％～75％）；阶段 4 为高度正式的水
产业阶段（超过 75％）。

水资源管理能力在制度、资金和技术上的不足，是实现
水安全的主要障碍。能否增强水安全，不仅取决于可用水量
和水质，还取决于机构能力和治理能力，以便于执行经协商
制定的计划和政策。在金融方面，利用国内资本（如银行、
资本市场、养老基金和保险公司的资本）融资是必要的，这
需要广泛的信贷能力来支持公用事业，为水行业带来机会，
并努力消除融资的法律或政策障碍（联合国大学，2013；世
界银行，2015）。

众所周知，基于市场的政策工具提供了水税，如水资源
税和排污税，以及可交易许可制度等激励措施。它们激励用
户改进自己的现有做法。有人提出，与监管工具相比，税收
的好处是，公共当局对于信息的需求较低，因此更具环境

表 1　水利经济不同发展阶段增强水安全的优先事项

发展阶段	阶段 1: 完全非正式阶段	阶段 2: 基本非正式阶段	阶段 3: 正式化阶段	阶段 4: 高度正式的水产业阶段
水用户（%）	5～15	15～35	35～75	75～95
示例	阿富汗、不丹	孟加拉国、巴基斯坦	中国、印度尼西亚、泰国	澳大利亚、韩国
能力建设	投资于技术管理能力，以创建经济适用的基础设施并提供服务	开展水利基础设施管理和提供水利服务能力建设	开展地方能力建设，支持流域水资源管理	高水平的水技术管理能力和高效节能的水利经济
政策和法律制度	有效的供水和粮食安全政策；建立用水大户监管体系	制定符合地方体制和习惯法的基本水政策和水法规	引入政策和法律制度，支持向流域水治理过渡	现代水产业和跨界水治理的政策和监管框架

续表

发展阶段	阶段 1：完全非正式阶段	阶段 2：基本非正式阶段	阶段 3：正式化阶段	阶段 4：高度正式的水产业阶段
投资优先	建设并完善水利基础设施，供应包括弱势群体在内的全部人口的生活和生产使用	投资于基础设施现代化建设，提高服务水平和用水效率	投资于流域水资源配置与管理基础设施，包括跨流域调水和受管理的含水层回补管理	提高水资源和能源效率的技术和水利基础设施
管理生态系统影响	建立广泛的水生生态系统意识；监管企业用户的取水和水污染问题	在工程层面积极管理水质和生态系统影响；低成本循环利用投资	关注水质和卫生管理；城市废水循环利用；控制地下水消耗	实现零排放或最小排放；减少碳足迹
水价制定和补贴	最大限度地减少不正当补贴；合理补贴；最大限度地减少浪费	用水大户采取计量水价；零售用户部分成本回收；对贫困用户实行定向补贴	用水服务全部财务成本回收；计量供水；服务供应应覆盖 90% 的人口	用水服务全部成本回收，包括对生态系统影响方面投入的成本

资料来源　亚洲开发银行（2016）改编自 Shah（2016）《增强水安全：落实可持续发展目标的关键》，技术执委会背景文件第 22 号，全球水伙伴技术委员会、斯德哥尔摩。

效益和经济效益。水税的行政成本也相对较低。就可交易许可制度而言，"上限"以及推动对环保型成果的直接投资有助于实现水安全目标。应注意，与某些交易系统相关的交易成本可能非常高昂，并对可从交易中获得的社会净收益造成影响。总的来说，应当记住，光靠经济效益不足以解决水安全问题，环境目标和社会目标仍然是主要优先项（经合组织，2013），这些目标使治理工作（或由利益众多且各异的行为者及其组成的正式和非正式机构所制定的决策）对水安全至关重要。

从治理的角度来看，国家需要制定制度和法律框架，以便应对各种情况，并有能适应地方、区域和国家背景的管理结构、新型关系和能够整合自然与社会层面复杂性的多层次模式（联合国大学，2013）。依赖水资源的部门相互之间开展更密切的协调将健全水政策，并可加强水资源管理和发展（世界银行，2017）。

因此，建议进行良好治理，以促进水安全的实现。梅金（Makin）等（2014）应用水安全指数（亚洲开发银行，2013）和治理指数得出，水治理水平良好的国家与治理水平有限的国家相比已实现更高水平的水安全（见图 1.4）。

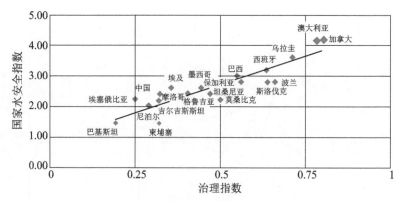

图 1.4　国家水安全指数与治理指数

资料来源：改编自 Makin 等，2014

如其他文献所述（例如 Biswas 和 Tortajada，2016），这支持了与水资源实际短缺相比，水资源短缺和不安全与治理不善更密切相关的论点。

1.4 水安全范例的实施

本书包括对面临不同水安全挑战的国家、地区和城市的案例研究，每个国家、地区和城市都有自己的社会经济、政治和环境背景。本书尽力使这些分析面向政策和实践，以便吸取基于实践的经验教训。这些案例研究包括亚洲和太平洋地区的澳大利亚、中国、新加坡和中亚，非洲大陆的摩洛哥和南部非洲，欧洲的法国和美洲的巴西、美国加利福尼亚州和拉丁美洲（作为整体）。

澳大利亚案例研究阐述了水资源规划是根据其稀缺性进行调整的。正如霍恩（Horne，2018）所述，20 世纪初的微观经济改革开启了加强城市和农村地区水安全的现代进程。2004 年，澳大利亚"国家水倡议"进一步强调了加强水安全的重要性。"国家水倡议"出台于"千禧年干旱"期间，1997 年至 2009 年，旱灾持续盘桓在澳大利亚东南部。该倡议旨在改善治理框架并鼓励人们改变行为（澳大利亚政府委员会，1994）。不久后，2006 年，澳大利亚政府出台了一项"国家水安全规划"。该规划侧重于墨累-达令流域的治理改革，加强农业可持续性和水市场，并提高信息质量（Howard，2006）。目前，尽管在水安全方面取得了巨大进展，但仍保留在议程上（尽管更显低调）。对气候科学和水信息系统升级的大量投资反映出澳大利亚在应对气候变化问题方面的优先性。霍恩还提到，尽管水安全管理总体上取得了成功，但仍然存在两个严重问题：该国偏远地区和地方社区的水安全状况不佳，例如塔斯马尼亚州的小城镇和北领地的土著居民区；以及公共利益和私人利益之间的权衡，这是在政策层面尚未解决的问题。

中国案例研究指出（水利部，2018），城市化和工业化的快速进程导致水资源供需矛盾日益尖锐。其背后影响因素不仅包括有限的人均水资源、降水量的时空分布不均、日益加剧的全球气候变化，还包括用水需求的过度增长、未经适当处理的废水排放增加、供水基础设施不足、水土流失、水体退化以及河流、湖泊和湿地面积萎缩。400多个城市面临不同程度的缺水形势，使得水安全成为事关国家利益的问题。洪水和内涝是危害性和破坏性最大的自然灾害。中国约2/3的地区和超过90％的人口遭受着不同程度的洪水威胁，洪涝损失占各类自然灾害损失总额的70％。为应对灾害，中国政府建立了国家防汛抗旱指挥系统，这是一个用于监测降雨和水情并预报洪水的全国性多层级系统。此外，为解决日益增长的用水需求，政府实施了"三条红线"政策：控制用水总量，提高用水效率，并限制水功能区纳污。展望未来，为改善水安全状况，中国政府将坚持创新、协调的新发展理念。这些政策的实施还将改善人类环境和自然环境条件。

新加坡案例研究指出，新加坡这个城市型国家历史上一直在努力实现水安全这一目标（Tortajada和Wong，2018）。其当前的规划目标是到2060年实现充分的水安全和自给自足。过去，该国没有天然水资源，水、能源和粮食均依赖进口，在各部门的长期全面规划、政策健全和创新下，这些限制已得以克服。为确保能够完全满足当前需求和预期需求，新加坡实施了一系列国家战略，包括国内外供水水源的多样化、河流疏浚和水道清理、集水区保护、节水措施、废水处理、生产饮用和非饮用的高标准再生水以及海水淡化等（Tortajada等，2013）。预计到2060年，新加坡需水量将翻一番。为解决这一问题，新加坡政府实施了一系列长期战略，包括到2030年将集水区用地占全国土地面积的比例增至90％，并实现高质量再生水（NEWater）和海水淡化产能翻一番。预计到 2060 年，高质量再生水和海水淡化将满足新加坡 85％的用水需求（新加坡国会，2016）。未来，为增加水资源，并提供惠及所有用户和各种用途的清洁水，新加坡必须制定更加注重用水需求、公众参与和定价工具的全方位战略。

中亚是亚洲的最后一个研究案例（Xenarios，2018），该地区的国家是世界上用水强度最大的经济体之一，每年人均取水量为 2 200m³，将近 90％的水量用于灌溉（Sehring 和 Diebold，2012）。正如克塞纳里奥斯（Xenarios）等（2018）所述，塔吉克斯坦和吉尔吉斯斯坦两个上游国家地表水资源丰富，占地区水资源的 81％。由于油气资源匮乏，对它们而言，水安全主要表现在能源不再依赖进口、涉水灾害减少以及灌溉和畜牧用水充足。下游国家（乌兹别克斯坦、土库曼斯坦和哈萨克斯坦）油气资源丰富。乌兹别克斯坦和土库曼斯坦的天然气储备分别占地区总量的 23％和 44％，而哈萨克斯坦则是世界前 20 大产油国之一。但上述三个国家都面临着严重的水资源短缺问题。水安全对它们而言，主要意味着增强农业、渔业和畜牧业的用水保障，减少缺水事件。尽管存在局部摩擦，但所有中亚国家都同意近期成立区域组织，共同协商解决水资源管理问题。在过去十年中，中亚各国逐步采取了流域管理措施，试图遵循欧盟《水框架指令》的原则改善国家用水和分配计划。三个国家逐步制定了流域管理规划，但由于政府机构间职能交叉，明显缺乏对这些干预措施的协调、监测和评估。正如本章所述，水安全是一个多元化的概念，中亚不同国家对此有不同的看法。展望未来，在促进社会经济发展这一共同目标下，有望实现地区层面水安全的增强。

在摩洛哥案例中，艾特·卡迪（Ait Kadi）和齐亚德（Ziyad）（2018）解释道：尽管摩洛哥拥有丰富的地下水资源，包括 32 个深层含水层和 46 个以上浅层含水层，但该国仍承受着气候不断变化所带来的影响，包括降水减少、干旱频率上升等。这些变化，加之人口增长、城市扩张和水资源短缺日益严重等因素，都给水安全带来风险和挑战，促使该国在水资源管理中实施了以下重大政策改革：以国家水计划为框架，采用长期的水资源综合管理战略；制定新的法律和体制框架，以促进分权管理，并加大利益相关方的参与力度；通过合理的收费和成本回收，在水量分配决策中采取经济激励措施；监测和控制水质，以缓解环境恶化。其他有助于确保摩洛哥供水安全的政策措施还包括：加速修建水坝，已建水坝数量从 1967 年的 16 座迅速增加到 2016 年的 140座；在 13 个流域之间建立一个大型的输水系统；修建大型基础设施，旨在到 2020 年拦蓄大部分剩余地表径流；凿井开采地下水，目前地下水约占全国饮用水供应的 1/3，农村地区的占比可达 90%。目前，对摩洛哥水安全产生威胁的主要因素是可用水资源减少、极端事件发生的频率增加、全年总降水量减少、连续干旱天数最大值呈上升趋势，以及水文情势变化，即年均径流量减少、山洪暴发频率和强度增加。目前的气候变化预测还表明，干旱的频率和强度会进一步增加，持续时间更长，并对粮食、水、能源和卫生部门产生重大影响。因此，所有政策、管理和治理措施都将继续得到加强。

南部非洲案例研究指出，该区域水安全面临的首要挑战是经济问题，蓄水和输水设施的投资旨在解决水资源时空分布不均。正如穆勒（Muller）（2018）所述，南部非洲面积660 万 km^2，人口 1.55 亿，虽然有个别地区经济繁荣，但该地区大多数人仍生活在贫困之中。尽管该地区多个国家都受到缺水的影响，但水资源的实际可利用量并不是水安全的主要障碍。各国缺水情况各不相同，总体而言，主要制约因素都是资金和体制，其次是高度的不平等：与农村地区相比，城市地区人口更有可能获得清洁饮用水和卫生设施。现今，南部非洲的水安全程度主要取决于相关家庭、社区和国家的经济能力。加强机构能力建设是打破南部非洲整体落后的第二大优先事项。

法国案例研究指出，"水安全"一词在法国公共政策领域并不常用（Tardieu，2018）。水安全并未被视为一个关键问题，主要有以下两点原因：首先，法国拥有丰富的水资源。由于法国主要河流的集水区几乎都位于其境内，因此该国很少依赖其他国家的来水。其次，从 1964 年开始，该国在水治理方面投入巨资，将流域作为水资源管理单元，水资源管理的重点转向利益相关方之间的共同治理和对话。尽管法国水资源丰富，并且水治理有力，但其水资源管理仍然面临着挑战。其中包括适应气候变化、消除面源污染（特别是农业污染）以及海外领地的市政供水和卫生等方面。同时，法国的洪水安全也面临挑战。过去 30 年来，洪水平均每年给法国造成 6.5 亿～8 亿欧元的损失。因此，法国通过制订国家洪水风险管理战略、统筹洪水预测和应急管理以及逐步制定洪水风险预防计划，全面开展防洪抗洪工作。同时，地方当局或市政重组机构现在也对水环境管理和防洪承担一定责任。虽然水资源普遍丰富，但仍存在季节性缺水和局部冲突，尤其是在干旱的夏季。干旱导致了水资源冲突，部分原因也在于气候变化，其加剧了法国西南部和巴黎周边地区的环境失衡。另外，干旱也会产生连锁效应，包括河流流量和水位降低，以及地下水位的降低。因此，法国采取多项措施来改善干旱期间的水资源管理，包括加大节水宣传、实施流量控制制度、更好地监测和控制灌溉活动，甚至采取更严厉的措施，例如限制用水。

拉丁美洲案例研究侧重于基础设施的建设（Carrera 等，2018）。拉丁美洲是世界上城市化程度最高的地区之一。到 2030 年，城市人口预计将达到 5.85 亿。如今，80% 的人口生活在城市中，其中大多数人都生活在城市服务明显不足的地区。城市供水覆盖率由 1950 年的 40％提高到了 2010 年的 90％以上，但服务质量仍然较低。在大多数拉美国家，人口较少的地区反而水资源丰富。例如，在秘鲁，70％的人口和 90％的经济贡献都位于太平洋沿岸，而该地区水资源量只占秘鲁的 1％。此外，年内降水量的季节分布也非常不均。例如，在墨西哥，68％的降水发生在 6 月至 9 月的 4 个月，而 11 月至次年 4 月的 6 个月仅有 16％。城市水资源管理是一项复杂的工作，通常由完全独立的不同部门负责，分为供水、卫生和排水三个截然不同的系统，这与以闭合和循环为特征的自然水文循环系统大不相同。该区域水利基础设施的发展已不足以巩固水安全。据拉丁美洲开发银行称，当前的状况可能会有所改变。该行在 2011 年表示，只要年度投资达到 2010 年 GDP 的 0.31％，则供水和污水处理服务之间的差距就可以得到弥补，水源和排水基础设施也可得到加强，并且几乎 2/3 的污水可得到处理。在 2010—2030 年期间，这些投资总额将达到 2500 亿美元。展望未来，即使为缩小基础设施差距和实现普遍服务已进行了大量投资，也还不够，还需各国完善其薄弱的体制和治理措施，并改善水资源服务的管理和效率（Mejia，2012）。

　　巴西案例研究总体介绍了国家层面的水安全，以及圣保罗和塞阿腊地区（Souza Filho 等，2018）的水安全。巴西是拉丁美洲最大的国家，以拥有地球上最丰富的水资源而闻名，但其水资源空间分布不均也是众所周知的。北部拥有巴西 65％的水资源，但只有 5％的人口。东北部仅拥有 4％的水资源，但拥有 30％的人口。而南部占该国经济总量的 60％且拥有 40％的人口，但只有 6％的水资源。该案例研究表明，由于巴西不同地区受到严重干旱的影响，水安全在巴西变得更加重要。在近年来该国发生的各种干旱中，圣保罗和塞阿腊的干旱最为严重。根据 Souza Filho 等的说法，在 2014—2015 年严重干旱期间，圣保罗的平均降水量远低于历史记录水平，国有水库的泄水流量也是 85 年来最低的，几乎所有地表径流都被利用。考虑到可能的负面后果，包括健康风险，巴西没有选择实行定量配给制及中断必要的供水服务，而是实施了各种节水措施，其中包括通过奖励以减少用水量。危机过后，水安全在巴西国家政治议程中占据了更重要的地位，政府为此开展技术和运营创新，并大力投资基础设施建设。塞阿腊自 2012 年以来一直遭受干旱，2012 年之后的四年可排入 1950 年以来干旱最严重年份的前十位，也可能是过去 50～100 年中最严重的年份。为此，政府实施了多项举措，包括战略性扩建水利基础设施、制定规划以及加强管理，并在特定时限采取水安全紧急行动。由于及时施策，水安全的负面影响已被降至最低。

最后一个案例研究在美国加利福尼亚州（Lund 和 Medellin - Azuara，2018）。如果将加利福尼亚州视为一个国家，那么它将是世界上最大的经济体之一，人口和经济增长率都很高。该州成功地保障了大部分地区的水安全，在一定程度上解除了水资源短缺和洪水威胁，并且在平衡人类、经济、粮食生产和生态系统目标方面取得了相当的成效。加利福尼亚州的水管理制度一直在不断发展，水资源最初由私有土地所有者个人和企业管理，后来归地方机构管理，主要是为了解决地方防洪问题和灌溉设施建设。最近，加利福尼亚州成立了更大的机构来解决更具挑战性的水资源短缺问题以及更严重的洪水和干旱威胁。全球化支持了加利福尼亚州经济繁荣，也为其提供应付正常情况和干旱情况下的廉价的替代食品，从而为其水安全做出了重大贡献。加利福尼亚州的山区地形和广阔的沉积地质为大量地表水的储存、大规模水力发电和含水层大规模蓄水创造了难得的机会。在创新方面，该州最具特色的政策之一是采用综合管理方法，整合了一系列的供水和需水管理办法，并采取行动为参与合作的实体提供支持，包括改善供水、增强输水能力、提高农业和城市用水效率，以及采取激励性的定价和市场策略。加利福尼亚州水安全面临的最大威胁包括圣华金河谷可能出现的地下水超采、一些农村地区地下水污染、未实现的生态系统目标（在干旱时期这一点变得尤为明显），以及萨克拉门托—圣华金河三角洲洪水和水管理冲突的长期威胁。

为解决水资源短缺和由此引发的水安全隐患，上述所有研究案例中的国家和地区都制定了相应的计划、政策和管理措施。各国普遍担忧的是，水资源短缺对全球和区域层面人与自然环境造成不利影响，而政策和体制不够健全，难以提供适当和及时的应对措施；这反过来又会加剧经济、社会、环境和政治上的脆弱性，使人类面临不可逆的风险（Carrao 等，2016；Turner 等，2013）。

1.5 倡议及现状压力

为解决水安全问题，诸多地方、区域和全球倡议得以制定。全球性倡议包括世界经济论坛的"全球水倡议"，世界银行的"人人享有水安全的世界"，全球水伙伴和经合组织的"关于水安全和可持续发展的全球对话"，世界自然基金会的"水与安全的倡议"，大自然保护协会全球解决方案的水计划，以及全球人类水安全基金（Grafton 等，2017）。每项倡议都在为改善地方、区域和全球的水资源状况而做出努力。

从更实际的角度来看，较大的跨国公司正在接受并实施可持续理念，并在水和能源利用、废弃物减量、温室气体减排等方面变得越来越高效。各大跨国公司之间的效益差异很大，迄今为止效益最好的案例是联合利华集团。凭借其"可持续生活计划"，联合利华建立了一种新的商业模式，并设定了具体目标，计划到 2020 年公司规模扩大一倍，而对环境的影响减半。凭借其 600 多处办公地点和厂房（以及覆盖 25 亿人使用的 400 个品牌），其有效举措可能会产生真正的全球影响。

就政府而言，许多政府并没有改变现状，在不久的将来也不太可能做出改变。然而，它们正试图从管理、治理和发展的角度改善水安全，目标是鼓励全面发展、提高生活质量和减少贫困。诸多全球倡议，如"2015 年千年发展目标""2030 年可持续发展目标"以及与气候变化及其影响（看不到尽头）有关的倡议，都增加了有助于各国追求更加可持续的发展目标。我们只希望政府、私营公司、学术界和社会各界愿意并能够走出现状，朝着更可持续的发展方向努力。

参 考 文 献

Ait Kadi M，Ziyad A（2018）Integrated water resources management in Morocco. In：Council World Water（ed）Global water security：lessons learnt and long – term implications. Springer，Singapore

Andrews – Speed P，Bleischwitz R，Boersma T，Johnson C，Kemp G，Van Deveer S（2013）The global resources nexus：the struggle for land，energy，food，water and minerals. Transatlantic Academy，Washington，DC

Asian Development Bank（2013）Asian water development outlook—measuring water security in Asia and the Pacific. ADB，Manila

Asian Development Bank（2016）Asian water development outlook 2016：strengthening water security in Asia and the Pacific. Mandaluyong City，Philippines

Biswas AK（2008）Integrated water resources management：is it working? Int J Water Resour Dev 24（1）：5 – 22. https：//doi. org/10. 1080/07900620701871718

Biswas AK，Tortajada C（2009）Changing global water management landscape. In：Biswas AK，Tortajada C，Izquierdo R（eds）Water management in 2020 and beyond. Springer，Berlin，pp 1 – 34

Biswas AK，Tortajada C（eds）（2016）Water security，climate change and sustainable development. Springer，Singapore

Bogardi JJ，Dudgeon D，Lawford R，Flinkerbusch E，Meyn A，Pahl – Wostl C，Vielhauer K，Vörösmarty C（2012）Water security for a planet under pressure：

interconnected challenges of a changing world call for sustainable solutions. Environ Sustainability 4 (1): 35 – 43

Brauch HG, Behera NC, Kameri – Mbote P, Grin J, Oswald Spring Ú, Chourou B, Mesjasz C, Krummenacher H (eds) (2009) Facing global environmental change: environmental, human, energy, food, health and water security concepts. Springer, Berlin

Carrao H, Naumann G, Barbosa P (2016) Mapping global patterns of drought risk: an empirical framework based on sub – national estimates of hazard, exposure and vulnerability. Glob Environ Change 39: 108 – 124

Carrera J, Arroyo V, Mejia A, Rojas F (2018) Water security in Latin America: the urban dimension. Empirical evidence and policy implications from 26 cities. In: World Water Council (ed) Global water security: lessons learnt and long – term implications. Springer, Singapore

Conway D (2013) Water security in a changing climate. In: Lankford BA, Bakker K, Zeitoun M, Conway D (eds) Water security: principles, perspectives and practices. Earthscan, London, pp 80 – 100

Council of Australian Governments (1994) Communiqué, 25 February 1994, Attachment A: water resource policy. Canberra. http: //bit. ly/2he3phu. Accessed 30 Oct 2017

European Commission (2015) Science for environment policy. Future brief: innovation in the European water sector. http: //bit. ly/2pgWB12. Accessed 30 Oct 2017

Giordano M, Shah T (2014) From IWRM back to integrated water resources anagement. Int J Water Resour Dev 30 (3): 364 – 376. https: //doi. org/10. 1080/07900627. 2013. 851521

Grafton RQ, Biswas AK, Tortajada C (2017, 24 August) Signing up to safe water for billions. Nature, 548

Grafton RQ, Pittock J, Davis R, Williams J, Fu G, Warburton M, Udall B, McKenzie R, Yu X, Che N, Connell D, Jiang Q, Kompas T, Lynch A, Norris R, Possingham H, Quiggin J (2012) Global insights into water resources, climate change and governance. Nat Clim Change 3: 315 – 321

Grey D, Sadoff CW (2007) Sink or swim? Water security for growth and development. Water Policy 9 (6): 545 – 571

Horne J (2018) Water security in Australia. In: Council World Water (ed) Global water security: lessons learnt and long – term implications. Springer, Singapore

Howard J (2006) Transcript of the prime minister the Hon John Howard MP joint press conference with New South Wales premier Morris Lemma, Victorian premier Steve Bracks, South Australian premier Mike Rann and acting Queensland premier Anna Bligh, Parliament House, Canberra, 7 November 2006. http: // bit. ly/2zjZV3r. Accessed 30 Oct 2017

Jiang Y (2015) China's water security: current status, emerging challenges and future prospects. Environ Sci Policy 54: 106 – 125

Kane J (2017) Less water, more risk: exploring national and local water use patterns in the U. S. Metropolitan Policy Program, Washington DC. http: //brook. gs/2ic4eEu. Accessed 30 Oct 2017

Klinke A, Renn O (2012) Adaptive and integrative governance on risk and uncertainty. J Risk Res 15 (3): 273 – 292

Lund J, Medellín – Azuara J (2018) California: water security from infrastructure, institutions, and the global economy. In: Council World Water (ed) Global water security: lessons learnt and long – term implications. Springer, Singapore

Makin IW, Arriens WL, Prudente N (2014) Assessing water security with appropriate indicators. In: Proceedings from the GWP workshop: assessing water security with appropriate indicators, GWP Technical Committee, Stockholm, Nov 2012

Mejia AR (2012) Water supply and sanitation in Latin America and the Caribbean: goals and sustainable solutions. CAF Banco de Desarrollo de America Latina, Caracas

Milly PCD, Betancourt J, Falkenmark M, Hirsch RM, Kundzewicz ZW, Lettenmaier DP, Stouffer RJ (2008) Stationarity is dead: Whither water management? Science 319: 573 – 574

Ministry of Water Resources (2018) Addressing water challenges and safeguarding water security: China's thought, action, and practice. In: Council World Water (ed) Global water security: lessons learnt and long – term implications. Springer, Singapore

Muller M (2018) Water security in a Southern African context. In: Council World Water (ed) Global water security: lessons learnt and long – term implications. Springer, Singapore

OECD (2009) Innovation in country risk management. OECD Studies in Risk management. Organisation for Economic Co – operation and Development, Paris

OECD (2013) Water security for better lives. OECD Studies on Water. Organisation for Economic Co - operation and Development, Paris. http：//dx. doi. org/ 10. 1787/9789264202405 - en. Accessed 30 Oct 2017

Office of the Director of National Intelligence (2012) Global water security: intelligence community assessment. http：//bit. ly/2mpyyjU. Accessed 30 Oct 2017

Parliament of Singapore (2016) Parliament No: 13, Session No: 1, Volume No: 94, Sitting No: 22, Sitting Date: 15 - 08 - 2016, Title: Supply, Demand and Pricing of Water. http：//bit. ly/2iuCHxB. Accessed 30 Oct 2017

Prosser I (2012) Governance to address risks of water shortage, excess and pollution. Paper presented at the OECD Expert Workshop on Water Security: Managing Risks and Trade - offs in Selected River Basins, Paris, 1 June

Reed D (2017) In search of a mission. In: Reed D (ed) Water, security and U. S. foreign policy. WWF and Routledge, New York, pp 3 - 34

Rüttinger L, Smith D, Stang G, Tänzler D, Vivekananda J (2015) A new climate for peace: taking action on climate and fragility risks. Adelphi, International Alert, Woodrow Wilson International Center for Scholars, European Union Institute for Security Studies, Berlin. https：//www. newclimateforpeace. org/# report - top. Accessed 29 Oct 2017

Sehring J, Diebold A (2012) From the glaciers to the Aral Sea: water unites. Trescher, Berlin Souza Filho FA, Formiga - Johnsson RM, Studart TMC, Abicalil MT (2018) From drought to water security: Brazilian experiences and challenges. In: Council World Water (ed) Global water security: lessons learnt and long - term implications. Springer, Singapore

Tardieu E (2018) Global water security: lessons learnt and long - term implications in France. In: Council World Water (ed) Global water security: lessons learnt and long - term implications. Springer, Singapore

Tortajada C (ed) (2016) Increasing resilience to climate variability and change: the role of infrastructure and governance in the context of adaptation. Springer, Singapore

Tortajada C, Joshi Y, Biswas AK (2013) The Singapore water story: sustainable development in an urban city state. Routledge, London

Tortajada C, Kastner MJ, Buurman J, Biswas AK (2017) The California drought: coping responses and resilience building. Environ Sci Policy 78: 97 - 113

Tortajada C, Keulertz M (2016) Future global water, food and energy needs. In:

Brauch HG，Spring UO，Grin J，Scheffran J（eds）Handbook on sustainable transition and sustainable peace. Springer，Berlin，pp 657 – 674

Tortajada C，Wong C（2018）Quest for water security in Singapore. In：Council World Water（ed）Global water security：lessons learnt and long – term implications. Springer，Singapore

Turner BL，Matson PA，McCarthy JJ，Corell RW，Christensen L，Eckley N，Hovelsrud – Broda GK，Kasperson JX，Kasperson RE，Luers A，Martello ML，Mathiesen S，Naylor R，Polsky C，Pulsipher A，Schiller A，Selin H，Tyler N（2013）Illustrating the coupled human – environment system for vulnerability analysis：three case studies. PNAS 100（14）：8080 – 8085

United Nations（2007）Coping with water scarcity：challenge of the twenty – first century. World Water Day 2007

United Nations University（2013）Water security & the global water agenda. A UN – Water analytical brief. United Nations Institute for Water Environment and Health，United Nations Economic and Social Commission for Asia and the Pacific，Canada

US Geological Survey（n. d. ）Trends in water use in the United States，1950 – 2010. https：//water. usgs. gov/edu/wateruse – trends. html. Accessed 30 Oct 2017

van Beek E，Arriens W（2014）Water security：putting the concept into practice. Global Water Partnership Technical Committee（TEC）Background Paper No. 20

Vörösmarty CJ，McIntyre PB，Gessner MO，Dudgeon D，Prusevich A，Green P，Glidden S，Bunn SE，Sullivan CA，Liermann CR，Davies PM（2010）Global threats to human water security and river biodiversity. Nature 467：555 – 561

Weaver CP，Lempert RJ，Brown C，Hall JA，Revell D，Sarewitz D（2013）Improving the contribution of climate model information to decision making：the value and demands of robust decision frameworks. Clim Change 4（1）：39 – 60

World Bank（2007）Making the most of scarcity：accountability for better water management results in the Middle East and North Africa. MENA Development Report. World Bank，Washington DC

World Bank（2010）Sustaining water for all in a changing climate. World Bank Group implementation progress report. World Bank，Washington DC

World Bank（2015）A water – secure world for all. Water for development：responding to the challenges. Conference Edition. World Bank，Washington DC

World Bank (2017) Beyond scarcity: water security in the Middle East and North Africa. MENA Development Report. Conference Edition. World Bank, Washington DC

World Meteorological Organization (2012) A note on stationarity and nonstationarity. http: //www. wmo. int/pages/prog/hwrp/chy/chy14/documents/ms/Stationarity _ and _ Nonstationarity. pdf. Accessed 30 Oct 2017

Xenarios S, Shenhav R, Abdullaev I, Mastellari A (2018) Current and future challenges of water security in Central Asia. In: Council World Water (ed) Global water security: lessons learnt and long-term implications. Springer, Singapore

Zeitoun M (2011) The global web of national water security. Global Policy 2 (3): 286-296

第 2 章　澳大利亚水安全

作者：詹姆斯·霍恩（James Horne）

摘要：本章对当今澳大利亚的水安全情况，以及维护和加强未来水安全的关键政策进行了简单介绍，重点探讨风险和风险管理。人口增长、经济发展和气候变化带来的压力，一直以来威胁着澳大利亚的水安全。通过一系列政策和实践，可逐步实现水资源可持续利用和对水资源短缺、水质的有效管理。本章详细介绍了主要城区、地方和偏远城镇，以及灌溉农业、雨养农业、环境、采矿和发电行业的用水情况。水市场对灌溉农业的作用众所周知，此外，主要用水行业的各项创新对保障水安全也起到了重要作用。另外，本章也讨论了两个水安全状况改善缓慢地区的情况。最后总结了澳大利亚相关经验教训，以兹借鉴。

2.1　简介

自 1901 年澳大利亚联邦成立以来，水安全一直是该国历史上的突出问题。20 世纪 90 年代，微观经济改革拉开了澳大利亚当代加强农村和城市用水安全的序幕。一些专家认为，提高用水效率可以促进经济发展，同时，还可以缓解水资源过度配置和过度使用对生态系统健康的不利影响，这一观点之后得到了政府的认可（澳大利亚联邦政府水资源政策工作组，1994）。1995 年，墨累-达令流域（MDB）内各州同意，限制墨累-达令流域的取水量，强调灌溉取水量已达到可持续利用的上限（墨累-达令流域委员会，1995；

Horne，2013）。为保障水安全，需要强化水权（包括允许土地所有权与水权分离），水资源管理规划和相关的基础设施需要升级，利用水市场实现水资源转向高价值行业。在城市地区，国有企业的公司化，给主要供水服务商施加了压力，导致水价增长，也提升了水的价值。在之后的十年里，第一轮改革取得了一些进展，但变革阻力根深蒂固，改革依然任重道远。

"千禧年干旱"（1997—2009 年）对澳大利亚东南部造成严重影响，2004 年"国家水倡议"的提出标志着各州和联邦政府重新致力于加强水安全（澳大利亚政府委员会，2004），这需要多方面共同努力以改变用水行为和治理体系。农村的水安全需要保障获取水资源的权利、出台法定公开的水资源规划、消除水交易的障碍、促进水市场的拓展和深化（这有利于农业和环境），以及确定因气候变化导致的水资源可利用量变化而引发的风险。根据环保要求采取法定保护措施，将所有分配过度的水量（包括地表水和地下水）恢复到可持续的开采水平。此外，针对农村和城市地区，聚焦提高用水效率制定专项政策（澳大利亚政府委员会，2004）。

2006 年，澳大利亚联邦政府出台了一项"国家水安全计划"。该计划的重点是：进一步改革墨累-达令流域的治理，包括流域范围内新的机构设置；根据联邦监管政策，进一步加强对水市场的监管；通过回购生态用水和投资改善灌溉基础设施，提高农业的可持续性；提高水资源信息的质量，改善灌溉用户、环境用水持有人和决策者的风险管理（Howard，2006）。联邦《2007 年水资源法案》和《2012 年墨累-达令流域规划》均提及水安全：流域规划的目标之一是"改善流域所有用途的水安全"（澳大利亚联邦，2009，2012）。

十年后的今天，尽管已经取得了很多成就，水安全问题仍保留在议事日程上，不过关注度较低。在澳大利亚的部分地区，水安全水平仍然令人担忧。2016 年进行的水行业调查中，仅有 46% 的水行业受访者、36% 的社区受访者表示，

对于"澳大利亚目前的水安全水平，能够满足社会、环境和
经济需求"，"非常有信心"或"有信心"（澳大利亚水资源
协会，2016，第 38 页）。调查显示，与其他地区相比，大城
市受访者对水安全的看法更为积极，而农村地区受访者则对
水安全表示了更多关切。从表面上看，这反映了国际上对这
一问题的关切。2017 年，世界经济论坛根据影响程度，将水
危机列为全球第三大风险（世界经济论坛，2017）。目前在
澳大利亚，尽管气候变化的关注度仍然很高，但在更大范围
的民意调查中，水安全已不再是澳大利亚公众直接关注的问
题（罗依摩根研究公司，2017）。鉴于澳大利亚有 2/3 的人
口居住在主要城市地区，这些地方都有显著的尚未发挥作用
的供水能力，供水质量也令世界上大多数城市地区羡慕，因
此上述结果不足为奇。

　　2017 年，澳大利亚政府根据《2007 年水资源法案》，委
托独立的研究咨询机构——生产力委员会，对"国家水倡议"
目标和成果的进展进行评估（澳大利亚联邦，2009；生产力
委员会，2017a）。评估报告到 2017 年年底才完成。在其议
题报告中未提及"水安全"一词，但报告草稿对水安全给予
了一定的关注，特别是关于城市用水问题（生产力委员会，
2017b）。在评估过程中，大多数利益相关者提交给生产力委
员会的建议重点不是水安全；但澳大利亚水资源协会
（2017）例外，该协会主张"为澳大利亚的发展，建立保障
长期水安全的整体框架"。很多利益群体充分意识到了水资
源的稀缺性：农业团体充分认识到，即使在径流量没有下降
的情况下，农业生产与环境之间的竞争压力要么以牺牲环境
为代价，提高获得水资源的机会；要么通过维持水权持有者
的长期平均农业收益，即使出现地表径流减少的情况（全国
农民联合会，2017；全国灌溉委员会，2017；澳大利亚稻农
协会，2017）。根据五年一次的国家环境状况报告显示，河
流和地下水资源的状况好坏参半（Jackson 等，2017）。采矿业

和农业灌溉之间对水资源的竞争情况，与之类似。

　　本章的观点是，澳大利亚使用"水安全"一词，还没有一个确定、公认的定义，不同的人对其意义的理解可能各有不同。"安全对谁而言？"毫无疑问各利益团体首先会关注自身的利益。水安全最明显的两个方面是：水的可利用性和水质，两者又分别包含许多要素。水的可利用性是指水的可利用时间和可利用量，而水质是指水对特定用户用途的适用性。对一个城市而言，"水安全"主要是与供水相关的风险，包括限制供水频率。对水质存在问题的地区，水安全是指供水不符合《澳大利亚饮用水准则》的情况。近年来，各州政府和一些城市供水服务商在"供应计划"中，使用了"水安全"一词。

　　依据经合组织最新发布的公告（例如经合组织，2013），本章探讨了澳大利亚的水安全问题，重点围绕风险分析，以及风险管理采取的政策方法。为此，本章选取了水资源问题对当地发展十分重要的七个地区作为研究对象，对其关键政策问题进行简要介绍（相关摘要，请参见表2.1）。随后，对未来水安全可能受到的影响进行讨论，尤其是在人口增长、经济发展和气候变化对政策的挑战方面。最后，提出结论供大家思考。

表 2.1　　主要的水资源使用领域和关键的水安全政策

水资源使用地域或领域	水资源使用的重要性	关 键 政 策
大城市地区	城市人口超过澳大利亚人口的2/3	干旱、洪水等极端事件的风险管理； 人口增长管理
地方和偏远城镇	使用量很小； 对于小城镇周边社区和地方经济的持续发展至关重要	解决许多地方和偏远城镇水安全较差问题； 保障水资源达到可利用和水质标准

水资源使用地域或领域	水资源使用的重要性	关 键 政 策
灌溉农业	墨累-达令流域和昆士兰州沿海地区用水量较大；主要支柱农业，例如：乳制品、水果、坚果、蔬菜	实施和遵守墨累-达令流域规划；调整政策，管理气候变化的风险；在澳大利亚北部，创造灌溉条件
雨养农业	降雨是主要农业生产的基础，例如：牛肉、谷物和羊毛产品	公共或私人研究与开发；合理应对气候变化；为农业生产提供信息
环境	用户用水需求的增加，径流和地下水可利用性不断减少，对环保持续产生不利影响	处理环境利益与其他水资源使用（尤其是农业和采矿）之间的持续冲突，提高社会对环境保护的意识
采矿业	区域水资源使用显著；新矿场的影响范围可能非常大，对地下水资源产生重大影响	确保所有矿场符合基本的环境标准；评估煤层气压裂缝的风险；利用产生的余水提高灌溉
发电	用水量相对较小，但存在一些关键的相互依存关系	提供有关供水和气候变化风险的重要信息

2.2　城市水安全

2.2.1　大城市的水安全

澳大利亚是世界上城市化程度最高的经济体之一，约90％的人口居住在城市地区，其中64％的人口居住在五个最大的沿海州州府和地处内陆的首都。大城市的供水服务商主要是大型国（州）有公司，这些公司资金雄厚，供水质量极高。在过去的20年中，在供水区域人口不断增长的背景下，除一家企业还面临洪涝问题外，绝大部分企业主要是应对严重的干旱缺水问题。人口增长和极端天气事件构成了主要挑战，政府对此做了详细评估，并在一段时间后对政策进行了重大调整，以加强水安全。

需求侧措施：减少城市总体用水量以缓解风险，包括大幅提升水价、强制限制用水、推行国家《用水能效标示标准》方案。节水措施的应用，更多地考虑了时机和适当性；在大多数城市，节水在政策应对和未来规划中占据重要地位（Horne，2016a；澳大利亚政府，2017a）。

供给侧措施：投资扩大配水网络，建设大型海水淡化厂，加强水循环利用（特别是私营公司和供水服务商），提高水的可用率和用水效率。一些经常被忽略的措施也很关键，例如优化输水系统漏损。

从经济角度而言，并非所有应对措施都是合理的。在政治的推动下，五个沿海州府中的四个，建造了海水淡化厂；其中部分决策的效果尚存争议（Horne，2016a），但在短期内每个城市都拥有超额的供水能力，在应对未来挑战上，有详细时间规划。新建水坝只是在堪培拉和昆士兰州东南部（属于昆士兰州水网的一部分）发挥了明显作用。

同时，投资气候研究和水资源信息系统升级，有助于清楚了解未来挑战的规模（联邦科学与工业研究组织，2013；联邦科学与工业研究组织和气象局，2015；气象局，2017a）。气候变化可能改变降水模式，研究成果可以提高水资源基础设施有效应对这些风险的能力。由国家资助的全新一版《澳大利亚降雨与径流》（澳大利亚地球科学，2016），初步评估了气候变化对城市水资源基础设施可能带来的风险。这些投入对支撑未来城市地区的水安全至关重要。

在过去十年中，还有一个变化，就是影响水安全的"惯例"被改变了。各州和区域的供水公司和政府监督部门，从原来主要提供供水和污水处理服务，转变为更为复杂的组织，通过与消费者合作，共同维持和加强水安全，以保持消费者的信心。虽然这一进程远未完成，但对供水服务商的"最新年度报告"和"规划文件"的审查结果表明，这一进程在大部分地区稳步推进（示例参见悉尼水务公司，2013，2016a；墨尔本水务公司，2017；塞克沃特公司，2017；西澳州水务公司，2012）。表 2.2 列出了近期的出版物，介绍了政府和供水服务商如何满足社会的水安全需求。

表 2.2 主要城市区域政策和规划层面的水安全问题：一些案例

政府	重点	文件	水安全风险和处理
新南威尔士州	主要城市	2017 年都会区水务计划：为悉尼的宜居、发展和适应性供水	风险：处理干旱和不断增长的人口/增长的需求。模型分析表明，在 50 年的规划周期内，降雨的自然变化对水安全的影响，可能比气候变化更大。 处理："尽可能降低水安全成本""对风险进行自适应管理""水资源保护投资水平经济合理"
维多利亚州	全州	维多利亚州水务	风险：人口增长；气候变化影响导致极端事件增加、未来更加干旱； 处理：提高用水效率，加强水市场在农村和城市地区的作用；加强区域水网，确定整个维多利亚州采取的水安全加强措施
维多利亚州（墨尔本水务公司）	主要城市	墨尔本水务系统战略	风险：气候变化多端；需求增长； 处理：采用自适应方法进行水网和市场优化，充分利用供水系统，高效用水并采用多样化的水源
西澳州	主要城市和地区	西南部水资源保障	风险：气候明显干燥，有可能进一步干燥，对关键的地下水资源产生影响； 处理：供水服务商对未来需求进行估算，努力实现效率目标

政府	重点	文　件	水安全风险和处理
昆士兰（塞克沃特公司）	城市东南地区	生命之水：2016—2046 年昆士兰州东南部水安全计划	风险：极端气候和人口增长的影响； 处理：引入干旱应对触发因素；研究未来 20 年（供水相对安全时）之后的综合应对方案；筹划"利益相关者和公众全面、真实地参与"方案

资料来源　都会区水务公司（2017），维多利亚州政府（2017），墨尔本水务公司（2017），西澳州政府（2015），塞克沃特公司（2017）。

在政府的政策层面和供水机构的规划层面，大城市的重点已经从管理危机，转移到应对长期水安全的挑战。许多大型城市供水服务商已采取广泛的措施，改善自身的水安全和管理、减少长期风险。

2.2.2　地方和偏远城镇的水安全

相比之下，目前澳大利亚的许多地方和偏远地区的水安全水平（针对水的可利用性和水质）要低得多，这个观点也得到了一些群体和行业的认可（澳大利亚水资源协会和奥雅纳，2016）。例如，塔斯马尼亚州许多小镇在很长一段时间，都无法获得优质的水资源。沸水水质低于《澳大利亚饮用水准则》问题长期存在，直到近几年才开始解决（TasWater 公司，2016，2017）。其主要原因是当地政府未能将水价提高到合理的水平，并从供水服务商那里抽取了大笔红利，用于承担当地市政机构的基础服务经费，导致对基础设施的投资不足。塔斯马尼亚州政府最近已正视这些治理问题（塔斯马尼亚州政府，2017）。在新南威尔士州（NSW）地区，十年前就存在投资不足和维护不善（Armstrong 和 Gellatly，2008）的问题，导致许多小城镇的水资源可利用性和水质风险增大。对此，新南威尔士州政府投入大量资源，升级基础设施，以应对未来干旱形势（新南威尔士州政府，2016）。

在北部领地，由一家国有垄断公司的子公司提供供水服务，数十个小型土著居民区长期存在水质和供水的问题（北境电力水务公司，2016）。北部领地政府尚未采取长期措施，保证水安全达到澳大利亚普遍可接受的水平。澳大利亚北部领地，是一个人烟稀少的广袤地区，政府管理能力弱，资源严重缺乏。

2.2.3　城市水安全与气候变化

在大都市地区，供水企业需要提供有竞争力的资本回报，并获得严格的取水许可，因此，水安全能够维持较高的水平。这些企业及其所服务的公众，由于洪水、干旱、丛林火灾、强降雨等极端事件的增加，正面临着因日益严重的气候风险而导致的水安全问题（联邦科学与工业研究组织和气象局，2015）。表 2.3 概述了气候变化对几个重要人口中心产生的影响。专栏 2 简要概述了悉尼水务公司所确定的气候变化造成的一些主要风险。悉尼水务公司是澳大利亚最大的水务服务提供商，拥有 400 万用户。

专栏 2：悉尼水务公司认为气候变化带来水安全风险［来源：悉尼水务公司（日期不详；2013）］

- 因气候相关事件的频率、分布、强度和持续时间的变化而产生的新风险。新的风险源于与气候相关的事件，因其频率、分布、强度和持续时间都发生了变化
- 2013 年确定了 63 种风险，其中有 37 种优先级较高
  ——其中有 9 种风险，现有的控制措施无法有效应对
- 风险包括：
  ——淡水可利用性降低
  ——用水需求增加
  ——集水区出现严重丛林火灾的风险增加

———水坝中藻华的风险增加

———管道腐蚀和异味的风险增加

———极端风暴增加，导致水处理厂产能逐步逼近极限

———海平面上升以及风暴天气，对低洼沿海地区财产造成损失的威胁增加

———土壤结构和稳定性变化，导致管道故障增加

———大规模电力供应中断增加

　　澳大利亚水资源协会正在实施一个涉及澳大利亚大多数大型水务公司的项目，目的是制定国家气候变化适应计划准则（澳大利亚水资源协会，2016），开发 AdaptWater 软件工具"评估和量化气候变化和极端事件对供水、污水处理的影响并比较适应对策"（悉尼水务公司，2016b，第 1 页）。悉尼公司一直走在该项目实施的前列。

　　气候变化给水安全带来了新的风险，在运行良好的水务体系背景下，悉尼水务公司针对新的风险制定了详细的应对措施。表 2.3 中列出了对澳大利亚六个主要城市地区的气候预测，主要供水服务商也做了类似预测。在很大程度上，国有企业经营方式的长期持续改革，澳大利亚东部"千禧年干旱"期间暴露出的主要缺陷，以及西澳洲降雨和径流明显骤降，这些事件催生了重大的政策变化；虽然新政策的实施也不完全尽如人意，但为城市地区实现了较高水平的水安全。

　　相比之下，澳大利亚的许多地方和偏远社区，还不能立即应对气候变化带来的各种新增风险。首先，需要进行必要的补救工作，改善现有供水系统的性能；然后，才能采取措施应对气候变化的影响。政策需要解决治理和资源供给方面的问题，这是持续应对未来风险的重要前提。新南威尔士州和塔斯马尼亚州，当前正在采取的措施能够同时处理上述两方面的问题，但目前的进度尚不足以进行评估。

表 2.3 主要城市区域气候预测

问题	悉尼	墨尔本	布里斯班	珀斯	阿德莱德	堪培拉
地区	东海岸南部——重要的上游集水区	南坡区维多利亚州西部	东海岸北部——重要的上游集水区	南部和西南部原地区西部——地中海气候	南部和西南平原地区东部——地中海气候	墨累流域——相对干燥和温带
降水	未来几十年中,自然变化占据主导地位;预计冬季降雨将减少(中等置信度)	2030 年前,自然变化占据主导地位,但在冬季和春季,降雨量会降低(高置信度);维多利亚州西部地区,在高排放水平的情况下,降水量会降低	影响评估应考虑气候变干和变潮湿的风险(可能出现变化,但并不明确)	从 20 世纪 70 年代开始一直长期干燥;冬季降雨呈持续减少趋势(高置信度);春季降雨减少(高置信度)	从 20 世纪 90 年代开始一直长期干燥;冬季降雨呈持续减少趋势(高置信度);春季降雨减少(高置信度)	到 2030 年,自然据主导地位;到世纪末,凉爽季节的降雨量减少(高置信度)、温暖季节降雨保持不变(中等置信度)
降雨强度	极端降雨强度预计会增加(高置信度)	极端降雨强度预计会增加(高置信度)	极端降雨强度预计会增加(高置信度)	极端降雨强度预计会增加(中等置信度)	极端降雨强度预计会增加(中等置信度)	强降雨强度预计会增加(高置信度)

续表

问题	悉尼	墨尔本	布里斯班	珀斯	阿德莱德	堪培拉
潜在蒸散	所有季节预计都会增加（高置信度）	所有季节预计都会增加（高置信度）	所有季节预计都会增加（高置信度）	所有季节预计都会增加（高置信度）	所有季节预计都会增加（高置信度）	所有季节预计都会增加（高置信度）
干旱时间	预计会增加（中等置信度）	预计会增加（中等置信度）	预计会增加（中等置信度）	**预计会增加（高置信度）**	**预计会增加（高置信度）**	预计会增加（中等置信度）
平均气温	所有季节预计都会持续增加（极高置信度）	所有季节预计都会持续增加（极高置信度）	所有季节预计都会持续增加（极高置信度）	所有季节预计都会持续增加（极高置信度）	所有季节预计都会持续增加（极高置信度）	所有季节预计都会持续增加（极高置信度）

资料来源　澳大利亚联邦科学与工业研究组织和气象局（2015年）。差异点用加粗体突出显示。

2.3　农业用水安全

2.3.1　灌溉农业用水安全

根据所处的位置，澳大利亚灌溉农业依靠地表水和地下水，灌溉农业对农业总产值的贡献超过 1/4（澳大利亚统计局，2016a）。墨累-达令流域的产值占全国农业总产值的近一半，其余主产区主要散布在澳大利亚沿海地区。从可用水量风险（包括时效性）的角度看，由于灌溉水权类型和水资源分配机制（国家水务委员会，2011；澳大利亚农业与资源经济科学局，2017a）不同，各地区之间以及地区内部水安全程度存在明显差异。2014 至 2015 年间，大约 60% 的农业用水来自河流和地下水（澳大利亚统计局，2016a）。

澳大利亚水资源规划和监测主要依据水资源短缺程度制定和实施。如果不存在水短缺问题，环境基本上不受用水的影响，因此，在制定详细规划的过程中，不必关注普通大众对此的反应。但是，如果水短缺问题越来越突出，或不同用户之间的冲突愈发激烈，水资源规划将变得越来越重要。其重要性不仅体现在社会层面，而且涉及每个灌溉用水户的水安全。提高规划制定的透明度和执行力可强化公平和公正，这在大多数灌区似乎都有所体现，但从未得到验证。正如最近调查墨累-达令流域北部用水不受限制的巴望-达令集水区时发现，全面公正的规划必须以有效的实施和执行为前提，缺少有效的实施和执行就会削弱水安全的实际效果（ABC Four Corners，2017）。

2.3.1.1　南部墨累-达令流域政策与实践

在墨累-达令流域南部，水市场较为活跃，这为灌溉用水户提供了获取水源的多种选择，可通过市场提高水安全水平。灌溉用水户追求的水安全水平受种植作物种类，以及可用水量的影响存在差异；水权和水分配的选择方式还受到水价、水安全程度，以及如何处理上一年度"结转"到这一年度的配额等因素的影响（Grafton 等，2015；Grafton 和 Horne，2014；Hughes 等，2013）。例如，棉花和水稻属于随机选择作物，在可用水量较多的时候会被广泛种植；而柑橘和坚果等其他农作物，则需要的水安全水平较高，因此售价更高。在水价低的时候，生产奶牛牧草的企业可购买农民自有配额或从市场上购买水配额；如果水价高时，他们则会从其他地区购买干草，并将持有的水配额在市场上出售。

从交易水平和灌溉用水户参与市场交易的百分比可以看出，政策限制已不再是严重阻碍水权交易或水分配的障碍（见图2.1、图2.2和图2.3）。由于水文条件的限制，巴尔马要塞（Barmah Choke）的水配额贸易经常无法开展下去。出于自身的考虑，灌溉设施运行管理单位时常会控制水配额交易，但原则上，符合流域规划交易规则的交易不会受到限制。

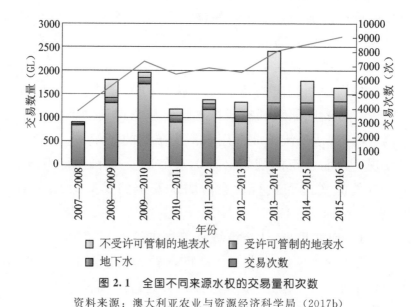

图 2.1 全国不同来源水权的交易量和次数

资料来源：澳大利亚农业与资源经济科学局（2017b）

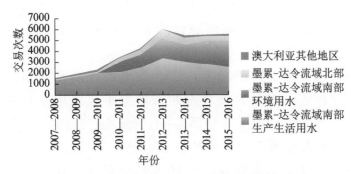

图 2.2　不同地区地表水配额交易量

资料来源：澳大利亚农业与资源经济科学局（2017b）

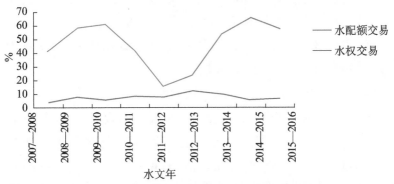

图 2.3　加入墨累-达令流域南部市场的灌溉农场占比

资料来源：澳大利亚农业与资源经济科学局（2017b）

　　为了进一步提升水安全，针对拥有水权的灌溉水用户，特别是在用水受到限制的墨累-达令流域南部地区，制定了以下主要政策：

- 自 20 世纪 90 年代水权与土地所有权进行剥离以来，实际情况是拥有独立水权的用户呈逐步上升趋势；自 2009 年以来，主灌区内拥有土地的灌溉用水户仍可以直接拥有水权，这被称之为"转型"（澳大利亚竞争与消费者委员会，2017）。

- 随着用水竞争加剧、信息流动性加快和透明度提高，墨累-达令流域颁布了《2012 年墨累-达令流域规划》，部署新的治理措施强化保护，防止州政府和灌溉设施运营机构随意作为和妄下决策（墨累-达令流域管理局，2017）。

- 新交易规则的制定，以及放宽或取消州政府对灌区和辖区之间的交易限制，增加了灌溉用水户进入水市场交易的机会（墨累-达令流域，2016）。
- 提高注册登记机构的技术水平，降低水交易成本。
- 水权类型多样化，结转规则更具灵活性，允许当年多出来的水配额结转到下一年（Hughes 等，2013）。
- 气象局信息平台拥有大量重要信息，可为灌溉决策提供更强大和具有前瞻性的信息资源（Joyce，2016）。

信息技术平台的开发和水市场对灌溉用水户的开放为政策调整提供了支撑，其中包括：

- 为私营部门经营水交易提供了便利。
- 灌溉用水户可掌握更多的实践经验，了解水交易对业务风险管理的好处，这有助于提升水资产的价值。

通过对比上述进展情况，灌溉用水户可调节自身的水安全水平，根据业务发展购置各类水权，并通过水市场获取年度水配额。目前，流域和决策层争论的焦点是墨累-达令流域规划提出的水份额，也就是应留出多少水给环境？在气候变化条件下，给灌溉用水户的用水比例和绝对量应该是多少？例如，如果气候变化导致径流减少 20%，灌溉与环境等其他用水户如何对此进行分摊？虽然这个问题在 2004 年的"国家水倡议"中已有所提及（见澳大利亚政府委员会，2004，第48 和 49 条），并在《2012 年墨累-达令流域规划》中有所涉及（Neave 等，2015），但实际上该问题一直被推迟至今（Horne，2014）。农业龙头企业持续施压要求获得更多的水资源（全国农民联合会，2017），因此，大家都在从政策和政治角度，不断地对此问题以及所有用水户的水安全水平进行审视，因为这不仅关系到生态系统服务的相对价值，也关系到灌溉生产。

2.3.1.2　澳大利亚其他地区的政策与实践

墨累-达令流域南部以外地区的灌溉水源为受许可管制和不受管制的地表水（例如，墨累-达令流域北部、昆士兰州沿岸、西澳州北部执行奥德河沿海方案的地区和塔斯马尼亚州）以及地下水（例如，西澳州西南部和西澳州加斯科因区）。无论何种情况，水安全都要依据"国家水倡议"提出的可持续取水或使用的政策原则。在大多数地区，尽管仍存在一些分歧，但该原则基本上被视为最核心的政策。

2.3.1.3　地表水不受管制地区

在地表水使用不受管制的地区，"按规定行事"的原则占主导地位。根据河流流量和流速所作的"规定"，其复杂程度取决于供需关系以及受保护的环境和社会价值复杂性。简单的规定包括在某地人工测得水位低于特定值时的限制用水。这些规定确定了径流量变化范围内的取水量（"消耗池"）。在干旱年份，取水量将受到限制，并按水权分配。在丰水年份，可能会有多余的水来满足环境用水和普通作物的用水需求。规定也会包含盈余水的使用限制，以及如何进行水权分配。在规划过程中，农民应考虑干旱年份用水量减少带来的风险。为了降低风险，在丰水年份，可修建蓄水设施储存多余的水，以便在干旱年份使用。由于环境用水安全很大程度上取决于洪泛平原的洪水，如果规定允许丰水年份大量蓄水，实际过程中可能会影响环境用水安全。

位于昆士兰州南部的康大明-巴隆尼被称之为"按规定行事"大量取水的典型。康大明-巴隆尼制定的水资源运行计划采用会计核算的概念计算持续用水量，使取水量在若干年内保持在平均水平，并已制定详细的分水方案和管理规定（自然资源与矿产部，2015）。库珀溪河（从昆士兰州流入邻近的南澳大利亚州）是另一按规定行事的实例，但这条河侧重于环境用水，农业用水受到严格限制。水资源运行计划中包含一部分未做分配的备用水，政府可能在未来某个时间段选择出售或分配（昆士兰州政府，2016a）。在西澳州，自由流淌的河流几乎完全消失，农民不可能直接从河里取水灌溉；大多数河流或者溪流在夏季时流量减少或根本没有水，不适合直接取水。虽然地下水位暂时还未发生太大变化，但随着持续发生的气候变化和地下水位下降，从中长期考虑，当前的夏季河流取水水位将无法维持。

2.3.1.4 奥德河计划

在西澳州北部奥德河受用水管制的灌区，阿盖尔湖可提供 104 亿 m³ 灌溉用水。可是，由于灌区的总灌溉配额仅为 4 亿 m³，2015—2016 年的实际灌溉用水不足 40%（气象局，2017b）。相比之下，该地区每年的发电用水约为 21 亿 m³。奥德河灌区在过去 50 年（Ghassemi 和 White，2007）遭遇的困境暴露出一个问题，对于灌溉用水户而言，建立一个经济可行的灌区远比水安全更具吸引力。正因如此，国家和州政府给灌区提供 5 亿多澳元的资助，修建了一系列配套基础设施，增加 80km² 灌溉面积（西澳州审计长，2016），如果不是出于政治的考量，这种做法很难让人理解（Dent 和 Ward，2015）。尽管这些设施已于 2014 年竣工，但尚未得到充分利用；向北推进的脚步也正处于停滞状态。

2.3.1.5 澳大利亚北部

澳大利亚北部的年平均降雨量超过 1 万亿 m³，几乎都发生在雨季。大约 2000 亿 m³ 降水大多流入位于沿海地区的河流中，只有少量被水坝拦截。澳大利亚北部大部分地区养牛业发达，但人口较少，水安全主要依赖地下水（Cresswell 等，2009）。不过，一些支持者认为澳大利亚北部仍处于未开发状态，需要大规模开发（澳大利亚政府，2015）。近年来，为了更好地了解和评估该地区进一步开发的可行性，特别是能否在极为偏远地区扩大灌溉面积，开展了许多研究（Petheram 等，2014；澳大利亚联邦科学与工业研究组织，2009，2017；Dent 和 Ward，2015）。联邦政府甚至成立了北澳基础设施开发机构，落实项目开发（澳大利亚政府，2017b）。到目前为止，由于现有的科学研究无法确定项目建设的可行性，几乎没有决定上任何项目。在建新坝理由并不充分的情况下，尚未充分开发利用的地下水成为了小规模灌溉的主要水源。澳大利亚大盆地蕴藏着丰富的资源，在过去十年里，政府一直试图修复先辈牧民造成的破坏。为了今后不再发生类似的错误，在增加取水量之前应预先开展深入的调研。虽然澳大利亚北部不太可能出现与南澳州类似的干旱趋势，但是，在确定项目可行之前，仍必须考虑除水安全以外的其他要素。

2.3.2　雨养农业用水安全

根据澳大利亚统计局的实际估测（2013，2016a），雨养农业的用水量比灌溉农业的用水量高出一倍以上。这在降雨量变化很大、气候变化以及高温会带来显著干旱影响的国家，显然会引发强烈的政策分歧。两个最大的雨养农业产业可说明这一问题。

肉牛生产是澳大利亚最大的农业产业，大部分饲养肉牛的大型牧场都位于澳大利亚北部。有关这些产业的水安全，有两个核心层面的含义：首先，应确保牛群很容易地获得日常用水，水源通常由雨养水库和地下水井提供。第二，牛饲料主要由雨养植被提供。澳大利亚大盆地水安全是维持畜牧生产的关键，即使大盆地水资源充足，本地牧草生长仍需要充足的降雨。

谷类作物在澳大利亚雨养农业中同样占有重要地位，降雨是长期维持谷物产量的关键。面对干燥的气候，有必要强化水安全，重视开发和实施新的生产体系和技术，这对保持和提高生产力至关重要（Hochman 等，2017）。雨养农业一直存在这样一种情况：20 世纪 80 年代中期至 21 世纪初，小麦单产（以公项计）显著增长（Passioura，2013），当时一些地区降雨量持续下降，气温不断上升（Asseng 和 Pannell，2013；Hochman 等，2017）。之所以会实现增长是因为：农民改进了种植体系、采用免耕农业方式、有效利用除草剂、选育高质量种子和采用使作物可充分利用土壤水分的管理技术（Passioura，2013；Richards 等，2014）。这些改进和成果离不开研发和在实践中采用新的做法。

上述两个实例说明，了解和掌握与气候变化影响有关的最新信息至关重要，包括降雨量水平以及降雨量年内分布变化对作物的影响；同时，也强调了气象部门改进服务，提供短期和季节性天气预报的重要性。所有这些都有助于雨养农业地区将生产决策和水安全两者挂钩。过去十年来，政府加大了投入，对气象局的研究和信息服务进行了改进，这项工作不仅在近期，而且将在未来持续开展，这充分表明政府决策者对此项工作的肯定（气象局，2017a；Joyce，2016）。

2.4　生态用水安全

在澳大利亚，水安全与环境面临的最主要问题之一是经济增长和环境之间持续的紧张关系，这表现在生态用水与农业用水、城市用水和采矿用水之间的竞争，而这种情况在其他国家也普遍存在。

在过去十年里，与其他一些国家不同的是，澳大利亚一直在国家和州层面，通过政策和措施缓解这些紧张关系。表2.4列出了主要进展情况。给生态多少水应该是全民做出的选择。澳大利亚发布的一系列重要的国家规划文件，如"国家水倡议"和《2007 年水法案》，以及细化州涉水法规、州规划文件和用水计划，提出了一系列加强生态用水安全的规定（例如，澳大利亚政府委员会，2004；澳大利亚联邦，2009；昆士兰州政府，2016a，2017b，d；维多利亚州政府，2016，2017）。

表 2.4　环境用水安全近期主要进展

地　区	近期主要进展	意　见
墨累-达令流域，面积约100万km²	2012年颁布的《墨累-达令流域规划》首次对地表水和地下水的使用设置了可持续调水限制，要求全面减少农业用水（澳大利亚政府，2013）。新的可持续调水限制于2018年生效。联邦生态用水所有人已收集大量水权，加上州一级对水权适当收紧，为"重新平衡水量"提供新的机遇； 加强市场运作和更加透明的年度分配决定强化了生态用水安全。这在过去的按规则行事的管理体系下受到了限制。下一步的主要任务是在整个流域按照《墨累-达令流域规划》完成新的水资源规划	更多的证据表明，联邦政府持有环境水权有助于提高水安全、改善环境流量取得了成效（联邦环境水管理办公室，2016）。总而言之，有必要通过计划和规定提高生态用水的监督和执行。截至2017年6月，在过去的5年时间里，联邦持有的生态用水权，每年给生态提供了超过11亿m³的生态用水（澳大利亚政府，2017b）。今后将持续开展这项重要工作
澳大利亚大盆地，面积约170万km²	在近期完成第4阶段任务后，继续履行国家制定的2018—2019年目标任务，即进一步限制地下水提取、用管道替代明渠、恢复地下水位，提高农业生产，并确保与大盆地相关的重要生态资产的水安全； 到目前为止，节水超过3亿m³/a（现在总用水量约为5亿m³/a）。大盆地昆士兰部分地区（面积约120万km²）制定了新用水计划，提出继续提高水资源利用效率，并保护依赖大盆地水的重要生态资产（昆士兰州政府，2017b）	通过对公共资源进行大量投资，目前已完成了节水目标。这些节约出来的水用于回补水、补充泵和生态用水。昆士兰州新制定的大盆地水生态规划明确规定了哪些地下水生态系统需要保护（昆士兰州政府，2017b）。因此，下一步监管将发挥重要作用

续表

地　区	近期主要进展	意　见
煤层气和煤矿区	《联邦环境保护和生物多样性保护法案（1999）》2013年修正案增加了水资源保护和生物多样性影响评估（Water Trigger）内容，提高了煤层气和煤矿区生态资产的水安全。在公众压力下，几个州已暂停气和煤层气"采气"作业，限制天然气资源的开发。煤层气天然气资源着重强调了独立监管的必要性。采独立专家科学委员会（2017）的报告着重强调了独立监管的必要性；在昆士兰、新南威尔士州、维多利亚州、南澳大利亚州和北领地等煤矿区开展生物区域评估，对未勘探地区开展科学和公开的生态资产评估（澳大利亚政府，2013、2017a，b）	委员会的报告制度极大提高了区域水资源生态资产的保护力度。生物区域评估有助于从一个更新的层面。了解澳大利亚东部和中部大部分地区的水资源与生态之间的相互作用，并可对影响生态用水安全的项目提出预警告
主要城市地区	重视需求管理（尤其是《用水能效标签和标准》方案和水资源可利用量性阶段性使用水限制）和可抵御气候变化的水源（尤其是海水淡化和水循环利用）。降低人口增长与气候变化对重点城市附近水源的压力。城市用水价格上涨也会起到相同的作用	进一步降低了城市家庭和工业用水的增长幅度，减轻了传统城市供水集水区的压力

资料来源 Joyce（2016）、自然资源与矿产部（2017）、澳大利亚政府（2013、2017a、b）、独立专家科学委员会（2017）、联邦环境流量管理办公室（2016）、昆士兰政府（2016）、都会区水务公司（2016b、2017c）、维多利亚州政府（2017）。

表 2.4 列出了自 2000 年初以来澳大利亚积极推行的国家方针政策，反映出社会各界广泛关注发展带给生态用水安全的不利影响；在某些情况下，发展还影响到保障农业持续发展的水安全。各项干预措施最终都需要国家和州层面的参与，以及不同程度的监管和执行。判断是否取得"进展"并非易事，通常取决于决策人。例如，著名的温特沃思科学家关怀小组在公共场合发言时，对《墨累-达令流域规划》在生态用水安全取得的成效提出过质疑（Vidot，2017），但随后他们在详细报告（温特沃思科学家关怀小组，2017）和其他文件中（联邦环境流量管理办公室，2016；Jackson等，2017）表示，在许多地区，已经开始取得进展。温特沃思小组的报告应被视为倡议类型的文件，主张提高环境用水配额，而不是评估生态用水安全。之所以提出这样的倡议，说明生态和农业之间的利益关系一直处于紧张状态。表 2.4 中的政策行动都会对生态用水安全产生切实的积极影响。

2.5　采矿业用水安全

采矿业是澳大利亚重要的经济支柱，农业约占澳大利亚国内生产总值的 2%，制造业约占 6%，而采矿业约占 7%。报统计，采矿行业用水量为 7.68 亿 m^3（澳大利亚统计局，2016a）。尽管实际数字可能不止这些，但采矿业的用水可产生很高的价值。

矿山往往位于严重缺水的干旱地区，考虑到供水是许多矿山持续作业的必备条件，水安全处于相当重要的位置。以往，单个矿山需水量不大，只对生态环境造成点源污染，矿区的取用水通常不会带来广泛影响。如今，大型矿山不仅需要获得大量的水，对生态环境的影响也相当大。例如，大型煤矿可能会影响到几十公里范围内地下含水层，煤层天然气开采也会带来同样的影响。

"国家水倡议"提出的一项重要原则是，基于可持续利用制定的区域水计划中需强调，所有用水户应处于同等的地位。水安全对采矿的重要性在"国家水倡议"（澳大利亚政府委员会，2004）第 34 条有所涉及，这似乎与上述基本原则相矛盾。"国家水倡议"第 34 条规定：

> 如果矿产和石油部门面临需要通过超出本协定范围的政策和措施加以解决的特殊情况，在此情景下，各方应根据环境、经济和社会等因素对特定项目建议书进行评估，并且与资源开发项目有关的特定因素，如缺乏关联度、项目周期较短、水质问题以及必须采取补救措施和去除影响的因素，可能被要求做出超出本协定范围之外的特定管理安排。

为了促使西澳州成为总协定缔约方，在西澳州的要求下，该条款被纳入"国家水倡议"，以便回应"国家水倡议"对该州采矿业造成潜在不利影响的担忧。该条款为西澳州和其他州政府设立了一个机制，如果相关州主管部门认为，可能会出现对采矿业产生不利影响的情形，则可以不执行"国家水倡议"。即便纳入了这一条款，西澳州仍花了近两年时间才签署该协定，协议随之生效。而且，2004 年形成的紧张局势仍在持续。在 2014 年"国家水倡议"提交审议时，采矿业仍在辩解该行业属于特例，并力图保留这项条款（澳大利亚矿业协会，2013）。

采矿部门面临的最大问题依旧是如何妥善解决社会各界针对采矿用水对农业、生态环境、地方或偏远乡镇水安全影响的担忧（西澳州水利部，2011；昆士兰州政府，2017a）。这种持续的担忧促使出台了一批政策行动。随着昆士兰州煤炭和煤层天然气工业的开发，在国家层面，政府颁布《联邦

环境保护和生物多样性保护法案（1999）》2013 年修正案
（澳大利亚政府，2013），针对煤炭和天然气开采对水资源潜
在影响制定了新的监管措施，特别是干扰地下含水层以及联
产水对地下水可持续利用的影响。如今，在全国范围内，所
有对水资源产生重大影响的新建煤炭和煤层天然气项目，都
要接受煤层天然气与大型煤矿开采独立专家科学委员会
（2017）的审查，才有可能获批。在昆士兰州，新组建了治
理机构处理采矿和农业之间的冲突，对地下水资源进行可持
续管理。已有部分州和地区政府暂停使用水力压裂技术开采
煤层天然气资源，并将其他领域的水安全排在比矿业公司天
然气生产更加优先的位置。这种暂停并非依据风险评估作
出，而是从侧面反映出政治的武断性（Horne，2016b）。昆
士兰州仍然是唯一拥有大型煤层天然气工业的州，联产水在
反渗透水处理厂处理后可用作农业用水，也可提高附近城镇
的水安全（昆士兰气田委员会，2014）。在西澳州，铁矿山
脱水使得取水量超出了矿山本身的需要，这有可能导致在最
不适宜的地方新建灌溉区项目（西澳州水利部，2013，
2015）。目前遇到的问题是，要监控这些活动是否对周围环
境产生了意想不到的影响。

2.6　发电用水安全

澳大利亚电力市场面临的主要政策问题并非只有水安
全，还包括相互依存的关键因素（Finkel 等，2017）。电力
和天然气工业的用水量占河流和地下水总量的 2% 以下（约
3 亿 m³）（澳大利亚统计局，2016a）。2015—2016 年，能源
市场超过 90% 的发电量依赖燃煤、燃气发电或水力发电（澳
大利亚能源市场运营商，2017）。虽然电力行业总用水量很
少，但这并不能说明水资源对国家电力市场不重要。

2007 年以来，缺水导致塔斯马尼亚的水力发电设施受到

严重影响，发电量大幅下降。这也引起了燃煤和燃气发电厂对极端天气（特别是干旱）带来高风险的关注。为了应对这种情况，电力行业着重提高用水效率，对这些新风险因素进行管理。随着风力和太阳能发电能力不断提高，上述相互依存程度会有所下降，但风险仍将持续数十年。

　　由于水务部门也是电力行业的主要消费者，极端事件的日益增多加剧了发电和配电的风险，对供水服务能力也将产生影响。

2.7　讨论

2.7.1　现状

　　通过一系列政策和实践，澳大利亚逐步实现水资源可持续利用和水资源短缺与水质问题的有效管理，但人口增长、经济发展和气候变化带来的压力，一直以来始终威胁着澳大利亚的水安全。因此，澳大利亚仍需颁布新的政策应对新增风险，并采取新型、乃至创新型政策措施。澳大利亚大部分地区通过制定水资源规划解决水资源短缺问题，但规划的实施在某种程度上取决于政治和历史因素以及问题的严重程度。很多地方并没有妥善解决水短缺问题，有些地区生态持续退化就是最好的例证（Jackson 等，2017）。水市场在墨累-达令流域内发展迅速且收效甚好，但在其他地方还不普及。这在一定程度上反映出需要切合实际的风险管理方法，以及市场运作的成本费用。在没有市场调节的地区，调水会受到管制或完全不受限制。

　　水利改革的进展速度缓慢，某些地区并不情愿实施改革。例如，北领地和西澳州政府尚未建立基于法律、明确和安全的长期水权体系，也未采纳定价等有效管理办法（生产力委员会，2017b）。新南威尔士州没有及时兑现更新水资源规划的承诺。目前，没有任何机构将气候变化可能产生的影响作为限制调水的条件。

虽然澳大利亚位于干旱的大陆，但以上阐述表明，如今澳大利亚已对水安全风险进行了很大程度的妥善管理，但以下两种情况属于例外。

首先是偏远地区的水安全程度低，不能满足《澳大利亚饮用水指南》规定的人人可获得水、不间断供水能力以及卫生服务的要求。满足这些标准对于居民的健康状况十分必要，特别是土著居民，这将是重要的起步，但还远远不够（Hall 等，2017，广泛介绍了关系原住民健康的供水和公共卫生）。州和地方政府已经在有效地管理城镇水安全，但仍存有漏洞。政策改革必须有效发挥作用，没有理由不解决治理和资源问题，这些问题需要马上给予关注。

第二是社会愿意给环境和生态系统服务留出充足的水。权衡私营利益（主要见于农业和矿业部门）和公共利益仍然是政策制定的争执焦点。有关这方面的辩论从《墨累-达令流域规划》用水，以及正在进行的围绕进一步开发澳大利亚北部的政策讨论中可见一斑。这已然成为上一代人的辩论"现场"，自 20 世纪 90 年代末以来，有关澳大利亚环境状况的连续报道，引发了人们对导致生态退化的水安全和环境问题的广泛关注（Jackson 等，2017）。在各个领域，由利益驱动的开发模式将重点放在寻求公共部门的补贴上，经常不顾及给自然生态环境造成的影响，开发新的农业区或支撑现有的农业区及相关活动。该问题的核心是，很难从可持续环境的角度评估社会效益，这会受到各种不同观点的影响（例如，参见 Atkinson 和 Mourato，2015）。社会的每个群体都会以不同的方式对此进行权衡。在澳大利亚这个高度城市化的国家，旅游业占国内生产总值的 3%（澳大利亚统计局，2016b），人们更加关注环境和气候变化的影响，全力支持可持续发展计划，即使这种支持力度时强时弱（罗依摩根公司和联系单位，2017；澳大利亚统计局，2012）。可是，从农业和企业利益集团的角度来看，它们认为不应把这些担忧时刻挂在心上。

2.7.2　前景

尽管人口增长、经济发展和气候变化给水安全带来新的风险，但未来总体风险依然可控。

在未来几十年里，我们可以进一步提高企业和家庭的用水效率，新建海水淡化厂，抵御气候变化带来的水源不足，在经济条件允许的情况下提高水循环利用率，满足人口增长（主要集中在大城市）带来的需水量。与过去十年一样，家用电器采用的新技术将对降低城市地区的人均用水量和维护水安全做出重大贡献。国家《水效标识和标准》的类似计划将继续促进用水量降低。许多公司已将节水作为品牌管理的核心内容，作为公司"可持续"运营的见证。由于气候干燥和极端事件带来新的风险，影响水的持续供应，需要积极妥善地管控这些风险。提高信息系统功能和水资源利用效率、抵御气候变化，将有助于将水安全维持在理想的水平上。

工业部门供水必须确保以可持续供水为前提，并限制农业和矿业等部门用水。通过提高用水效益，提高可抵御气候变化的水资源利用效率；对于目前尚未充分利用的水源要充分挖掘潜能。对于看似风险很高的气候变化，应看到这些风险给某些方面带来的新机遇。要积极主动地管好水安全面临的新风险。政策层面，应为面临可用水量减少的地区制定一个有利于费用共担的体系，以此反映出政府态度以及各方对于如何管理气候变化对环境、经济和社会影响所持的观点。随着燃煤发电行业开始萎缩，发电耗水量已从高点向下回落，但洪水等极端事件对该部门水安全的威胁仍需格外关注。

以上提到的两个目前存在的水安全问题，在短期内仍无法解决。对于偏远地区，特别是土著居民，资源配置及其维持至关重要。这涉及另一个关键问题，即如何使小群体长期生存，这个话题涉及的范围太大，不是一个章节能解释清楚的。就生态用水而言，社会群体是否愿意承担确保水安全的责任，可反映出各种呼声群体的利益所在。随着人均国内生产总值增长、旅游业提速、城市化进程加快，政府保护生态环境的责任将越来越大。这是一项长期的任务，而且矛盾将持续存在。

所有行业都将面临各种各样的水安全问题，尤其是发生极端事件期间和之后。这在很大程度上将考验政策、运营或治理能否有效管理已知风险。那些过去未曾发生过的意外事件，将来有可能发生，应把这些可能的风险纳入应急响应计划。毋庸置疑，2020—2040 年将会出现新的风险；在水安全受到严重影响之前，有些风险会被忽略。过去十年的经验表明，澳大利亚政府和用水户将从这些事件中吸取经验，大多数问题都将得到解决（Horne，2016a）。

2.8　经验教训

水安全是一个全球性问题，但必须在国家和区域层面进行管理。人口增长、人口从农村向城市大规模迁移、经济增长和气候变化已成为影响各国水安全的关键驱动因素。每个国家将受到的影响程度不同；具体到某个国家，风险也会随地区和用途出现差异。过去 20 年里，澳大利亚在地方、州和国家等不同层面，通过政策措施解决水安全问题，可为其他地区政策制定提供参考经验，以下是总结出来的七个经验教训。

第一，水安全管理是一项持续的任务。政策制定和实施应加强水治理、水权以及风险管理，积极强化水安全。这项工作尚未完成，对于政策措施我们要不断地加以审视。气候变化对澳大利亚水安全产生诸多不利影响，主要城市中心人口增长，加上干燥的气候，意味着如果不采取变革，目前这种供求平衡或者有所结余的局面很快就会无法维持下去。因此，需要继续采取措施降低家庭人均用水量和工业用水量。还要不断获取有效的信息，并继续开展研究以有效解决这些问题。此外，一些国家也表现出了积极的一面，全力做好影响控制需要积极有效的方式。

第二，落实水资源管理体系对推动改革意义重大。只有获得社会各界的认同，才会在问题出现时履行承诺。仅靠制度体系和规划无法完全解决问题，澳大利亚政府曾多次重申"国家水倡议"制定的原则，但仍存在官僚机构拖后腿的现象。贯彻落实很关键，同时，还需要对进展情况开展透明独立的评估，使公众关注到制度体系本身存在的不足，以及政府和私营部门在执行过程中存在的薄弱环节。

第三，"以目标为导向"开展治理活动可显著提高和维护水安全。经合组织水治理倡议包含许多有用的常识信息（经合组织，2016）。在农村地区，完善治理可提高水分配决策的透明度。充分征求当地民众的意见和建议并尽量避免采取硬性决策（或最差决策）给其带来压力。城市地区应改革服务供给模式，实现所有用户所期望的高级别水安全。政府应摒弃旧的模式、探索新的模式。澳大利亚某些州往往忽视小型和偏远社区服务中存在的问题，从而带来无法接受的后果。缺乏有效治理会导致资本投入和运行收益不足，也无法吸引到受过专门培训的技术人员。这说明"小即好"的说法并不总是很有效。

第四，决策层的领导作用对改善水安全起到至关重要的作用。没有正确的领导，既得利益集团可能会阻碍改革进程，或减缓改革的步伐，使改革无法有效推行。不仅如此，获得公共部门管理人员、专家顾问以及关注改革的用水户们的支持也至关重要。

第五，政府和决策者通常只会在出现危机时采取果断行动，这种在恐慌形势下做出的决策可能存在风险。用水竞争会导致难以权衡的情况出现，尤其是大家同处于可持续利用体制下；即便总体框架已经商定，细节方面也存在诸多冲突。这需要发挥政治手段的作用，政策顾问们应认真考虑决策会带来何种后续影响。这再次表明，应特别重视和积极制定解决新问题的方案。

第六，健全的水市场有助于提升水安全，但需要投入大量的时间和精力。澳大利亚墨累-达令流域的经验表明，水市场会产生巨大效益，但要控制好潜在的负面因素（Grafton等，2015）。开发新的水市场在许多情况下可能并不合适，但在出现缺水或迫切需要管理水质的情况下，水市场可成为经济有效的解决方案，有助于解决水安全问题。水市场的好坏取决于运行监管体制，合规、监控和执法在决定市场能否为水安全起到作用方面发挥着重要作用。

最后，以目标为导向的水利信息系统和科学研究将使水安全变得经济有效。澳大利亚气象局将水利信息系统升级改造后，为农业和生态用水管理人员提供更好的信息服务，为用水决策者提供信息支持。此外，农业和城市供水公司可利用澳大利亚联邦科学与工业研究院、气象局和大学的研究成果，对气候变化条件下，水安全面临的新风险和影响进行评估。其他国家也可以合理利用这种方式，对其公共投资水平进行复查。

参　考　文　献

ABC Four Corners (2017) Pumped：who is benefitting from the billions spent on the Murray–Darling? Presented by Linton Besser，Mary Fallon，and Lucy Carter. Television program，5 Aug 2017. http：//www.abc.net.au/4corners/stories/2017/07/24/4705065.htm

Armstrong I，Gellatly C（2008）Independent inquiry into secure and sustainable urban water supply and sewerage sevices for non–metropolitan NSW，December 2008. NSW Dept. of Water and Energy，Sydney

Asseng S, Pannell DJ (2013) Adapting dryland agriculture to climate change: farming implications and research and development needs in Western Australia. Clim Change 118 (2): 167 – 181. https://doi.org/10.1007/s10584 – 012 – 0623 – 1

Atkinson G, Mourato S (2015) Cost – benefit analysis and the environment. OECD environment working papers, No. 97. Paris. http://dx.doi.org/10.1787/5jrp- 6w76tstg – en

Australian Bureau of Agricultural and Resource Economics and Sciences (2017a) About Australian Water Markets Report. Canberra. http://www.agriculture.gov.au/abares/researchtopics/water/aust – water – markets – reports/. Accessed 9 Aug 2017

Australian Bureau of Agricultural and Resource Economics and Sciences (2017b) Australian Water Market Report. Canberra. http://www.agriculture.gov.au/abares/research – topics/water/aust – water – markets – reports. Accessed 21 Aug 2017

Australian Bureau of Statistics (2012) 4626.0.55.001—Environmental views and behaviour, 2011 – 12. Canberra. http://www.abs.gov.au/ausstats/abs@.nsf/mf/4626.0.55.001. Accessed 29 Aug 2017

Australian Bureau of Statistics (2013) Feature article 2: Experimental estimates of soil water use in Australia. Canberra. http://www.abs.gov.au/AUSSTATS/abs@.nsf/Lookup/4610.0Feature+Article22011 – 12. Accessed 9 Aug 2017

Australian Bureau of Statistics (2016a) 4610.0—Water Account, Australia, 2014 – 15. Canberra. http://www.abs.gov.au/AUSSTATS /abs @ .nsf/mf/4610.0 Accessed 1 Nov 2017

Australian Bureau of Statistics (2016b) 5249.0—Australian National Accounts: tourism Satellite Account, 2015 – 16. Canberra. http://www.abs.gov.au/ausstats/abs@.nsf/mf/5249.0. Accessed 12 Aug 2017

Australian Competition and Consumer Commission (2017) ACCC water monitoring report 2015 – 16. Canberra. https://www.accc.gov.au/system/files/1144 _ Water%20Report%202015 – 16 _ Text _ FA4.pdf

Australian Energy Market Operator (2017) Factsheet: the national electricity market. Melbourne. https://www.aemo.com.au/-/media/Files/PDF/National – E- lectricity – Market – Fact – Sheet.pdf. Accessed 9 Aug 2017

Australian Government (2013) Water resources—2013 EPBC Act amendment— Water trigger. http://environment.gov.au/epbc/what – is – protected/water –

resources. Accessed 1 Nov 2017

Australian Government (2015) Our north, our future: white paper on developing Northern Australia. Commonwealth of Australia

Australian Government (2017a) Water Efficiency Labelling and Standards (WELS) scheme. http: //www. waterrating. gov. au. Accessed 28 Jul 2017

Australian Government (2017b) Northern Australia infrastructure facility. http: // www. naif. gov. au. Accessed 30 Aug 2017

Australian Water Association (2017) Submission to the inquiry into the reform of Australia's Water resources sector. St Leonards, NSW. http: //www. pc. gov. au/ _ data/assets/pdf _ file/0016/217132/sub066 – water – reform. pdf. Accessed 30 Aug 2017

Australian Water Association and ARUP (2016) Australian water outlook 2016. http: //www. awa. asn. au/documents/Australian _ Water _ Outlook _ report _ 2016. pdf

Bureau of Meteorology (2017a) Improving Water Information Programme progress report 2016. Melbourne

Bureau of Meteorology (2017b) National Water Account 2016—Ord: water access and use. Melbourne. http: //www. bom. gov. au/water/nwa/2016/ord/supportinginformation/wateraccessanduse. shtml. Accessed 10 May 2017

COAG Working Group on Water Resource Policy (1994) Report of the Working Group on Water Resource Policy to the Council of Australian Governments. Mimeo, Canberra

Commonwealth Environmental Water Office (2016) The Pulse 2015 – 16. Canberra, Australia. http: //www. environment. gov. au/system/files/resources/b22c56f2 – 42d9 – 4373 – b3abf866e64cdcf5/files/pulse – 2015 – 16 – restoring – our – rivers. pdf. Accessed 4 Aug 2017

Commonwealth of Australia (2009) Water Act 2007. Reprinted on 1 January 2009 (with amendments up to Act No. 139, 2008)

Canberra Commonwealth of Australia (2012) Water Act 2007—Basin Plan 2012. Extracted from the Federal Register of Legislative Instruments on 28 November 2012—F2012L02240. https: //www. comlaw. gov. au/Details/F2012L02240. Accessed 6 Sept 2015

Council of Australian Governments (1994) Communiqué, 25 February 1994, attachment A: water resource policy. Canberra. https: //web. archive. org/web/ 20090702031903/http: //www. coag. gov. au/coag _ meeting _ outcomes/1994 –

02 - 25/index. cfm. Accessed 1 Nov 2017

Cresswell R, Petheram C, Harrington G, Buettikofer H, Hodgen M, Davies P, et al (2009) Water resources in northern Australia. Chapter 1 in Northern Australia land and water science review, full report. Department of Infrastructure, Transport, Regional Development and Local Government. Canberra. https: // publications. csiro. au/rpr/download? pid=csiro: EP131257&dsid=DS2

CSIRO (2009) Water in northern Australia. Summary of reports to the Australian Government from the CSIRO Northern Australia Sustainable Yields Project. Canberra CSIRO (2013) The sustainable yields projects. Canberra. http: //www. clw. csiro. au/publications/waterforahealthycountry/sustainable - yields. html. Accessed 27 May 2016

CSIRO (2017) Northern Australia water resource assessment. Canberra. https: // www. csiro. au/en/Research/Major - initiatives/Northern - Australia/Current - work/NAWRA. Accessed 26 Jul 2017

CSIRO and Bureau of Meteorology (2015) Climate change in Australia: information for Australia's natural resource management regions: technical report. Canberra. https: //www. climatechangeinaustralia. gov. au/media/ccia/2. 1. 6/cms _ page _ media/168/CCIA _ 2015 _ NRM _ TechnicalReport _ WEB. pdf

Dent J, Ward MB (2015) Food bowl or folly? The economics of irrigating Northern Australia. Discussion Paper 02/15, Department of Economics, Monash University

Department of Natural Resources and Mines (2015) Condamine and Balonne resource operations plan. Brisbane. https: //www. dnrm. qld. gov. au/ _ data/assets/ pdf _ file/0005/281534/condaminebalonne - amendment - 2015. pdf

Department of Natural Resources and Mines (2017) Draft great artesian basin and other regional aquifers water plan and draft water management protocol (previously known as the water resource (Great Artesian Basin) plan and the Great Artesian Basin resource operations plan) Statement of Intent January 2017. State of Queensland, Queensland. https: //www. dnrm. qld. gov. au/ _ data/assets/ pdf _ file/0010/1082593/draft - gabora - statement - intent. pdf

Department of Water (2013) Strategic policy 2. 09: use of mine dewatering surplus. Perth, Australia. https: //www. water. wa. gov. au/ _ data/assets/pdf _ file/0018/1683/105196. pdf. Accessed 21 Aug 2017

Department of Water (2015) Pilbara surplus mine dewater study summary Report (DOW0814) Perth, Australia. http: //www. parliament. wa. gov. au/publications/ tabledpapers. nsf/displaypaper/3913625ce705f2e0a59df0e848257f02000d5aec/ $ file/

tp – 3625. pdf. Accessed 21 Aug 2017

Finkel A，Moses K，Effeney T，O'Kane M（2017）Independent review into the future security of the national electricity market: Blueprint for the future. Commonwealth of Australia，Canberra

Gasfields Commission Queensland（2014）CSG water treatment and beneficial use in Queensland，Australia: technical communication 2，November 2014. http: // www. gasfieldscommissionqld. org. au/resources/documents/csg – water – treatment – and – beneficial – use – 2. pdf

Geoscience Australia（2016）Australian rainfall and runoff. Canberra. http: //arr. ga. gov. au. Accessed 7 Oct 2016

Ghassemi F，White I（2007）Inter – basin water transfer: case studies from Australia，United States，Canada，China and India. Cambridge University Press，Cambridge

Government of Western Australia（2015）Securing water resources for the South West. Perth. http: //www. water. wa. gov. au/ __ data/assets/pdf _ file/0007/ 6784/Securing – water – resources – for – the – South – West. pdf

Grafton RQ，Horne J（2014）Water markets in the Murray – Darling basin. Agric Water Manag. https: //doi. org/10. 1016/j. agwat. 2013. 12. 001

Grafton RQ，Horne J，Wheeler S（2015）On the marketisation of water: evidence from the Murray – Darling basin. Water Resour Manag，Australia. https: //doi. org/10. 1007/s11269 – 015 – 1199 – 0

Hall N，Barbosa MC，Currie D，Dean AJ，Head B，Hill PS，et al（2017）Water，sanitation and hygiene in remote Indigenous Australian communities: a scan of priorities. Global Change Institute discussion paper，Water for Equity and Wellbeing series，University of Queensland，Brisbane. http: //gci. uq. edu. au/ filething/get/13903/UQ _ WASH％ 20scan％ 20in％ 20Indig％ 20Communities – FINAL – LR – 2. pdf

Hochman Z，Gobbett DL，Horan H（2017）Climate trends account for stalled wheat yields in Australia since 1990. Glob Change Biol 23（5）: 2071 – 2081. https: //doi. org/10. 1111/gcb. 13604

Horne J（2013）Economic approaches to water management in Australia. Int J Water Resour Dev 29（4）: 526 – 543. https: //doi. org/10. 1080/07900627. 2012. 712336

Horne J（2014）The 2012 Murray – Darling basin plan: issues to watch. Int J Water Resour Dev 30（1）: 152 – 163. https: //doi. org/10. 1080/07900627. 2013. 787833

Horne J (2016a) Resilience in major Australian cities: assessing capacity and preparedness to respond to extreme weather events. International Journal of water resources development, 1 – 20. Published online 24 Oct 2016. https://doi. org/10. 1080/07900627. 2016. 1244049

Horne J (2016b) Mining the liverpool plains: no place for politics in proper policy process. Asia &the Pacific Policy Society Policy Forum. http://www. policyforum. net/mining – liverpool – plains/. Accessed 24 Jun 2017

Howard J (2006) Transcript of the Prime Minister the Hon John Howard MP joint press conference with New South Wales Premier Morris Iemma, Victorian Premier Steve Bracks, South Australian Premier Mike Rann and Acting Queensland Premier Anna Bligh, Parliament House, Canberra, 7 November 2006. http://pandora. nla. gov. au/pan/10052/20061221 – 0000/www. pm. gov. au/news/interviews/Interview2235. html. Accessed 6 Oct 2015

Hughes N, Gibbs C, Dahl A, Tregeagle D, Sanders O (2013) Storage rights and water allocation arrangements in the Murray – Darling Basin. ABARES technical report 13. 07. Canberra. http://www. agriculture. gov. au/abares/publications/display? url = http://143. 188. 17. 20/anrdl/DAFFService/display. php? fid = pb _ srwaad9abnw20131212 _ 11a. xml. Accessed 17 May 2016

Independent Expert Scientific Committee on Coal Seam Gas and Large Coal Mining Development (2017) The IESC. http://www. iesc. environment. gov. au/iesc. Accessed 29 Aug 2017

Jackson WJ, Argent RM, Bax NJ, Clark GF, Coleman S, Cresswell ID, et al (2017) Australia state of the environment 2016: overview. Independent report to the Australian Government Minister for the Environment and Energy. Australian Department of the Environment and Energy, Canberra. https://soe. environment. gov. au/sites/g/files/net806/f/soe2016 – overviewlaunch – version328feb17. pdf

Joyce B (2016) Coalition continues strong commitment to ag and water programmes: media release 19 December 2016. Commonwealth of Australia, Canberra. https://web. archive. org/web/20170327095258/, http://minister. agriculture. gov. au/joyce/Pages/Media – Releases/coalitioncontinues – strong – commitment – to – ag – and – water – programmes. aspx. Accessed 1 Nov 2017

Melbourne Water (2017) Melbourne water system strategy. https://www. melbournewater. com. au/sites/default/files/2017 – 09/Melbourne – Water – System – Strategy _ 0. pdf

Metropolitan Water (2017) 2017 Metropolitan water plan: water for a liveable, growing and resilient Greater Sydney. https：//www. metrowater. nsw. gov. au/sites/default/files/2017％20Metropolitan％20Water％20Plan _ 2. pdf. Accessed 5 Sept 2017

Minerals Council of Australia (2013) Submission to the 2014 Triennial assessment of water reform progress in Australia. Canberra. http：//www. minerals. org. au/file _ upload/files/submissions/2013 - 12 - 06 _ - _ FINAL _ MCA _ Submission _ 2013 _ NWI _ TA. pdf

Murray - Darling Basin Authority (n. d.) Discover surface water. Canberra. https：//www. mdba. gov. au/discover - basin/water/discover - surface - water

Murray - Darling Basin Authority (2016) Murray - Darling basin authority annual report 2015 - 16. MDBA publication no. 25/16. Canberra. https：//www. mdba. gov. au/annual - report - 2015 - 16. Accessed 10 Aug 2017

Murray - Darling Basin Authority (2017) Towards a healthy，working Murray - Darling Basin：Basin Plan annual report 2015 - 16. MDBA publication no. 04/17. Canberra. https：//www. mdba. gov. au/sites/default/files/attachments/report _ microsite/pdf/701％20The％20Basin％20Plan％20annual％20report％202015 - 16％20web. pdf

Murray - Darling Basin Commission (1995) An audit of water use in the Murray - Darling basin：water use and healthy rivers：working towards striking a balance. Mimeo. Canberra. http：//www. southwestnrm. org. au/sites/default/files/uploads/ihub/audit - water - use - murray - darling - basinjune - 1995 - 1 - 3. pdf. Accessed 9 Sept 2015

National Farmers' Federation (2017) National Farmers' Federation submission to the Productivity Commission Issues Paper on National Water Reform 27 April 2017. Barton，Australia. http：//www. pc. gov. au/ __ data/assets/pdf _ file/0006/216933/sub055 - water - reform. pdf. Accessed 11 Aug 2017

National Irrigators' Council (2017) Submission to Productivity Commission National Water Reform Inquiry：Removing productivity barriers towards building a sustainable irrigated agriculture sector：April 2017. Barton，Australia. http：//www. pc. gov. au/ __ data/assets/pdf _ file/0006/216267/sub013 - water - reform. pdf. Accessed 21 Sept 2017

National Water Commission (2011) Water markets in Australia：a short history. Canberra. http：//webarchive. nla. gov. au/gov/20150316201227/http：//www. nwc. gov. au/ __ data/assets/pdf _ file/0004/18958/Water - markets - in - Australia - a - short - history. pdf. Accessed 1 Nov 2017

Neave I, McLeod A, Raisin G, Swirepik J (2015) Managing water in the Murray –
Darling Basin under a variable and changing climate. Water J Australian Water
Assoc 42 (2), 102 – 107. https：//www. mdba. gov. au/publications/journal –
articles/managing – water – murray – darling – basinunder – variable – changing –
climate. Accessed on 1 Nov 2017 New South Wales Government (2016) Water
security for regions. http：//www. water. nsw. gov. au/urban – water/water – se-
curity – for – regions. Accessed 28 Jul 2017

OECD （2013） Water security for better lives. OECD studies on water,
Paris. https：//doi. org/10. 1787/9789264202405 – en

OECD （2016） OECD Water governance initiative：achievements and ways for-
ward. March 2016. Paris. http：//www. oecd. org/gov/regional – policy/WGI –
Achievements – Ways – Forward. pdf

Passioura J （2013） Australia, farming future：doing more with less water. The
Conversation, June 6. https：//theconversation. com/australias – farming – fu-
ture – doing – more – with – less – water – 14983. Accessed 7 Jun 2013

Petheram C, Gallant J, Wilson P, Stone P, Eades G, Roger L, et al （2014）
Northern rivers and dams：a preliminary assessment of surface water storage po-
tential for northern Australia. CSIRO Land and Water Flagship Technical
Report. Canberra. https：//publications. csiro. au/rpr/download? pid ＝ csiro：
EP147168&dsid＝DS3

Power and Water Corporation (2016) Indigenous essential services drinking water
quality report 2015 – 16. Darwin, NT. https：//www. powerwater. com. au/_
data/assets/pdf _ file/0011/147359/PWC _ IES _ Water _ Quality _ Report _ AW _
web. pdf. Accessed 29 Jul 2017

Productivity Commission (2017a) National water reform：Productivity Commission
issues paper, March 2017. Canberra. http：//www. pc. gov. au/inquiries/cur-
rent/water – reform♯draft. Accessed 26 Jun 2017

Productivity Commission (2017b) National water reform：draft report. Canberra.
http：//www. pc. gov. au/inquiries/current/water – reform/draft. Accessed 20 Sept
2017

Queensland Government （2016a） Water plan （Cooper Creek） 2011. https：//
www. legislation. qld. gov. au/view/pdf/inforce/current/sl – 2011 – 0226

Queensland Government （2016b） Coal seam gas water. https：//www. ehp. qld.
gov. au/management/non – mining/csg – water. html. Accessed 5 Sept 2017

Queensland Government （2017a） Water supply security assessments. https：//

www. dews. qld. gov. au/water/supply/security/wssa. Accessed 26 Jun 2017

Queensland Government (2017b) Water plan (Great Artesian Basin and Other Regional Aquifers) 2017. Subordinate Legislation 2017 No. 164 made under the Water Act 2000. https：//www. legislation. qld. gov. au/view/pdf/inforce/current/ sl – 2017 – 0164. Accessed 1 Nov 2017

Queensland Government (2017c) Great Artesian Basin. https：//www. dnrm. qld. gov. au/water/catchments – planning/catchments/great – artesian – basin. Accessed 5 Sep 2017

Queensland Government (2017d) Water act 2000 (Current as at 3 July 2017). https：//www. legislation. qld. gov. au/view/html/inforce/current/act – 2000 – 034. Accessed 1 Nov 2017

Ricegrowers' Association of Australia (2017) Submission to the Productivity Commission's issues paper on National Water Reform April 2017. Leeton. http：//www. pc. gov. au/ _ data/assets/pdf _ file/0006/216852/sub053 – water – reform. pdf. Accessed 30 Aug 2017

Richards RA，Hunt JR，Kirkegaard JA，Passioura JB (2014) Yield improvement and adaptation of wheat to water – limited environments in Australia：a case study. Crop Pasture Sci 65 (7)，676 – 689. http：//www. publish. csiro. au/cp/ CP13426. Accessed 1 Nov 2017

Roy Morgan Research (2017) Australians' concerns June 23 2017. Finding No. 7249. Melbourne，Australia. http：//www. roymorgan. com/findings/7249 – most – important – problems – facing – australiathe – world – may – 2017 – 201706231630. Accessed 11 Aug 2017

Seqwater (2017) Water for life：South East Queensland's water security program 2016 – 2046 (version 2). Brisbane. http：//www. seqwater. com. au/sites/default/ files/PDF％20Documents/Water％20Security％20Program％20 –％20Regulated％ 20Document％20 –％20WEB％20version％20with％20clickable％20links. pdf

State Government of Victoria (2016) Managing extreme water shortage in Victoria：lessons from the Millennium Drought. https：//www. water. vic. gov. au/ _ data/assets/pdf _ file/0029/67529/DELWP – MillenniumDrought – web – SB. pdf. pdf. Accessed 5 Sept 2017

State Government of Victoria (2017) Water resource planning. https：//www. water. vic. gov. au/planning – and – entitlements/water – resource – planning. Accessed 5 Sept 2017

Sydney Water (2013) Climate change adaptation program. Sydney，Australia. ht-

tps：//www. sydneywater. com. au/web/groups/publicwebcontent/documents/
document/zgrf/mdy5/ * edisp/dd _ 069672. pdf. Accessed 20 Apr 2016

Sydney Water (2016a) Summary annual report 2015 – 16. Sydney，Australia. ht-
tp：//www. sydneywater. com. au/web/groups/publicwebcontent/documents/
document/zgrf/mdk1/ * edisp/dd _ 095615. pdf. Accessed 31 July 2017

Sydney Water （2016b） AdaptWater. Sydney，Australia. https：//www. syd-
neywater. com. au/web/groups/publicwebcontent/documents/document/zgrf/mdgx/ *
edisp/dd _ 081099. pdf

Sydney Water (n. d.). Energy management & climate change. Sydney，Australia.
http：//www. sydneywater. com. au/SW/water – the – environment/what – we –
re – doing/energy – management/index. htm. Accessed 1 Aug 2017

Tasmanian Government (2017) Accelerating investment in Tasmanian water and sewer-
age infrastructure. Presentation to LGAT Treasurer Peter Gutwein，7 April 2017. ht-
tp：//www. premier. tas. gov. au/ _ data/assets/pdf _ file/0008/325871/LGAT _ A-
pril _ 2017V2. pdf? bustCache＝13784636

TasWater （2016） Annual report 2015 – 16. Hobart，Australia. https：//www.
taswater. com. au/About – Us/Publications

TasWater （2017） Boil water alerts. Hobart，Australia. https：//www. taswa-
ter. com. au/News/Outages—Alerts/Boil – Water – Alerts/Boil – Water – Alerts.
Accessed 31 Jul 2017

Vidot A (2017) Irrigators，conservationists united in calls for more accountability
with Murray – Darling environmental flows. ABC News，28 June. http：//www.
abc. net. au/news/rural/2017 – 06 – 29/murray – darling – basin – plan – environ-
mental – accountability/8663530

Water Corporation (2012) Water forever：whatever the weather：A 10 – year plan for
Western Australia. Perth. https：//www. watercorporation. com. au/~/media/files/a-
bout – us/planning – for – thefuture/wa – 10 – year – water – supply – strategy. pdf

Water Services Association of Australia （2016） Climate change adaptation guide-
lines. Project report February 2016 （WSA 303—2016 – v1. 2）. https：//www.
wsaa. asn. au/sites/default/files/publication/download/WSAA％ 20Climate％
20Change％20Adaptation％20Guidelines％202016. pdf. Accessed 13 Apr 2016

Wentworth Group of Concerned Scientists (2017) Five actions to deliver the Mur-
ray – Darling Basin Plan 'in full and on time'. Sydney. http：//wentworth-
group. org/wp – content/uploads/2017/06/Five – actions – to – deliver – Murray –
Darling – Basin – Plan – Wentworth – Group – June – 2017. pdf

Western Australia Department of Water (2011) Southern Fortescue and Marandoo Water Reserves drinking water source protection plan: tom Price town water supply. Water resource protection series report WRP 125. Perth. https://www. water. wa. gov. au/ _ data/assets/pdf _ file/0014/4406/99535. pdf

Western Australian Auditor General (2016) Ord – East Kimberley development report 20, September 2016. Perth. https://audit. wa. gov. au/wp – content/uploads/2016/09/report2016 _ 20 – OrdEastKimberley. pdf. Accessed 29 Aug 2017

World Economic Forum (2017) The global risks report 2017, 12th edition. Geneva. http://www3. weforum. org/docs/GRR17 _ Report _ web. pdf

第3章 应对水挑战，保障水安全
——中国的思考、行动和实践

作者：中华人民共和国水利部

摘要：本章全面分析了中国水安全的现状和挑战，介绍了总体指导思想、制定和采取的有效、务实措施。作者详细阐述了分阶段目标、颁布的政策、建立的机构和机制，以及中国水安全战略取得的进展。文中提供了十个具体案例，展示政策实施过程中与技术创新的有机结合，从而提出中国应对各种水安全挑战的解决方案。作者在文章结尾呼吁，为共同实现联合国可持续发展议程的涉水目标，我们需要开展更多的国际合作。

3.1 中国水安全概况

3.1.1 中国水资源特点

中国位于亚欧大陆东南部、南北气候过渡带，地理气候条件呈现多样性，水情十分复杂。

一是人均水资源量低。中国水资源总量2.8万亿 m^3，居世界第6位，人均水资源占有量为 $2100m^3$，是世界人均占有量的28%；平均每平方千米耕地水资源量 216 亿 m^3 左右，约为世界平均水平的 $1/2$。

二是水资源时空分布不均。降水南多北少、东多西少、夏秋多冬春少，60%～80%降水量和河川径流量集中在汛期；年际丰枯变幅大，连续几个丰水年或枯水年的情况时常发生。北方地区国土面积占全国的64%，人口占46%，耕地占 60%，GDP 占 45%，而水资源量仅占全国的 19%。

三是河流水系复杂。流域面积超过 100km² 的河流达 23000 多条，流域面积超过 1000km² 的河流有 2200 多条。水面大于 1km² 的天然湖泊有 2865 个，水面总面积 7.8 万 km²。

四是水旱灾害频发。大部分地区夏季湿热多雨，短历时、高强度的局地暴雨频繁发生，长历时、大范围的全流域降雨也时有发生，每年都会发生不同程度的洪涝、台风灾害。约有 53% 的国土面积为干旱半干旱区，旱灾已成为经济社会可持续发展的主要制约因素之一。

3.1.2　中国水安全形势

一是极端天气事件明显增多，防灾减灾任务十分艰巨。受气候变化和人类活动影响，中国气候形势愈发复杂多变，局地暴雨、超强台风、高温干旱等极端天气事件显著增加，水旱灾害的突发性、反常性和不确定性更为突出。同时，气候变化导致冰川加速融化、雪线上升，对水资源情势产生不利影响。

二是工业化、城镇化加速推进，水资源供需矛盾日益凸显。全国每年缺水 500 多亿 m³，400 多个城市存在不同程度缺水问题，一些地区供水紧张态势凸显，部分城市水源单一，有的中小城镇缺乏稳定可靠的水源保障，城乡供水保障和应急能力仍需提高。

三是人增地减缺水问题突出，农田水利建设相对滞后。全国近一半耕地缺乏灌溉排水条件，部分地区农田水利设施老化失修，农田灌溉水有效利用系数低于 0.7~0.8 的国际先进水平，农业抵御自然灾害的能力和农业综合生产能力、水土资源利用效益亟待提高。

四是经济发展方式仍较粗放，水生态环境保护任务繁重。一些河湖污染物排入量超过其纳污能力，城乡黑臭水体问题依然存在。部分地区水资源过度开发引发河道断流、湖泊干涸、湿地萎缩、地面沉降等生态问题。全国水土流失面积依然较大，地下水超采问题尚未根本扭转。

3.1.3　中国将水安全提升至国家战略高度

中国政府历来高度重视水安全问题。新中国成立特别是改革开放以来，中国政府先后出台了一系列加快水利改革发展的政策文件，提出水利不仅关系到防洪安全、供水安全、粮食安全，而且关系到经济安全、生态安全、国家安全，为水利改革发展提供了强有力的政策支持。2012年中国共产党第十八次全国代表大会以来，党中央从战略和全局高度，对保障国家水安全作出一系列重大决策部署，明确提出"节水优先、空间均衡、系统治理、两手发力"的新时期治水思路（NPCSC，2016a），把水安全上升为国家战略。中国政府坚持创新、协调、绿色、开放、共享发展理念，把水利作为生态文明建设的关键领域，摆在基础设施网络建设的首要位置，纳入深化供给侧结构性改革的重要内容，部署开展172项节水供水重大水利工程建设，落实最严格水资源管理制度和水污染防治行动计划，启动水资源消耗总量和强度双控行动，大规模推进农业节水，着力构建与全面建成小康社会相适应的水安全保障体系。

3.2　防洪安全

3.2.1　中国防洪安全面临的主要挑战

洪涝灾害是中国危害最大、造成损失最为严重的自然灾害，是中国经济社会发展的心腹之患。

一是影响范围广。中国2/3的国土面积、90%以上的人口受到不同程度的洪水威胁，特别是聚集着全国1/2以上的人口、1/3以上的耕地、3/4以上的工农业总产值的黄河、长江、淮河等七大江河中下游，是受洪水影响最严重的地区。

二是发生频率高。以黄河为例，自公元前 602 年黄河洪水决口的第一次记载到 1938 年，2540 年中，黄河共决溢1590 次，改道 26 次，平均"三年两决口，百年一改道"。中华人民共和国成立以来，七大江河发生较大洪水 50 多次。

三是灾害种类多。受自然条件制约，相当一部分地区受灾严重，既有可能发生大江大河流域性大洪水，也有可能发生山洪、泥石流、滑坡和台风、冰凌等灾害，中小河流洪水和城市内涝近年来呈增加态势。

四是经济损失重。洪涝灾害直接经济损失占各类自然灾害总损失的 70％以上。1990 年以来，年均洪涝灾害直接经济损失占同期 GDP 的 1.37％；遇到发生流域性大洪水的年份，该比例还有所提高。

3.2.2　保障防洪安全的主要措施

中国政府坚持把确保人民群众生命安全作为防汛工作的首要任务，牢固树立灾害风险管理和综合减灾理念，坚持以防为主、防抗救相结合，坚持常态减灾和非常态救灾相统一，综合运用工程和非工程措施，全力保障防洪安全。

一是强化防洪责任落实。按照《中华人民共和国防洪法》（NPCSC，2016a），中国建立了国家、流域和地方层面的防汛抗旱组织指挥体系，国家防汛抗旱总指挥部（以下简称"国家防总"）由国务院副总理任总指挥，水利部部长等任副总指挥，国家有关部门和部队的负责人为成员，负责组织领导全国的防汛抗旱防台风工作；长江、黄河、淮河、海河、珠江、松花江、太湖等主要江河流域都成立了由流域管理机构和地方政府组成的防汛抗旱总指挥部；县级以上地方人民政府也都设立防汛抗旱指挥部，一些水旱灾害严重的地区将防汛抗旱指挥机构向乡镇和社区等基层延伸（见图 3.1）。防汛实行行政首长负责制，每年汛前，国家防总都向社会公布全国大江大河、大型和防洪重点中型水库、主要蓄滞洪区、重点防洪城市等的防汛行政责任人名单，接受社会监督；各地、各部门也明确了各级各类防汛责任人并向社会通报。

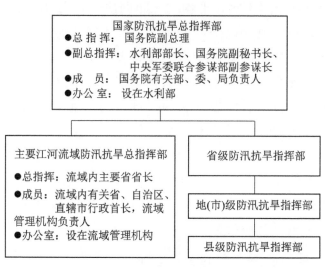

图 3.1　防汛抗旱组织指挥体系❶

二是完善防洪工程体系。截至 2017 年，中国共修建加固江河湖海堤防 41.3 万 km，其中 5 级以上堤防 27.55 万 km，1、2 级堤防 3.80 万 km，保护耕地 46.83 万 km^2，保护人口5.98 亿；建成水库 9.8 万座、总库容 9323 亿 m^3；建设重点蓄滞洪区 98 处，蓄滞洪区总面积 3.37 万 km^2，蓄洪容积1074 亿 m^3；修建各类水闸 26.8 万座。长江、黄河干流等重点堤防已经达标，长江三峡、黄河小浪底等关键控制性水利枢纽相继投入运行，大江大河主要河段可防御 1949 年以来最大洪水，重点城市防洪能力达到 100～200 年一遇标准，重点海堤达到 50～100 年一遇标准。

---

❶　译者注：2018 年中国政府机构改革，成立了应急管理部，国家防汛抗旱总指挥部办公室改设在应急管理部，并增设副总指挥一名，由应急管理部领导担任。

三是强化监测预报预警。通过实施国家防汛抗旱指挥系统等工程，已初步建成覆盖全国范围的多层次、全方位雨情水情监测、洪水预报预警系统。全国共建成雨情水情监测站10万余处，雷达测雨系统基本覆盖重要城市和重点地区，大型和重点中型水库建设了水文自动测报系统，基本实现了雨量、水位等要素自动测报与传输，98%的报汛站水情信息可以在15分钟内到达国家防汛抗旱总指挥部指挥中心。开发了较为完善的洪水预报预警系统，编制了2300多个主要江河湖库重要断面洪水预报方案，初步建成覆盖全国2058个县的山洪地质灾害防治监测预警系统。利用现代遥感遥测技术、大数据和云技术、洪水影响模拟和风险预警技术，提高预报预警精度，延长预见期，把握防汛抗洪的主动权。

四是科学调度防洪工程。修订完善大江大河防御洪水方案和洪水调度方案，大中型水库水电站都制定了防汛应急预案和调度运用计划，所有蓄滞洪区都制订了运用方案。按照兴利服从防洪、区域服从流域、电调服从水调的原则，优化水库群和梯级水库联合调度，统筹安排"拦分蓄滞排"各项措施，充分发挥水利工程综合调蓄作用和防洪减灾效益。三峡水库建成后累计防洪运用23次，成功应对了10次每秒5万 m^3 以上的入库洪峰，累计拦蓄洪水1450亿 m^3，防洪减灾效益超过1000亿元，同时连续8年实现175m试验性蓄水目标，实现了防洪、供水、发电、灌溉、航运、生态的多赢。

五是及时组织转移避险。各级政府和防汛抗旱指挥部坚持以人为本，始终把确保人民群众生命安全放在首位，按照以防为主、防避救相结合的原则，组织指导辖区内各地落实防御责任，细化转移避险方案，明确转移路线和避灾地点，灾害来临前提前转移受威胁人员，突出加强老人、儿童、妇女、施工人员、外来游客等重点群体的组织管理。在防台风工作中，抓好出海船只回港避风、海上作业和养殖人员上岸避险，根据台风发展趋势和影响范围，分批次进行梯级转移，对低洼易涝区域、建筑工地、城乡接合部等薄弱环节进行拉网式排查，全力避免和减少人员伤亡。

六是坚持依法科学防洪。中国先后颁布实施了《中华人民共和国水法》（NPCSC，2016a）《中华人民共和国防洪法》《中华人民共和国防汛条例》（国务院，2005）《中华人民共和国河道管理条例》（国务院，2017a）《水库大坝安全管理条例》（国务院，2011）《中华人民共和国水文条例》（国务院，2017b）《蓄滞洪区运用补偿暂行办法》（国务院，2000）等法律法规，为防汛抗洪、蓄滞洪区运用补偿提供了法治保障。近年来，编制完成了《国家防汛抗旱应急预案》（国务院办公厅，2006），制订了长江、黄河等大江大河和重要支流防御洪水方案和洪水调度方案，完善了城市防洪、山洪灾害防御、蓄滞洪区运用、水库防洪抢险等专项应急预案，不断健全国家防汛抗洪预案体系。

3.2.3 保障防洪安全的主要成效

中华人民共和国成立以来，累计防洪减淹耕地 192 万 km²，减免粮食损失 7.81 亿 t，防洪减灾效益 4.94 万亿元，洪涝灾害损失 GDP 占比降低到 0.5%（见图 3.2）；重要城市防

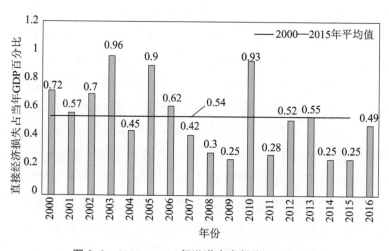

图 3.2 2000—2016 年洪涝灾害损失 GDP 占比

洪能力提升到 100～200 年一遇；洪涝灾害死亡人数由 20 世纪 90 年代的年均 3744 人降低到 2011 年以来的年均 576 人。

案例 1：2016 年长江流域洪水防御

2016 年 7 月，中国长江中下游发生了 1998 年以来最大洪水。暴雨洪水呈现四个显著特点（水利部，2017a）：一是降水总量多、暴雨强度大。长江流域（流域面积 180 万 km²）4 次强降水过程累积面降水量 247mm，较常年同期偏多 33％，其中中下游（流域面积 80 万 km²）累积面降水量为 329mm，较常年同期偏多 74％，列 1954 年以来同期第 2 位。二是区间来水大、洪水涨势猛。洞庭湖四水、鄱阳湖五河、鄂东六水最大合成流量分别达每秒 27100、15000、25000m³，中下游干流水位最大日涨幅达 0.53～1.31m，极为罕见。三是洪峰水位高、超警河流多。监利以下干流及洞庭湖、鄱阳湖水位全线超警 0.76～1.97m，部分站点水位为 1999 年以来最高，水位超历史、超保证、超警戒河流分别达到 24 条、41 条、123 条。四是超警时间久、超警堤段长。长江中下游干流及两湖水位累计超警天数达 12～29 天，为 1998 年以来最长；中下游共发生堤防险情 3338 处，高峰时超警堤段长达 1.1 万 km，其中干流堤防 2950km。

中央政府和地方各级政府按照《中华人民共和国防洪法》等的规定，迅速组织力量投入长江洪水应对工作。一是强化统一指挥。国家防汛抗旱总指挥部及时启动防汛Ⅲ级应急响应，每日召开会商会，加强雨水情分析和洪水调度。地方各级防汛抗旱指挥部加强动员，及时启动应急响应，全力投入防汛抗洪工作。二是加强堤防巡查防守。国家防汛抗旱总指挥部先后发出 20 余个通知对堤防巡查防守、险情处置等工作进行重点安排部署。高峰时长江中下游五省日投入防汛抗洪人力达 87 万人，其中部队官兵 3.2 万人，累计投入抗洪抢险 1749 万人次，其中部队 70 多万人次。三是实施水库群联调联控。汛前，长江上游 21 座大型水库提前腾出防洪库容约 450 亿 m³。洪水过程中，国家防汛抗旱总指挥部、长江防汛抗旱总指挥部对三峡及上中游水库群协同联调，共拦蓄洪水 227 亿 m³，大幅降低了三峡下游的水位，避免了城市受淹。四是加强技术指导和支持。国家防汛抗旱总指挥部先后派出 45 个工作组、专家组和技术组接力指导地方开展堤防巡查防守、险情分析和应急处置，紧急安排救援资金和物资设备，全力支持地方抗洪抢险。五是强化协同形成合力。国家防汛抗旱总指挥部、地方防汛抗旱指挥部有关成员单位按照职责分工，在监测预报、工程调度、抢险救援、群众安置、卫生防疫、信息发布、资金支持等方面协调配合，有序抗灾。

经科学调度、全力防守，7 月 31 日，长江中下游干流及洞庭湖、鄱阳湖水位全线退至警戒水位以下。实现了确保人民群众生命安全、确保重要堤防和重要设施安全的目标。

案例 2：防洪体系薄弱环节建设

2016 年，受超强厄尔尼诺事件和拉尼娜现象的先后影响，中国长江流域发生 1998 年以来最大洪水，太湖发生历史第二高水位的流域性特大洪水，海河发生多年以来罕见的暴雨洪水，淮河、西江干流出现超警戒水位洪水，一些流域和地区的洪涝灾害较为严重，部分中小河流漫堤溃堤、小型水库漫坝出险，不少农田和农业设施遭到损毁，部分城市和圩区发生严重内涝，暴露出中国防洪减灾体系仍存在突出薄弱环节。

中国政府高度重视灾后重建工作。2016 年 12 月，国务院常务会议审议通过了《灾后水利薄弱环节和城市排水防涝补短板行动方案》（以下简称《行动方案》）（国务院，2016），提出用 3～5 年时间，集中力量加快开展中小河流治理、小型病险水库除险加固、重点区域排涝能力、农村基层防汛预报预警体系和近年来内涝严重的城市地下排水管渠（管廊）、雨水源头减排、排涝除险设施等工程建设，进一步增强流域、区域防洪排涝减灾能力。《行动方案》明确，国家投入资金 6300 亿元，其中 3200 亿元用于灾后水利薄弱环节建设，3100 亿元用于洪涝灾害严重的 60 个城市排水防涝能力建设。

2017 年 5 月，中国政府印发了《加快灾后水利薄弱环节实施方案》（水利部等，2017），提出要集中力量全面完成 1 万余座小型病险水库除险加固；基本完成 244 条流域面积 3000km² 以上和流域面积 200～3000km² 中小河流治理，达到规划确定的防洪标准；新增排涝能力每秒 5700m³，提高长江沿线重要涝区的排涝标准，增强重要湖泊的调蓄功能，提升区域整体防洪排涝能力；开展 562 个非山洪灾害防治县的农村基层防汛预报预警体系建设，有效提高雨情、水情和灾情等信息采集和传输能力，进一步增强防汛指挥调度和应急处理能力建设目标，力争到"十三五"时期末，加快补齐小型水利工程短板，全面提升防汛抗洪和防灾减灾能力建设目标。

3.3　供水安全

3.3.1　中国供水安全面临的挑战

供水安全是保障中国水安全的重要基础，也是最大挑战之一，其影响因素既包括人均水资源短缺、降水时空分布不均、全球气候变化影响加剧等自然因素，也包括用水需求增长过快、供水基础设施不完善等现实原因。

一是自然禀赋先天不足，资源性、水质性、工程性缺水并存。京津冀等北方地区降水偏少，资源性缺水问题突出；南方部分发达地区水污染问题较为严重，水质性缺水日益显现；西南地区水资源总量并不短缺，但供水基础设施尚不完善，存在工程性缺水问题。

二是城市化、工业化进程加快，供水需求不断增长。目前，中国百万人口以上的城市有近百个，随着城市化进程加快，人们对水资源的需求日益增加。2000 年以来，工业化进程持续推进，尤其是能源等重化工业快速发展，年工业用水增加了近 200 亿 m^3，占全部新增用水的 1/3。

三是农村饮水安全问题复杂，供水保障难度较大。2016年，中国农村常住人口占全国总人口比重为 43％，其中，相当比例的农村人口生活在占国土面积 70％的山区丘陵地带，农村部分地区依然存在供水基础设施较为薄弱、供水规模小、保证率不高等问题。

四是干旱灾害威胁突出，影响日益广泛。近年来，全球气候变化趋势加剧，旱灾发生频率升高，不仅北方缺水地区旱灾呈高发态势，南方和西南部分丰水地区也出现连续严重干旱。干旱不仅影响农业、农村发展，也影响工业生产、城市发展和生态环境。

3.3.2 保障供水安全的主要措施

针对供水安全面临的严峻形势，中国政府实行最严格的水资源管理制度，划定总量、效率、纳污三条红线，从水资源开发利用源头、过程和末端进行系统治理，通过保护水源、加大基础设施投入、合理实施引调水、开发利用非常规水源、培育水权交易市场等方面综合施策，构建现代供水安全保障体系。

一是实行最严格水资源管理制度。2012 年，中国政府颁布了《关于实行最严格水资源管理制度的意见》（国务院办公厅，2012），确立了中国水资源管理的"三条红线"：水资源开发利用控制红线、用水效率控制红线和水功能区限制纳污红线，并建立了与之配套的管理考核制度（见图 3.3）。按照最严格水资源管理制度，到 2030 年，全国用水总量控制在 7000 亿 m^3 以内，用水效率达到或接近世界先进水平，万元工业增加值用水量降低到 $40m^3$ 以下，农田灌溉水有效利用系数提高到 0.6 以上，水功能区水质达标率提高到 95％以上。为实现上述控制目标，进一步明确了 2015 年和 2020 年水资源管理的阶段性目标，并把指标逐级分解到省、市、县三级行政区，建立水资源管理责任制，对制度的执行进行考核。2016 年全国实际用水总量 6040 亿 m³，虽略有上升，但还是低于 6350 亿 m³ 控制目标，支撑了经济社会健康可持续发展。

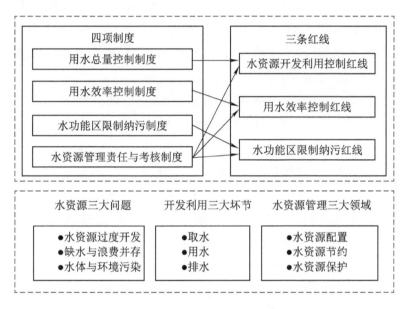

图 3.3　最严格水资源管理制度总体框架

二是强化饮用水水源地保护。2006 年，中国政府编制实施《全国城市饮用水安全保障规划（2006—2020）》（国务院，2007），加强重要饮用水水源地达标建设，着力清理和整顿饮用水水源地保护区内的污染源和排污口，对严重影响饮用水水源安全、无法治理的企业予以关停和搬迁，制定饮用水水源地突发性环境事件应急预案。2015 年出台《关于加强农村饮用水水源保护工作的指导意见》（环保部办公厅、水利部办公厅，2015），划定农村饮用水水源保护区或保护范围，加强农村饮用水水源规范化建设，保障农村饮用水水源安全。

三是优化水资源配置格局。中国政府在科学论证的基础上，先后建成了一批水资源配置工程，有效缓解了北京、天津、香港、澳门等地供水紧张局面。历经 10 余年建设，总投资约 3000 亿元的南水北调东线、中线一期工程分别于 2013 年、2014 年正式通水，工程长度分别为 1432km 和 1857km，年调水规模分别为 87.7 亿 m^3、95 亿 m^3，对解决中国北方地区缺水问题起到了重要作用。中国政府开展了 172 项节水供水重大水利工程建设，特别是在中西部地区建成一批重大引调水工程、大型水库和骨干灌排渠网，有效缓解了区域性缺水问题。

四是完善城乡饮水安全基础设施。在城市饮水安全保障方面，建设一批城镇供水工程，建立城乡统一供水服务体系，扩大公共供水服务范围；加快城市应急备用水源工程建设，健全应急响应机制，完善应急预案，全面提高应急供水保障能力；推进水厂处理工艺升级，解决供水水质不达标问题；进行管网更新改造，降低漏损率，提高供水效率和效益；构建国家、地方城市供水水质监测网络，加强对微生物、重金属和有机污染物等水质指标的控制。在农村饮水安全方面，全面开展农村饮水安全状况调查评估，编制国家级农村饮水安全工程规划，实施农村饮水安全工程；制定完善农村饮水安全的政策制度和技术标准，规范项目建设与管理。目前，中国已基本解决了农村饮水安全问题，并已启动实施农村饮水安全巩固提升工程。

五是加强非常规水源开发利用。把非常规水源纳入水资源统一配置，因地制宜促进非常规水源的开发利用。2005—2016 年，再生水、雨水等非常规水源利用量由 22 亿 m^3 增加到 71 亿 m^3。2016 年全国再生水利用量达 59 亿 m^3，生产能力达 101 亿 m^3。全国年海水淡化总量达 4.3 亿 m^3；年海水直接利用量达 887 亿 m^3，主要作为火电站及核电站的冷却用水。

六是大力培育水权交易市场。2016 年 4 月，中国政府出台《水权交易管理暂行办法》（水利部，2016a），在多个省区组织开展国家级水权制度建设试点，包括水资源使用权确权登记、水权交易流转和开展水权制度建设三项内容。开展53 条跨省主要江河水量分配工作，为明晰水权创造条件。同年 6 月，中国水权交易所投入运营，水权交易规范开展。

3.3.3　保障供水安全的主要成效

在供水保障能力方面，目前，全国已建成 9.8 万多座水库、80 万个引水工程、30 万个泵站，供水能力达 7000 亿 m^3，基本满足了经济社会和生态环境的用水需求，有效应对了多次严重干旱，最大程度减轻了旱灾损失。

在保障城乡供水方面，2005 年以来，累计解决 5.7 亿农村居民饮水安全问题。农村集中供水人口比例达 82%，农村自来水普及率达 76%。2016 年，全国城市供水设施固定资产投资 524 亿元，供水总量 581 亿 m^3，城市日供水综合生产能力达到 3 亿 m^3，供水管道长度 76 万 km，用水普及率98.4%；全国城市共有污水处理厂 2039 座，年污水处理总量 449 亿 m^3，污水处理率 93.4%，水资源调控和保障能力大幅提升。

在提高水资源利用效率方面，2016 年万元国内生产总值和万元工业增加值用水量分别降至 $81m^3$ 和 $53m^3$，水资源利用效率显著提升。

案例 3：中国农村饮水安全工程建设

受自然、经济和社会等条件的制约，长期以来，中国农村供水基础设施十分薄弱，农村饮水不安全问题突出。

中国政府高度重视农村饮水问题，对农村饮水安全工作提出明确要求。2004 年，中国水利部等部门颁布《农村饮用水安全卫生评价指标体系》（水利部和卫生部，2004），并定期编制农村饮水安全工程的国家级规划，出台了《农村饮水安全工程建设管

理办法》《农村饮水安全工程建设管理年度考核办法》（水利部，
2013）等系列规章制度，颁布实施了《村镇供水工程设计规范》
（水利部，2014a）、《村镇供水工程施工质量验收规范》（水利部，
2014b）、《村镇供水工程运行管理规程》（水利部，2014c）等全
套技术标准，进一步规范农村饮水安全项目建设与管理。制定了
农村饮水安全工程用电、用地和税费三项优惠政策，工程运行成
本平均降低了15%，促进了工程的可持续运行；明晰工程产权，
落实管护主体和经费，建立健全基层管理服务体系和管护维修专
业队伍，确保了农村饮水安全工程的有效管护和长期受益，93%
的县建立了县级专管机构，68%的县落实了县级维修养护经费。
加强水质净化和消毒工作，加强对源水、出厂水和末梢水水质
检测。

2009年，中国政府已经使无法得到或负担不起安全饮用水
的人口比例降低了一半，提前6年实现联合国千年发展目标。
2016年起，又启动实施农村饮水安全巩固提升工程，重点解决
贫困地区农村饮水安全保证率不高等问题。到2020年，中国农
村集中供水率将达到85%以上，自来水普及率将达到80%以上，
供水保证率和水质达标率将进一步提高。

案例4：中国水权交易所正式开业运营

为充分发挥市场和政府在水资源配置中的作用，中国从
2000年开始，探索设立了水权交易试点。2014年开始，在内蒙
古、江西和河南等7省区，围绕水资源使用权确权登记、水权交
易流转和水权制度建设开展了水权试点。

在前期大量试点实践的基础上，中国水利部于2016年4月
发布了《水权交易管理暂行办法》（水利部，2016b），并于同年
6月和北京市政府联合成立中国水权交易所，正式将水权转换纳
入法治化轨道。

中国水权交易所的主要业务是：通过基于云平台的在线水权
交易系统，在全国范围内开展区域水权、取水权和灌溉用水户水

权交易等。参与水权交易的主体包括：县级以上地方人民政府或者其授权的部门、单位，获得取水权的单位或个人，已明确用水权益的灌溉用水户或者用水组织。交易方式有公开交易、协议转让、灌溉用水户水权交易三种（见图 3.4）。2016 年 6 月至 2017 年 4 月，中国水权交易所共撮合 15 单水权交易，交易水量 8.76 亿 m^3，交易价款 5.5 亿元人民币。

图 3.4 交易流程图

3.4 粮食安全

3.4.1 中国粮食安全面临的挑战

中国是人口大国，保障 13 亿多人的粮食安全始终是治国安邦的头等大事。中国粮食安全面临的主要挑战包括：

一是农业生产高度依靠灌溉。新中国成立以来，中国农田水利建设取得巨大成就，灌溉面积大幅度增加，但仍有近一半的耕地缺乏灌排条件，山丘区和牧区尤为突出。在中国特殊的自然气候和水土资源条件下，为保证农业稳产增产，既要对老化失修、配套不全、标准不高的现有工程进行更新改造，又要新建大量高标准农田水利设施。

二是农业用水效率有待提高。随着中国工业和城市用水需求上升，在用水总量有限的情况下，农业发展的水资源水环境约束趋紧，必须在不增加农业用水的前提下保障国家粮食安全，大力增加有效灌溉面积，不断提高灌溉用水效率，走以节水增效为内涵的现代农业发展道路。

三是灌溉发展体制机制不健全。随着中国城镇化、现代化加速发展，农村人口结构、社会结构发生重大变化，传统农田水利发展模式难以为继，加快农田水利改革创新势在必行。

3.4.2　保障粮食安全的主要措施

为粮食生产提供可持续水资源保障是构建粮食安全的基本条件。中国通过大力发展有效灌溉面积，推进高效节水灌溉、强化农田水利建设等措施，在农业用水零增长的情况下，实现了农业生产连年丰收。

一是积极发展节水灌溉。中国大力发展节水灌溉，采取渠道衬砌、管道输水、喷灌、滴灌、微灌和平田整地等措施提高水资源利用效率，实施东北节水增粮、西北节水增效、华北节水压采、南方节水减排等区域规模化高效节水灌溉。通过制定科学合理的灌溉制度，适时适量进行灌溉，提高单位面积水土资源的产出率。中国节水灌溉的政策法规体系、技术标准体系和科技研发体系逐步健全，具有中国特色的节水灌溉设备生产企业蓬勃发展，技术服务体系不断完善。

二是强化农田水利建设。中国农田水利建设历史长达2000多年，都江堰等世界文化遗产充分展示了中国在该领域的历史积淀和杰出成就。近年来，中国政府将农田水利建设作为增加粮食产量、应对自然灾害、改善水环境的重要措施，开展大中型灌区更新改造，以县为单位推进小型农田水利设施建设，在冬春农闲时间集中兴修水利，加快解决农田灌溉"最后一千米"问题。

三是加快牧区现代水利建设。中国草原面积 400 万 km²，位居世界第二。随着国民生活水平的提高，中国粮食消耗、牛奶及牛肉类需求不断增长。中国政府坚持"建设小绿洲、保护大生态"的理念，大力发展牧区水利，建设高效节水灌溉饲草料基地 1 万 km²，能为 1400 万头左右牲畜提供优质的饲草料供应，使 33 万 km² 左右天然草场得到休养生息。

四是建立合理农业水价机制。中国政府积极推行农业用水总量控制制度和定额管理，建立农业水价合理形成机制，促进农业节水和农田水利工程良性运行。在农业水价综合改革试点的基础上，中国政府 2016 年出台《关于推进农业水价综合改革的意见》（国务院办公厅，2016），计划用 10 年左右时间，建立健全合理反映供水成本、有利于节水和农田水利体制机制创新、与投融资体制相适应的农业水价形成机制，推动农业用水方式由粗放式向集约化转变。目前，农业水价综合改革覆盖近一半县市、近 5 万 km² 农田，取得了良好成效。

五是创新农田水利发展体制机制。大力推进小型水利工程产权制度改革，鼓励引导社会资本投入农田水利建设。加强基层水利服务体系建设，培育灌溉排水、农业抗旱、高效节水等专业化服务队伍，鼓励用水户参与管理，支持农民用水合作组织发展。

3.4.3 保障粮食安全的主要成效

中国政府通过发展农田水利设施，以占世界 9% 的耕地和 6% 的淡水资源，保障了世界 21% 的人口的粮食安全。一是建成了一大批水源、输配水、田间灌溉工程等体系完整的灌溉系统，发展灌溉面积 73.18 万 km^2，其中耕地灌溉面积 67.14 万 km^2，累计建成大中型灌区 7700 多处，小型农田水利工程 2000 多万处，生产了全国 75% 的粮食和 90% 以上的经济作物。二是农业用水效率大幅提升，农田灌溉水有效利用系数达到 0.542，在农业用水零增长的情况下，粮食产量自 2004 年以来连续十三年获得丰收。三是农业生产能力大幅提高，从 1978 年到 2016 年，粮食产量由 3 亿 t 提高到 6.16 亿 t，粮食生产能力得到极大提高。

案例 5：东北地区节水增粮行动

中国东北四省区（黑龙江省、吉林省、辽宁省和内蒙古自治区）拥有耕地面积 28.67 万 km^2，占全国的 23.5%，是中国最重要的粮食主产区之一，也是粮食增产潜力最大的地区之一，在保障国家粮食安全中具有极为重要的战略地位。

为充分发挥该地区土地资源优势，提高粮食综合生产能力，中国政府从 2012 年开始，重点在东北松嫩平原及辽河地区大力发展节水灌溉，累计投入 380 亿元人民币，采用新技术提高科学种田水平，促进农业生产的节约化、规模化和标准化，走农业现代化发展道路。目前，已建成高效节水灌溉面积 2.53 万 km^2。

东北四省项目区通过大规模资金、技术和服务投入，将灌溉技术与农艺、农机、管理等措施综合集成，注重水资源开发利用与水资源承载能力相适应。通过节水灌溉设施建设并与农业、农机等措施相配套，按照科学灌溉制度，让作物生长能及时得到水分和养料供给，减少输送过程中的水分损失和田间无效供给，用更少的水产出更多的粮食。根据跟踪观测，实施节水增粮行动后，项目区粮食单位面积产量得到提高，农产品品质得到提升，市场竞争力得到增强。据统计，通过实施节水增粮行动，四省区新增粮食综合生产能力 100 多亿 kg，能满足至少 1300 多万人一年的粮食需求。

案例 6：农民用水户协会参与灌区管理

20 世纪 90 年代中后期，中国农田水利工程设施建设和运行管护面临新形势、新要求。湖南、湖北等地通过世界银行贷款项目率先开始发展农民用水户协会，解决小型农田水利管护主体缺位的问题。

近 20 年来，中国政府积极鼓励和引导农民用水合作组织发展，在政策和投资上给予倾斜。同时，用水合作组织内部运营也逐渐规范：一是完善内部组织机构，采取用水户代表大会制度或理事会制度等民主管理方式，并设置执行委员会作为办事机构，设置监事会作为监督机构。二是健全管理制度，制定灌排工程管理、用水管理、水费计收、工程维修养护等一系列管理制度。

目前，农民用水合作组织形成了用水户协会和用水合作社多元化发展、多种组织形式并存的良好发展局面。根据不同的灌排工程类型，形成了"灌区专管机构＋协会＋用水户""灌区专管机构＋总会＋协会＋用水户""协会＋用水户""用水合作社＋用水户"等多种发展模式。截至 2016 年底，全国用水合作组织共有 8.34 万个，管理灌溉面积 200 万 km^2，约占全国农田有效灌溉面积的 30%，参与农户 6070 万，遍布于境内除上海市之外的 30 个省、自治区、直辖市。其中，在民政部门登记注册的用水户协会 3.28 万家，在工商部门登记注册的用水合作社 3000 多家。

多年来的实践证明，农民用水合作组织在农田水利工程建设、运行管护、用水管理、水费计收等方面发挥了重要作用。一是用水合作组织参与农田水利项目立项和实施，使项目建设更加公开透明和科学高效。二是解决了小型水利工程管护主体缺位的问题，提升了工程管护专业化水平，为工程良性运行提供了组织保障。三是提高了灌溉用水效率，节约了农业用水。四是节省了农户劳力投入和守水、用水时间，解放了农村劳动生产力。五是提高了农作物产量和农民参加非农就业的机会，增加了农民收入。六是减少了水费征收中间环节，提高了水费收缴透明度。七是减少了用水纠纷，改善了农业用水秩序。

3.5 生态安全

3.5.1 中国水生态安全面临的挑战

随着中国经济社会快速发展、人口增长，经济社会用水刚性需求增加，废污水排放量上升，中国水生态安全面临新的挑战。

一是水生态环境较为脆弱。中国是世界上生态脆弱区分布面积最大、脆弱生态类型最多、生态脆弱性表现最明显的国家之一，中度以上生态脆弱区占全国陆地面积的55%。

二是水污染防治任务繁重。当前和今后一段时期，废污水排放量仍将呈上升趋势。近年来，部分河流和湖泊污染物排放不达标，水体水质状况亟待改善。

三是水土流失现象严重。全国水土流失面积295万 km^2，其中水力侵蚀面积129万 km^2、风力侵蚀面积166万 km^2，年均土壤侵蚀量45亿t，中度及以上水土流失面积占到水土流失总面积的53%。

四是水生态功能退化。部分地区水资源开发超过当地水环境承载能力，河湖水系和湿地系统局部萎缩。全国年均超采地下水170亿 m^3，超采区面积约为30万 km^2，华北地区形成了12万 km^2 的漏斗区。

3.5.2 保障水生态安全的主要措施

中国政府高度重视水生态文明建设，加强顶层设计，创新体制机制，强力推进各项治理和保护，着力构建水生态安全保障体系。

一是出台实施水污染防治行动计划。2015年，中国政府出台《水污染防治行动计划》（国务院，2015），提出水污染防治十条举措，包括全面控制污染物排放、推动经济结构转型升级、着力节约保护水资源、强化科技支撑、充分发挥市场机制作用、严格环境执法监管、切实加强水环境管理、全力保障水生态环境安全、明确和落实各方责任、强化公众参与和社会监督等措施。

二是全面推行河长制管理。2016 年 11 月，中国政府发布《关于全面推行河长制的意见》（中共中央办公厅、国务院办公厅，2016），明确在全国范围内全面推行河长制，由各级党政主要负责人担任河长，以保护水资源、防治水污染、改善水环境、修复水生态以及水域岸线管理保护、执法监督管理等为主要任务，负责组织领导相应河湖的管理和保护工作，构建责任明确、协调有序、监管严格、保护有力的河湖管理保护机制。

三是加快水土流失综合治理。实施长江上中游、黄河中上游、西南岩溶区、东北黑土区等重点区域水土保持工程建设和生态修复工程，对坡耕地进行水土流失综合治理，在重要水源区、城镇周边地区和东部地区，积极推进生态清洁小流域建设。在加大水土流失综合治理力度的同时，实施封育保护、禁牧轮牧，充分依靠大自然的自我修复能力，加快植被恢复、减少水土流失、改善生态环境（Chen，2017）。

四是加强地下水监测与保护。完成了全国地下水超采区评价，下一步要建设国家地下水监测工程。实行地下水水量和水位双控制度，严格控制地下水开采，加强地下水替代水源建设。加大超采区综合治理力度，通过建设地下水库、雨洪资源综合利用、地下水回灌等措施，补充涵养地下水源。

五是推进江河湖库水系连通。在保护生态的前提下，以自然河湖水系、调蓄工程和引排工程为依托，科学规划和实施江河湖库水系连通工程，通过清淤疏浚、打通阻隔、连通水网，重塑健康自然的弯曲河岸线，构建布局合理、生态良好、引排得当、循环通畅、蓄泄兼筹、丰枯调剂、多源互补、调控自如的现代水网体系。

3.5.3 保障水生态安全的主要成效

在水污染防治方面，2016 年，全国I～Ⅲ类水河长比例为76.9%，较 2011 年增加了 12.7%；劣Ⅴ类水河长占 9.8%，较 2011 年减少了 7.9%。2016 年，全国重要江河湖泊水功能区达标率为 73.4%，较 2011 年增加了 12.2%。

在水土流失治理方面，累计综合治理小流域 7 万多条，封育 80 多万 km^2，治理水土流失面积 116 万 km^2，重点治理区林草覆盖率大幅度上升。

在重要河湖生态治理方面，太湖水环境综合治理初见成效，主要水质指标明显改善。塔里木河近期治理、石羊河重点治理任务基本完成，流域生态环境得到初步改善。

在地下水治理保护方面，全国地下水超采状况得到有效遏制，严重超采区超采状况得到初步扭转。一是相比 2011年，2015 年全国地下水开发利用量下降了 40 亿 m^3；二是南水北调东中线受水区地下水超采治理取得明显成效，至 2016年底已压采地下水 8.2 亿 m^3；三是河北地下水超采综合治理试点取得阶段成果，经过 3 年治理形成 38.7 亿 m^3 压采能力，试点区地下水水位持续下降得到有效遏制，部分区域地下水位明显回升。

案例 7：全面推行河长制

2007 年太湖蓝藻暴发，引发江苏无锡水危机事件。无锡市针对河湖管理保护面临的突出问题，率先实行地方行政首长负责的河长制，无锡市各级党政领导分别担任了 64 条河流的河长，真正把各项治污措施落实到位。2008 年 6 月，江苏省政府决定在太湖流域推广河长制，每条河由省、市两级领导共同担任河长，协调解决太湖和河道治理的重任。河长制的实施，极大推进了河湖水系的管理与保护，太湖水质富营养化指数由中度转为轻度，湖体水质得到极大改善。江苏的做法受到广泛关注，浙江、

天津、江西等地陆续探索实行河长制，取得明显成效。

在实践基础上，2016 年 11 月，中国政府印发《关于全面推行河长制的意见》，要求全面建立省、市、县、乡四级河长体系。各省、自治区、直辖市总河长由党政主要领导担任，是本行政区域河湖管理保护的第一责任人，对河湖管理保护负总责；其他各级河长是相应河湖管理保护的直接责任人，对相应河湖管理保护分级分段负责，主要负责包括水资源保护、水域岸线管理、水污染防治、水环境治理、水生态修复、执法监管六项任务。各级河长需牵头组织对侵占河道、围垦湖泊、超标排污、非法采砂等突出问题进行清理整治，协调解决重大问题，对相关部门和下一级河长履职情况进行督导，对目标任务完成情况进行考核。县级及以上河长设置相应的河长制办公室，承担河长制组织实施具体工作，落实河长确定的事项。各有关部门和单位按职责分工，协同推进各项工作。截至 2017 年 10 月底，全国已任命省、市、县、乡级河长 27 万名，其中省级河长 330 多名。

河长制根据不同河湖存在的主要问题，实行差异化绩效评价考核。县级及以上河长负责组织对相应河湖下一级河长进行考核，考核结果作为地方各级领导综合考核评价的重要依据。通过建立包括河长会议制度、信息共享制度、督导检查制度、验收制度和考核问责与激励制度等制度体系，保障河长制的全面推进和有效实施。

案例 8：水生态文明城市试点建设

自 2013 年开始，中国水利部先后选择两批共 105 个基础条件较好和代表性较强的市、县，开展水生态文明城市建设试点工作，探索不同发展水平、不同水资源条件、不同水生态状况地区水生态文明建设的经验和模式，为推进全国水生态文明建设提供示范。

2015 年，第一批试点计划中 25 个试点城市用水总量较试点前有明显下降，30 个试点城市水功能区水质达标率高于全国水平，

38个试点城市万元工业增加值用水量优于全国水平。人民群众生活生产用水安全得到有效保障，38个试点城市集中式饮用水水源地安全保障达标率达到100%。生态系统稳定性和人居环境得到明显改善，第一批试点城市恢复水域或湿地面积10268km²，对8021km河道进行了保护与修复，18个试点城市河湖的生态护岸比例超过80%，20个城市Ⅰ～Ⅲ类水河长比例高于全国平均水平，城市黑臭水体得到治理。

济南作为全国首批水生态文明建设试点城市之一，通过3年试点建设，在GDP年均增长8.8%的情况下，全市取用水总量由2012年的16.8亿m³下降到2015年的15.2亿m³，万元工业增加值取水量由15.7m³下降到12.3m³，农业灌溉有效利用系数提高到0.65，水功能区水质达标率由42.6%提升到78.6%。试点期间，济南市紧密结合市情、水情，实施了河湖水系连通、水生态修复与保护、节水减排体系建设和泉城水文化培育等400余项建设任务，以保护和修复为主，大力实施水源涵养与水环境保护，实施农业水网系统治理和生态修复，灌区续建配套与节水改造，加强农村面源污染治理，推进河湖水系连通，水生态环境质量明显提升，趵突泉等重点泉群13年持续喷涌，形成了"政府主导、部门合作、社会参与"的水生态文明城市建设格局（水利部，2016c）。

案例9：河北地下水超采综合治理

河北省地下水超采量和超采面积均为全国的1/3。2014年初，中国政府决定在河北开展地下水超采综合治理试点，编制了《河北省地下水超采综合治理规划》、2014—2017逐年度《河北省地下水超采综合治理试点方案》，试点范围实现全省主要漏斗区全覆盖。

河北地下水超采综合治理以"节、引、蓄、调、管"为着力点，实施节水压采治理措施，包括加快南水北调配套工程建设、实施引黄入冀补淀工程、调整农业工业用水结构、发展农业高效节水灌溉、机井关停和监测计量、推进水价综合改革、开发利用非常规水源、深化水资源使用权制度改革、推行水资源税改革试点等,形成从水源到田间、从工程到农艺、从建设到运行的综合治理体系,初步形成了"确权定价、控管结合、内节外引、综合施策"的地下水超采综合治理模式。

试点实施 3 年来,累计形成地下水压采能力 38.7 亿 m³,试点区地下水超采趋势得到持续好转,地下水位持续下降的趋势得到有效遏制,部分区域地下水位明显回升。

案例 10:国家水情和水土保持宣传教育

中国政府历来重视水情宣传教育工作,通过对公众节约用水、水土保持意识的培养,全社会的水安全观念和意识明显增强。

中国水利部于 2008 年启动了全国水土保持国策宣传教育行动,2012 年建立了水情教育中心,专门加强知识普及和水情宣传教育工作。2015 年 6 月,中国政府发布了《全国水情教育规划(2015~2020 年》(水利部等,2015),为全国水情教育的科学有效开展提供了基本原则。通过建设实体教育平台、开展公益活动、出版科普读物等多种方式,中国建立了较为完善的公众水情教育体系,社会参与度逐年提升。

每年世界水日和中国水周,水利部都结合当年主题开展全方位、多形式、广视角的水情宣传教育活动。通过连续多年开展"节水·在路上"大型节水公益宣传活动,以公共交通设施为媒介,播放和推出了一批优秀电视作品、公益广告和文学作品,大力推广宣传知水、节水、护水、亲水的良好风尚和人水和谐的社会氛围,参与人数达到 9000 万。

目前,全国建立了 127 个水土保持科技示范园、24 个水土保持教育社会实践基地(水利部,2017b)和 19 个全国中小学节水教育社会实践基地,同时开设了多个网上展厅,成为公众参与体验、接受水土保持教育、节水教育、普及生态文明理念的重要平台。此外，在都江堰、三峡等地设立了 20 个国家水情教育基地，构建了具有示范引领作用的水情教育平台，为公众参与水情教育活动提供了场所，扩大了水情教育的社会影响。

中国政府积极推进水土保持教育进课堂，中国水利部组织编制了《水土保持读本（小学版）》（CSSWC，2012），先后出版水土保持科普读物 30 多万册，青少年水土保持和生态保护意识显著提升。中国水利部还开发了面向不同社会群体的系列水情教育读本，制作水情教育宣传折页，为普及水安全教育提供了丰富媒介。

3.6 结语

世界水理事会在创建世界水论坛对话和交流平台、致力于解决全球水安全问题等方面发挥了重要作用，在世界水理事会的推动和影响下，水安全议题在重要国际水事活动中引起国际社会广泛关注。《第七届世界水论坛部长宣言》（WWC，2015）呼吁加强各个层面水资源良好治理，鼓励公众参与，健全基础设施，改善管理体系，有效解决水安全面临的挑战。由匈牙利政府和世界水理事会共同举办的 2016 年布达佩斯水峰会政治宣言提出，水政策必须包含在整个 2030 年可持续发展议程的相关政策中，各国应加强政治和技术合作，协调制定在经济、能源、气候变化、健康、粮食和生物多样性保护等方面的水政策，大力保障水利投融资，以更好地实现全球水安全。

面向未来，中国政府将秉持"创新、协调、绿色、开放、共享"的新发展理念，以开展"一带一路"国际合作为契机，积极打造人类命运共同体。中国愿在水资源领域开展多层次、宽领域的交流与合作，通过高层互访、政策对话、技术交流、人员培训和互利合作等形式，与世界各国和国际社会一道，共同推动实现 2030 年可持续发展议程涉水目标，努力构建绿色、循环、节约、高效、安全的全球水治理体系，为增进全人类福祉作出新的贡献。

<h2 style="text-align:center">参　考　文　献</h2>

Chen L (2017) Adhere to green development with ecological priority and promote long – term river governance with the river chief system. People's Daily

CSSWC (Chinese Society of Soil and Water Conservation) (2012) Soil and water conservation reader (elementary school edition). China Water & Power Press, Beijing

General Office of MEP and General Office of MWR (General Office of the Ministry of Environmental Protection, and General Office of the Ministry of Water Resources, People's Republic of China) (2015) Guidance on strengthening the protection of rural drinking water sources

General Office of the CPC Central Committee and General Office of the State Council (2016) Opinion on full implementation of the river chief system

General Office of the State Council (2006) State flood control and drought contingency plans

General Office of the State Council (2016) Opinion on promoting comprehensive reform of agricultural water tariffs

MWR (Ministry of Water Resources, People's Republic of China) (2013) Measures for annual performance evaluation regarding the construction and management of rural drinking water security projects

MWR (Ministry of Water Resources, People's Republic of China) (2014a) Design code for rural water supply engineering

MWR (Ministry of Water Resources, People's Republic of China) (2014b) Acceptance code for construction quality of rural water supply engineering

MWR (Ministry of Water Resources, People's Republic of China) (2014c) Code of practice for operation and maintenance of rural water supply

MWR (Ministry of Water Resources, People's Republic of China) (2016a) Interim measures for management of water rights trading

MWR (Ministry of Water Resources, People's Republic of China) (2016b) Interim measures for trading of water rights

MWR (Ministry of Water Resources, People's Republic of China) (2016c) Jinan's experience in constructing water ecological civilization. http：//www. mwr. gov. cn/xw/ggdt/201702/t20170213 _ 854355. html

MWR (Ministry of Water Resources, People's Republic of China) (2017a) 2017 report on water resources in China. China Water &. Power Press, Beijing

MWR (Ministry of Water Resources, People's Republic of China) (2017b) 2016 bulletin on soil and water conservation in China

MWR and MOH (Ministry of Water Resources and Ministry of Health, People's Republic of China) (2004) Indicator system for assessing security and healthiness of rural drinking water

MWR et al. (Ministry of Water Resources, Central Propaganda Department, and Ministry of Education of the People's Republic of China, and Central Committee of the Communist Youth League) (2015) National Plan on Water Education 2015 – 2020

MWR et al. (Ministry of Water Resources, National Development and Reform Commission, Ministry of Finance, People's Republic of China) (2017) Program on accelerating the implementation of post – disaster efforts to overcome deficiencies of water conservancy

NDRC et al. (National Development and Reform Commission, Ministry of Water Resources, National Health and Family Planning Commission, Ministry of Environmental Protection, and Ministry of Finance, People's Republic of China) (2013) Administrative measures for the construction of rural drinking water security projects

NPCSC (Standing Committee of the National People's Congress, People's Republic of China) (2016a) Flood Control Law of the People's Republic of China (Revision)"

NPCSC (Standing Committee of the National People's Congress, People's Republic of China) (2016b) Water Law of the People's Republic of China (Revision)

People's Government of Hebei Province, People's Republic of China (2015) Plan on comprehensive control of ground overexploitation in Hebei province

State Council of the People's Republic of China (2000) Interim measures on compensating for the use of flood detention and storage areas

State Council of the People's Republic of China (2005) Flood control regulations of the People's Republic of China (Revision)

State Council of the People's Republic of China (2007) National plan on safeguarding security of urban drinking water source areas

State Council of the People's Republic of China (2011) Regulations on management of reservoir and dam safety of the People's Republic of China (Revision)

State Council of the People's Republic of China (2012) Implementation of the most stringent water resources management system

State Council of the People's Republic of China (2015) Action plan on control of water pollution

State Council of the People's Republic of China (2016) Program on accelerating the implementation of post – disaster efforts to overcome deficiencies of water conservancy and defects in urban drainage and prevention of waterlogging

State Council of the People's Republic of China (2017a) Regulations on river course management of the People's Republic of China (Revision)

State Council of the People's Republic of China. (2017b) Hydrological regulations of the People's Republic of China (Revision)

World Water Council (2015) Ministerial Declaration of the Seventh World Water Forum. http：//www. worldwatercouncil. org/fileadmin/world _ water _ council/ documents/publications/forum _ documents/Ministerial％ 20Declaration％ 20％ 207th％20World％20Water％20Forum％20Final. pdf

第 4 章　新加坡水安全初探

作者：塞西莉亚·托塔哈达 (Cecilia Tortajada)、
谢丽尔·王 (Cheryl Wong)

摘要： 在近几十年里，新加坡水资源管理的目标已逐步转向水安全。因此，新加坡水资源可利用量、可获得性和可负担性属于政府最高决策。新加坡的整体发展与"蓝色发展"息息相关，即为各行各业与日俱增的用水需求，提供保质保量且价格实惠的可用水量。这个城市国家的目标是：到2060年，在耗水量达到今天两倍的情况下，可确保实现水安全、自给自足和具备恢复能力。新加坡作为国际大都市，将继续改善经济和社会状况，使之顺应国民期待和全球发展的预期。新加坡的城市化、工业化程度和竞争力水平正在进一步提高，这将导致更高的用水需求。新加坡将秉承政策和改革创新的特色，继续进行长远规划，实现水安全并最终实现总体发展目标。

4.1　综述

新加坡位于东南亚，是一个城市国家，国土面积719.2km^2，人口总数560万，人口密度为每平方千米7797人（新加坡统计局，2017a）。

对于新加坡，必须结合其自身情况考量：新加坡本身是一个小的岛屿，受幅域限制，只有通过土地开垦才得以不断发展。新加坡没有足够的自然资源和内陆地区供给，水、能源和粮食一直依赖于外部进口。这些看似严重的制约因素已经得到了解决，各行业的长期综合规划、重要政策和创新都以国家的整体发展为首要目标，而非某些部门的独立发展。

新加坡自独立以来，一直把水安全（水资源可利用量、可获得性和可负担性）作为水资源规划的主要考虑因素。为了提高水安全，这个城市国家制定了具有前瞻性的综合战略，确保能够满足当前和预期的用水需求（Tan 等，2008）。该战略涵盖了水资源政策、规划、管理、开发、治理、财政和技术等内容，最近还将其拓展为社会行为。采取的措施包括利用国内外多元化供水水源、净化河流和河道、保护流域、节水、发展基础设施、处理和处置污水、生产优质再生水充当饮用和非饮用水（被称为"新生水"）以及淡化海水，并计划采用后两项措施补充当地天然水源和进口水（新加坡议会，2016a）。这些措施可有效提高水安全，所有措施都包含在统一的监管和制度框架内，并根据需要不断进行修订和改进（Tortajada 等，2013）。

由于土地面积有限导致用地竞争，这增加了水资源规划和实施的复杂程度。随着人口增长和经济社会发展，供水需求不断增加，住宅、商业、工业、国防、农业、渔业、休闲产业等各行各业的土地利用与水资源开发之间的冲突不断增加，有关部门必须做出权衡取舍。事实上，决定将多少土地转变为流域水源涵养区、确定多大流域面积、如何布局水处理厂、污水处理厂和海水淡化厂的位置，以及这些工厂是建在地下还是对原有的设施进行更新改造时，土地利用率是主要的考虑因素。这种权衡一直延续到今天（Ng，2018 年；Tortajada 等，2013）。

水资源对新加坡具有战略意义。历史上，马来西亚柔佛是新加坡重要的水源地，如今仍有约 50% 的水从这里进口。为此两国签订了多个水协议，分别签署于 1927 年（已失效）、1961 年、1962 年和 1990 年。本文暂不探讨这些协议以及两国在不同时期由此产生的分歧（如 Kog，2001；Chang 等，2005；Saw 和 Kesavapany，2006；Sidhu，2006；Dhillon，2009；Shiraishi，2009；Luan，2010；Tortajada 和 Pobre，2011；Tortajada 等，2013）。

预计到 2060 年，新加坡的总需水量会翻倍。为此制定的长期水安全战略包括继续增加本地水源供给、提高新生水和海水淡化生产能力。目前，新加坡 2/3 的地区都可划分为集水区，用来收集雨水。新加坡计划将这个比例提升至 90%。在新生水和海水淡化方面，新加坡公用事业局（新加坡国家水务局）计划到 2030 年将生产能力翻倍。到 2060 年，预计这两种水源可满足新加坡 85% 的用水需求。这些水源项目在满足用水需求和降低气候变化不确定性方面将起到举足轻重的作用（新加坡议会，2016b）。

新加坡已经着手应对气候变化等水安全制约因素。据预测，新加坡乃至整个东南亚地区未来发生强降雨和长期干旱等极端气候事件的概率都会加大（Chow，2017）。数十年来这个问题一直困扰着新加坡。为了开发不依赖气候的非常规水源，如污水回收利用和海水淡化，20 世纪 70 年代新加坡在膜技术和反渗透技术的研发方面投入巨资。当时修建滨海水库也是出于这个目的，作为岛上最现代化的水库，其既可以提供饮用水还可以起到防洪的作用。40 年后，所有这些举措的预期目标均已实现。

2014 年，新加坡经历了为期两个月之久的干旱，这是几十年来最严重的一次。2014 年 2 月是自 1869 年以来最干燥的一个月，全月降雨量几乎为零。邻国马来西亚，在柔佛（新加坡的进口水源地）、雪兰莪州、森美兰州、吉隆坡和布城实施了定量配给。在泰国，20 个省份被确定为干旱受灾区。但新加坡却没有实行定量配给，耗水量还增加了 5%（新加坡议会，2017a）。由此可见新加坡战略措施的正确性。即便如此，有评论称这次干旱为实施此前未实现的节水战略创造

了机会 (Tortajada，2016)。

因此，在水安全框架内，提前进行水资源规划和投资尤其重要，因为这有助于公众、商业和工业部门参与到高效用水行动中来（新加坡议会，2017c）。经济和社会部门对节水的参与程度越高，新加坡长期水安全程度就会越高。

新加坡一直以来没有采用过任何特定国际模式。相反，新加坡基于自身的特点寻找最合适的办法和长期有效的解决方案。随着时间的推移，水管理工作重点从提高供水量转到自给自足，再到保证水安全，最后转到具备抗压恢复力。本文通过回顾为保障新加坡水安全进行的决策、政策和实施过程，讨论了不同时期为开发水资源，在土地使用、能源制造和食品加工方面所做的权衡取舍。在这个土地有限的城市国家，必须尽可能高效和高价值地利用土地，这也是决策的主要考虑因素。

本文大篇幅引用了国会的辩论文件，目的是说明水安全、一些权衡取舍和相关决策始终是领导层关注的议题。

4.2　水安全：新加坡在幅域有限条件下的水、能源和粮食资源开发利用

在土地资源紧缺的新加坡，水、粮食和能源行业之间的相互关联和依赖性并不明显。一般来说，能源生产和食品加工需要水，但新加坡的情况并非如此，新加坡几乎100%的能源、90%的粮食和50%的水都依靠进口。这意味着水资源在能源生产领域并非必需，只有一小部分水用于当地农业。但是，新加坡需要利用能源提取、处理、循环、淡化和分配清洁水，尤其是在用于生产新生水和淡化海水方面。这些行业的发展以及相互作用将在以下章节介绍。

4.2.1　水资源和能源资源开发

新加坡由于幅域有限，需要在寸土寸金的土地上大做文

章，以最具生产力的方式对其加以利用。为了保证土地资源的有效利用，新加坡推行了《土地征用法》（新加坡议会，1966b）。该法保证政府有权为公共开发而征用土地，它所带来的影响备受关注。在开发利用方面，由于各方需求增加和竞争加剧，对土地的需求不断增长，因此，为了降低水资源项目和一些公共项目的成本，必须要控制地价上涨。

1965 年国家独立时，全新加坡建有 3 个水库：麦里芝水库（原名汤姆森路水库）、下实里达水库和下贝雅士水库。但随着工业化进程和人口增长，人们对水电需求不断增长。

为了提高水资源承载力，新加坡在 20 世纪 60 年代和 70 年代建设了多个水库和工程，包括裕廊工业水厂、上实里达水库扩建工程、克兰芝班丹计划、策士纳道自来水厂以及慕莱、班丹、波扬、德光岛、莎琳汶和登格水库（Tsang 和 Perera，2011）。在电力方面，1965 年建成了巴西班让发电厂一期，装机容量增加了 12 万 kW（新加坡议会，1965），为 155 个小村庄提供了电力，使政府农村电气化计划得以顺利实施（新加坡议会，1965）。

在马来西亚柔佛的笨珍县和地不佬修建了两座泵站（Mohamad，2015）。大约在同一时期，为提高麦里芝水库的抽水能力还修建了一座增压站（新加坡议会，1965）。

平均耗水量从 1949 年的 1.21 万 m^3/d 增加到 1965 年的超过 30.28 万 m^3/d（新加坡议会，1965）。1969 年 8 月，实里达水库正式启用（新加坡议会，1970），集水区被划为保护区，不允许开发。除了可以从自身的集水区取水之外，还可以从八条邻近的河中取水，如森巴旺河、小森巴旺河、新邦基里河、武吉万礼河、万礼河、小万礼河、翻沙河和秉祥河。这八条河的海拔相对较低，所以需由泵站提水到水库（新加坡议会，1970）。

随着污水泵站和污水处理厂对能源的需求越来越高（新

加坡议会，1966a），在乌鲁班丹建造了一座污水泵站（新加
坡议会，1967a）。政府的长期目标是为全岛所有城市和乡村
地区提供污水处理服务，防止水资源受到污染。但由于人力
和财政资源有限，污水处理计划只能分阶段按优先顺序完
成。例如，在大巴窑、裕廊、加冷盆地和其他类似的大型新
城镇的开发区，已经开工了一些新项目。将这些项目确定为
优先项目，可在人口移居到新住宅之前建好设施（新加坡议
会，1967a）。

新加坡的污水处理系统陆续扩建完成，截至 1969 年服
务人口超过全国人口一半以上，有显著的增长趋势，1949 年
的服务人口仅为全国人口的 1/4（新加坡议会，1969）。

由于工业发展需要，新加坡新建了很多电站。裕廊电站
便是为了岛西裕廊工业园区的用电而建。裕廊电站一期在
1971 年 3 月建成，装机容量为 120MW。之后，随着住房和
工业对电力的需求不断增加，电站二期工程建设不得不立即
启动（新加坡议会，1971）。1974 年年中，二期建设完工，
新增三台 120MW 机组试运投产（新加坡议会，1975）。接着
在 1976 年，圣诺哥电站也建设完工（Senoko，1976）。

随着发电产能的增加，大量资金投入输电和配电网络扩
建，包括农村地区的网络扩建（新加坡议会，1966c）。1974
年第三季度，公用事业局的十年农村电气化计划（能源市场
管理局，2017a）完成。这一计划确保了农村地区和新建公
共住房的电力供应（能源市场管理局，2017b）。计划中包括
大约 500 个项目，分 18 个阶段实施。除了指定重建的偏远
农村地区外，岛上所有地区的用电当时都有了保障（新加坡
议会，1975）。为实现圣诺哥电站与岛上集中用电地区之间
的电力传输，建设了一个 230kV 的地下输电网络（Senoko，
1976）。

随着工业化和城镇化的加快，水处理对能源的需求也
出现了相应增长。班丹水库供水线路最初流经工业和人口

密集地区，易于受到污染。为确保饮水安全，必须对水进行更为高级的处理（新加坡议会，1976b）。此外还建设了一个污水处理厂，用来处理亚逸美宝岛上石油化工厂的废液。

1977 年，环境部发起了一项调查，寻找影响河流和集水区的污染源，结果发现主要污染源为猪和鸭、贸易和小作坊加工业、城镇棚户区、违章搭建区、街头小贩和水上活动。因此，新加坡开展了各部委共同合作治理污染的行动。在实施水质改善计划的同时，强制各场所将污水直接排入下水道，减少使用悬式厕所和清粪桶，并在 1987 年前后逐步淘汰了这些设施（Tan 等，2008）。

在农村地区，如果房屋在两年内没有拆迁计划，居民须自行安装现场污水处理系统来进行废水处理（新加坡议会，1982b）。街头小贩（餐饮小贩）被迁移到安装了水处理设施的正规市场或餐饮中心。除加冷河流域的一个养猪场外，其他都进行搬迁，有些后来停业或转行。这些措施的总体目标是防止水库污染（新加坡议会，1982b）。

为此，1981 年新加坡颁布了截至 1987 年清理新加坡河、加冷河流域和集水区总体规划（Tan 等，2008；Tortajada 等，2013；Joshi 等，2012a，b），这项重大举措与新加坡的再开发同步进行。

新加坡的发电站完全依靠进口石油发电，这种情况一直持续到 20 世纪 90 年代（新加坡议会，1981）。1973 年和 1979 年的石油危机对世界经济造成了广泛影响，为此政府提出了开发替代能源的政策（新加坡议会，1982a）。发电站因此进行了改良，使其可以使用不同类型和等级的燃油（新加坡议会，1981）。此外，巴西班让电厂还增加了一台 80MW 的燃气轮机，在高峰时段和紧急情况下投入使用以补充电力供应（新加坡议会，1981）。公用事业局（当时负责水、电、气；现国家水务局）对圣诺哥电站 5 台锅炉进行了改造，从燃油改为燃气（新加坡议会，1990a）。其中所有 250MW 锅炉经过改良，可以同时使用天然气和燃油（Senoko，2014）。

1982 年到 1984 年，用水需求连年上涨：1982 年上涨了 3.5%，1983 年上涨了 5.1%，1984 年上涨了 7.2%。国会讨论指出（新加坡议会，1985b），如果以当前的速度消耗水资源，再过 15 年，所有水库加上从柔佛进口的水量都无法满足新加坡的用水需求。

随后新加坡修建了更多的水库和工程。1981 年，西部集水区工程和蔡厝港自来水厂竣工；1986 年，实里达河、勿洛水源计划和勿洛自来水厂完工。自那时起，几乎半个新加坡都成了收集雨水的集水区（新加坡议会，1985a）。公用事业局开始进一步开发岛外的水资源，在柔佛实施了三个工程，即士姑来自来水厂扩建工程、柔佛自来水厂扩建工程和柔佛河管道工程，用来调取新加坡有权使用的水资源（新加坡议会，1985a）。新加坡认识到，进一步开发地表水资源的范围极为有限，如果耗水量持续增加，将不得不采取如海水淡化这种更为昂贵的措施。据估算，淡化海水的成本比从本地流域取水的成本高十倍（新加坡议会，1985a，1986）。

1990 年，新加坡与马来西亚签订了一项新的水协议，作为对 1962 年柔佛河流协议的补充。新协议允许新加坡在林桂河（柔佛河的支流）上修建大坝，以便从柔佛河中取水（新加坡议会，1989，1990b）。在两国协商的过程中，还商定了马来西亚长期向新加坡供应天然气的计划（新加坡议会，1989）。

同年，为了开发多元化水源，新加坡与印度尼西亚签订了一份以"印尼廖内省经济合作"为框架的水协议。根据该协议，新印两国同意就新加坡的水源供给和分配进行合作，协议还包括在贸易、旅游、投资、基础设施、空间发展、工业、资本和银行业方面的合作（政府公报，1990）。这份水协议规定，廖内省按照 378.54 万 m^3/d 的水量向新加坡持续供水 100 年。新加坡决定在评估包括海水淡化在内的各种选项后，再适当利用这些水源（新加坡议会，1998b）。事实上，这份水协议并没有执行，仅具有历史参考价值。

1995 年，为提高发电和供电的效率和竞争力，电力行业进行了重组，首先对公用事业局的电力和天然气部门进行了公司化，由此成立新加坡能源有限公司（简称"新能源公司"）。为促进竞争，新能源公司以控股公司的形式成立，拥有五家独立的子公司：两家发电公司（圣诺哥发电和西拉雅能源）、一家输配电公司、一家供电公司和一家管道燃气公司。另外一座位于大士的在建电站被划到淡马锡控股直属的独立公司——大士能源有限公司旗下，与新能源旗下的发电公司分庭抗礼。为了促进发电供电部门的竞争，还成立了新加坡电力库，作为电力交易的交易所。1999 年 3 月，政府决定在 2001 年将新能源公司全部出售给淡马锡控股，作为电力行业重组的第二步，由此将发电机与输配电网络的所有权分开。2001 年，发电行业有圣诺哥发电、西拉雅能源、大士能源和胜科这几家公司共同参与竞争。

政府也在持续寻找更多的本地水源。在专家的支持下，公用事业局组织对地下水资源开展水文地质调查。虽然勘探深度相当深，但调查一无所获。因此，公用事业局将关注点放在海水淡化等非常规水源和非饮用水水源上，以满足非饮用水的用水需求（新加坡议会，1998a）。2002 年，经过多年的研发，在随勿洛建了第一个新生水厂，为需要大量优质水的行业供水，如晶圆生产工厂。2005 年 9 月，公用事业局还在大士修建了第一座海水淡化厂，此时海水淡化成本已经降到了可承受的水平（新加坡议会，2003a）。

新生水和海水淡化属于能源密集型工艺，增加了对能源的需求（新加坡议会，2003a）。能源主要用于处理和生产淡水，将水抽到水库中以及后续配水过程。新生水非常清洁，没有必要将其与水库中的水混合。它对能源的需求极高，但

新加坡遵循了国际专家团的建议，执行了生产新生水的政策
（新加坡议会，2003a，b）。相对于淡化海水而言，新生水的
能源密集型程度和生产成本较低，因此，新加坡生产了大量
新生水。每个新生水厂都是一个独立的收集系统，将水分配
到用水的工业区和商业区。新生水已经成为这个城市国家的
主要水源之一（公用事业局，日期不明）。

　　对于所有与水相关活动所使用的能源，尚无相关公开信
息，但我们从多个来源收集到了 1963 年至 2016 年间电网供
电量的数据（见表 4.1）。新能源公司（SP）表示，在 1995
年至 2002 年间，该数据包含了从前环境部（ENV），即现环
境和水利部（MEWR）通过发电厂以及废弃物回收焚化厂所
生产的电量。从 1995 年到 1998 年 3 月，发电量相关数据指
发电厂的发电量加上从环境部购买的电量（输往电网的电
量）。由于 1998 年 4 月成立了新加坡电力库（SEP），因此从
环境部购得的电量相关数据此后结转为环境部的发电量。随
着 2000 年自用发电厂的出现，发电量数据中还包括自用发
电厂所生产的发电量（与新加坡能源公司之间往来私人函
件，2017 年 11 月）。能源市场管理局（EMA）表示，2003
年以后，该数据包含了发电厂和废弃物回收变电站（WEP）
生产的电力（与能源市场管理局之间往来私人函件，2017 年
11 月）。

　　对于燃料方面，能源市场管理局（2016）表示，以前燃
油是主要燃料，从 2001 年开始，天然气替代燃油，成为新
加坡约 95% 发电量的燃料来源，其中大部分天然气通过印度
尼西亚和马来西亚的管道输送。2013 年 5 月，液化天然气码
头投运，新加坡由此可以从全球市场进口天然气。2016 年，
天然气占所有燃料的 95.2%，该比例从 2014 年开始便相对
固定。主要电厂发电量占总发电量的 93.2%，自用发电厂则
占剩余的 6.8%（能源市场管理局，2017c）。

表 4.1　新加坡 1963 年至 2016 年间电网供电量（主要来源于公用事业局年度报告）

时间	电网供电量	来源
1963 年	822922790kW·h	公用事业局年度报告，1964 年（第 29 页）
1964 年	914232150kW·h	(1) 公用事业局年度报告，1964 年（第 29 页） (2) 公用事业局年度报告，1965 年（第 31 页）
1965 年	1047583900kW·h	(1) 公用事业局年度报告，1965 年（第 31 页） (2) 公用事业局年度报告，1966 年（第 50 页）
1966 年	1236471850kW·h	(1) 公用事业局年度报告，1966 年（第 50 页） (2) 公用事业局年度报告，1967 年（第 32 页）
1967 年[a]	1424434000kW·h（参考 1） 1424534000kW·h（参考 2）	(1) 公用事业局年度报告，1967 年（第 32 页） (2) 公用事业局年度报告，1968 年（第 24 页）
1968 年	1639.449100kW·h（参考 1） 16.39 亿 kW·h（参考 2）	(1) 公用事业局年度报告，1968 年（第 24 页） (2) 公用事业局年度报告，1969 年（第 18 页）
1969 年	18.76 亿 kW·h（参考 1） 18.761 亿 kW·h（参考 2）	(1) 公用事业局年度报告，1969 年（第 18 页） (2) 公用事业局年度报告，1970 年（第 17 页）
1970 年	22.052 亿 kW·h（参考 1） 2205207100kW·h（参考 2）	(1) 公用事业局年度报告，1970 年（第 17 页） (2) 公用事业局年度报告，1971 年（第 16 页）
1971 年	2585272000kW·h	(1) 公用事业局年度报告，1971 年（第 16 页） (2) 公用事业局年度报告，1972 年（第 18 页）

续表

时间	电网供电量	来源
1972 年	3143560910kW·h	(1) 公用事业局年度报告，1972 年（第 18 页） (2) 公用事业局年度报告，1973 年（第 19 页）
1973 年	3719368250kW·h	(1) 公用事业局年度报告，1973 年（第 19 页） (2) 公用事业局年度报告，1974 年（第 16 页）
1974 年	3864322500kW·h	(1) 公用事业局年度报告，1974 年（第 16 页） (2) 公用事业局年度报告，1975 年（第 22 页）
1975 年	4175980480kW·h（参考 1 和 2） 4175700000kW·h（参考 3）	(1) 公用事业局年度报告，1975 年（第 22 页） (2) 公用事业局年度报告，1976 年（第 24 页） (3) 新加坡统计局，2017 年[b]
1976 年	4604920600kW·h（参考 1 和 2） 4604900000kW·h（参考 3）	(1) 公用事业局年度报告，1976 年（第 24 页） (2) 公用事业局年度报告，1977 年（第 20 页） (3) 新加坡统计局，2017 年
1977 年	5114681650kW·h（参考 1） 51.1468 亿 kW·h（参考 2） 51.147 亿 kW·h（参考 3）	(1) 公用事业局年度报告，1977 年（第 20 页） (2) 公用事业局年度报告，1978 年（第 30 页） (3) 新加坡统计局，2017 年
1978 年	58.9799 亿 kW·h（参考 1） 58.979 亿 kW·h（参考 2）	(1) 公用事业局年度报告，1978 年（第 30 页） (2) 新加坡统计局，2017 年

续表

时间	电网供电电量	来源
1979年[c]	64.83亿kW·h（参考1） 64.83亿kW·h（加上参考2和3的值）	(1) 公用事业局年度报告，1979年（第22页） (2) 公用事业局年度报告，1979年（第23页）从环境部购得3520万kW·h (3) 新加坡统计局，2017年[d] 电厂发电量：64.478亿kW·h
1980年	696.72万kW·h（加上参考1和2的值） 696.77万kW·h（加上参考2和3的值）	(1) 公用事业局年度报告，1980年（第29页）电厂发电量：69.4亿kW·h (2) 公用事业局年度报告，1980年（第29页）从环境部购得2720万kW·h (3) 新加坡统计局，2017年 发电量：69.405亿kW·h
1981年	74.62亿kW·h（加上参考1和2的值） 74.619亿kW·h（加上参考2和3的值）	(1) 公用事业局年度报告，1981年（第22页）电厂发电量：74.42亿kW·h (2) 公用事业局年度报告，1980年（第22页）从环境部购得2000万kW·h (3) 新加坡统计局，2017年 电厂发电量：74.419亿kW·h

续表

时间	电网供电量	来源
1982 年	78.84 亿 kW·h（加上参考 1 和 2 的值） 78.835 亿 kW·h（加上参考 2 和 3 的值）	(1) 公用事业局年度报告，1982 年（第 21 页）电厂发电量为 78.6 亿 kW·h (2) 公用事业局年度报告，1982 年（第 21 页）从环境部购得 2400 万 kW·h (3) 新加坡统计局，2017 年 电厂发电量：78.595 亿 kW·h
1983 年	86.65 亿 kW·h（加上参考 1 和 2 的值） 86.649 亿 kW·h（加上参考 2 和 3 的值）	(1) 公用事业局年度报告，1983 年（第 21 页）电厂发电量：86.26 亿 kW·h (2) 公用事业局年度报告，1983 年（第 21 页）从环境部购得 3900 万 kW·h (3) 新加坡统计局，2017 年 电厂发电量：86.259 亿 kW·h
1984 年	94.52 亿 kW·h（加上参考 1 和 2 的值） 94.517 亿 kW·h（加上参考 2 和 3 的值）	(1) 公用事业局年度报告，1984 年（第 21 页）电厂发电量：94.21 亿 kW·h (2) 公用事业局年度报告，1984 年（第 21 页）从环境部购得 3100 万 kW·h (3) 新加坡统计局，2017 年 电厂发电量：94.207 亿 kW·h

续表

时间	电网供电量	来源
1985年	99.17 亿 kW·h（加上参考 1 和 2 的值） 99.173 亿 kW·h（加上参考 2 和 3 的值）	(1) 公用事业局年度报告，1985 年（第 17 页）电厂发电量：98.76 亿 kW·h (2) 公用事业局年度报告，1985 年（第 17 页）从环境部购得 4100 万 kW·h (3) 新加坡统计局，2017 年 电厂发电量：98.763 kW·h
1986年	105.76 亿 kW·h（加上参考 1 和 2 的值） 105.765 亿 kW·h（参考 3）	(1) 公用事业局年度报告，1986 年（第 17 页）电厂发电量：104.66 亿 kW·h (2) 公用事业局年度报告，1986 年（第 17 页）从环境部购得 1.1 亿 kW·h (3) 新加坡统计局，2017 年[e] 发电量：105.765 亿 kW·h
1987年	118.14 亿 kW·h（加上参考 1 和 2 的值） 118.138 亿 kW·h（参考 3）	(1) 公用事业局年度报告，1987 年（第 18 页）电厂发电量：116.25 亿 kW·h (2) 公用事业局年度报告，1987 年（第 18 页）从环境部购得 1.89 亿 kW·h (3) 新加坡统计局，2017 年 发电量：118.138 亿 kW·h

续表

时间	电网供电量	来　源
1988 年	130.17 亿 kW·h（加上参考 1 和 2 的值） 130.175 亿 kW·h（参考 3）	（1）公用事业局年度报告，1988 年（第 18 页） 电厂发电量：128.21 亿 kW·h （2）公用事业局年度报告，1988 年（第 18 页） 从环境部购得 1.96 亿 kW·h （3）新加坡统计局，2017 年 发电量：130.175 亿 kW·h
1989 年	140.39 亿 kW·h（加上参考 1 和 2 的值） 140.389 亿 kW·h（参考 3）	（1）公用事业局年度报告，1989 年（第 19 页） 电厂发电量：138.47 亿 kW·h （2）公用事业局年度报告，1989 年（第 19 页） 从环境部购得 1.92 亿 kW·h （3）新加坡统计局，2017 年 发电量：140.389 亿 kW·h
1990 年	156.18 亿 kW·h（加上参考 1 和 2 的值） 156.176 亿 kW·h（参考 3）	（1）公用事业局年度报告，1990 年（第 29 页） 电厂发电量：153.98 亿 kW·h （2）公用事业局年度报告，1990 年（第 29 页） 从环境部购得 2.2 亿 kW·h （3）新加坡统计局，2017 年 发电量：156.176 亿 kW·h

时 间	电网供电量	来 源
1991 年	165.97 亿 kW·h（加上参考 1 和 2 的值） 165.966 亿 kW·h（参考 3）	(1) 公用事业局年度报告，1991 年（第 16 页） 电厂发电量：163.74 亿 kW·h (2) 公用事业局购得 2.23 亿 kW·h，1991 年（第 16 页） 从环境部购得 2.23 亿 kW·h (3) 新加坡统计局，2017 年 发电量：165.966 亿 kW·h
1992 年	175.43 亿 kW·h（加上参考 1 和 2 的值） 175.431 亿 kW·h（参考 3）	(1) 公用事业局年度报告，1992 年（第 17 页） 电厂发电量：172.83 亿 kW·h (2) 公用事业局购得 2.6 亿 kW·h，1992 年（第 17 页） 从环境部购得 2.6 亿 kW·h (3) 新加坡统计局，2017 年 发电量：175.431 亿 kW·h
1993 年	189.62 亿 kW·h（加上参考 1 和 2 的值） 189.624 亿 kW·h（参考 3）	(1) 公用事业局年度报告，1993 年（第 19 页） 电厂发电量：185.08 亿 kW·h (2) 公用事业局购得 4.54 亿 kW·h，1993 年（第 19 页） 从环境部购得 4.54 亿 kW·h (3) 新加坡统计局，2017 年 发电量：189.624 亿 kW·h

续表

时间	电网供电量	来　源
1994 年	206.75 亿 kW·h（参考 1 2） 206.754 亿 kW·h（参考 3）	(1) 公用事业局年度报告，1994 年（第 19 页） 电厂发电量：202.34 亿 kW·h (2) 公用事业局年度报告，1994 年（第 19 页） 从环境部购得 4.41 亿 kW·h (3) 新加坡统计局，2017 年 发电量：206.754 亿 kW·h
1995 年	164.47 亿 kW·h（参考 1 和 2）[f] 220.574 亿 kW·h（参考 3）	(1) 公用事业局年度报告，1995 年（第 33 页） 电厂发电量：161.56 亿 kW·h (2) 公用事业局年度报告，1995 年（第 33 页） 从环境部购得 2.91 亿 kW·h (3) 新加坡统计局，2017 年 发电量：220.574 亿 kW·h
1996 年	241.01 亿 kW·h（参考 1） 239.094 亿 kW·h（参考 2）[g]	(1) 公用事业局年度报告，1999 年（第 17 页） (2) 新加坡统计局，2017 年 电厂发电量：239.094 亿 kW·h
1997 年	268.98 亿 kW·h（参考 1） 267.094 亿 kW·h（参考 2）[h]	(1) 公用事业局年度报告，1999 年（第 17 页） (2) 新加坡统计局，2017 年 电厂发电量：267.094 亿 kW·h

续表

时间	电网供电量	来源
1998 年	284.24 亿 kW·h（参考 1） 283.748 亿 kW·h（参考 2 和 3）[i]	(1) 公用事业局年度报告，1999 年（第 17 页） (2) 新加坡统计局，2017 年 电厂发电量：283.748 亿 kW·h (3) 新加坡统计年鉴，2009 年 发电量和售电量
1999 年	295.20 亿 kW·h（参考 1） 295.201 亿 kW·h（参考 2 和 3）	(1) 公用事业局年度报告，1999 年（第 17 页） (2) 新加坡统计局，2017 年 电厂发电量：295.201 亿 kW·h[j] (3) 新加坡统计年鉴，2010 年 发电量和售电量（1999 年，2004—2009 年） http://citeseerx.ist.psu.edu/viewdoc/download;jsessionid=BE7056BA1A86-D1FAF2BB809EBE273448?doi=10.1.1.186.7755&rep=rep1&type=pdf（第 305 页）
2000 年	316.65 亿 kW·h（参考 1）	(1) 新加坡统计局，2017 年[k] 电厂发电量：316.65 亿 kW·h
2001 年	330.61 亿 GW·h（参考 1 和 2）	(1) 新加坡统计局，2017 年 电厂发电量：330.61 亿 kW·h (2) 新加坡统计年鉴，2012 年

续表

时间	电网供电量	来源
2001 年	330.61 亿 GW·h（参考 1 和 2）	发电量和售电量（2001 年，2006—2011 年）http://staging.ilo.org/public/libdoc/igo/P/70490/70490 (2012) 319. pdf（第 309 页）
2002 年	346.646 亿 kW·h（参考 1）	新加坡统计局，2017 年 电厂发电量：346.646 亿 kW·h
2003 年	352.815 亿 kW·h（参考 1 和 2）	(1) 新加坡统计局，2017 年[1] 电厂发电量：352.815 亿 kW·h (2) 新加坡统计年鉴，2009 年 发电量和售电量
2004 年	368.096 亿 kW·h（参考 1 和 3） 368.095 亿 kW·h（参考 2）	(1) 新加坡统计局，2017 年 电厂发电量：368.096 亿 kW·h (2) 新加坡统计年鉴，2010 年 发电量和售电量（1999 年，2004—2009 年） http://citeseerx.ist.psu.edu/viewdoc/download; jsessionid = BE7056BA1A86-DIFAF2BB809EBE273448? doi = 10. 1. 1. 186. 7755&rep = rep1&type = pdf（第 305 页） (3) 新加坡统计年鉴，2009 年 发电量和售电量

时间	电网供电量	来源
2005 年	382.127 亿 kW·h（参考 1～4）	(1) 能源市场管理局，2017 年 电量平衡表，2005—2016 年 https://www.ema.gov.sg/cmsmedia/Publications _ and _ Statistics/Statistics/15RSU.pdf (2) 新加坡统计局，2017 年 电厂发电量：382.127 亿 kW·h (3) 新加坡统计年鉴，2010 年 发电量和售电量（1999 年、2004—2009 年） http://citeseerx.ist.psu.edu/viewdoc/download；jsessionid = BE7056BA1A86-D1FAF2BB809EBE273448？doi = 10.1.1.186.7755&.rep = rep1&.type = pdf（第305 页） (4) 新加坡统计年鉴，2009 年 发电量和售电量
2006 年	394.804 亿 kW·h（参考 1 和 2） 394.420 亿 kW·h（参考 3） 394.801 亿 kW·h（参考 4） 394.421 亿 kW·h（参考 5）	(1) 能源市场管理局，2017 年 电量平衡表，2005—2016 年 https://www.ema.gov.sg/cmsmedia/Publications _ and _ Statistics/Statistics/15RSU.pdf (2) 新加坡统计局，2017 年 电厂发电量：394.804 亿 kW·h

续表

时间	电网供电量	来源
2006 年	394.804 亿 kW·h（参考 1 和 2） 394.420 亿 kW·h（参考 3） 394.801 亿 kW·h（参考 4） 394.421 亿 kW·h（参考 5）	(3) 新加坡统计年鉴，2010 年 发电量和售电量（1999 年，2004—2009 年） http://citeseerx.ist.psu.edu/viewdoc/download; jsessionid＝BE7056BA1A86-D1FAF2BB809EBE273448? doi＝10.1.1.186.7755&rep＝rep1&type＝pdf（第 305 页） (4) 新加坡统计年鉴，2013 年 发电量和售电量（2006—2012 年）（第 327 页） (5) 新加坡统计年鉴，2009 年 发电量和售电量
2007 年	411.341 亿 kW·h（参考 1 和 2） 411.342 亿 kW·h（参考 3～5） 411.377 亿 kW·h（参考 6）	(1) 能源市场管理局，2017 年 电量平衡表，2005—2016 年 https://www.ema.gov.sg/cmsmedia/Publications_and_Statistics/Statistics/15RSU.pdf (2) 新加坡统计局，2017 年 电厂发电量：411.341 亿 kW·h (3) 新加坡统计年鉴，2010 年 发电量和售电量（1999 年，2004—2009 年） http://citeseerx.ist.psu.edu/viewdoc/download; jsessionid＝BE7056BA1A86-D1FAF2BB809EBE273448? doi＝10.1.1.186.7755&rep＝rep1&type＝pdf（第 305 页）

续表

时间	电网供电量	来源
2007年	411.341 亿 kW·h（参考 1 和 2） 411.342 亿 kW·h（参考 3~5） 411.377 亿 kW·h（参考 6）	（4）新加坡统计年鉴，2012年 发电量和售电量（2001年，2006—2011年）http://staging.ilo.org/public/lib-doc/igo/P/70490/70490（2012）319.pdf（第309页） （5）新加坡统计年鉴，2013年 发电量和售电量（2006—2012年）（第327页） （6）新加坡统计年鉴，2009年 发电量和售电量
2008年	416.691 亿 kW·h（参考 1） 416.696 亿 kW·h（参考 2） 417.167 亿 kW·h（参考 3） 417.168 亿 kW·h（参考 4、5、7） 416.697 亿 kW·h（参考 6）	（1）能源市场管理局，2017年 电量平衡表，2005—2016年 https://www.ema.gov.sg/cmsmedia/Publications_and_Statistics/Statistics/15RSU.pdf （2）新加坡统计局，2017年 电厂发电量：416.696亿 kW·h （3）新加坡统计年鉴，2015年 发电量和售电量（2008—2014年） http://istmat.info/files/uploads/50355/yearbook_of_statistics_singapore_2015.pdf（第330页） （4）新加坡统计年鉴，2010年 发电量和售电量（1999年，2004—2009年）

续表

时间	电网供电量	来源
2008 年	416.691 亿 kW・h（参考 1） 416.696 亿 kW・h（参考 2） 417.167 亿 kW・h（参考 3） 417.168 亿 kW・h（参考 4、5、7） 416.697 亿 kW・h（参考 6）	http://citeseerx.ist.psu.edu/viewdoc/download;jsessionid=BE7056BA1A86D1FAF2BB809EBE273448?doi=10.1.1.186.7755&rep=rep1&type=pdf（第 305 页） （5）新加坡统计年鉴，2012 年 发电量和售电量（2001 年，2006—2011 年）http://staging.ilo.org/public/libdoc/igo/P/70490/70490（2012）319.pdf（第 309 页） （6）新加坡统计年鉴，2013 年 发电量和售电量（2006—2012 年）（第 327 页） （7）新加坡统计年鉴，2009 年 发电量和售电量
2009 年	418.006 亿 kW・h（参考 1~6） 418.167 亿 kW・h（参考 7）	（1）能源市场管理局，2017 年 总发电量（月和年） https://www.ema.gov.sg/statistic.aspx?sta_sid=20140802apItNJRIa9Pa （2）能源市场管理局，2017 年 电量平衡表，2005—2016 年 https://www.ema.gov.sg/cmsmedia/Publications_and_Statistics/Statistics/15RSU.pdf （3）新加坡统计局，2017 年 电厂发电量：418.006 亿 kW・h

续表

时间	电网供电量	来源
2009 年	418.006 亿 kW·h（参考 1~6） 418.167 亿 kW·h（参考 7）	（4）新加坡统计年鉴，2015 年 发电量和售电量（2008—2014 年） http://istmat.info/files/uploads/50355/yearbook _ of _ statistics _ singapore _ 2015.pdf（第 330 页） （5）新加坡统计年鉴，2010 年 发电量和售电量（1999 年、2004—2009 年） http://citeseerx. ist. psu. edu/viewdoc/download; jsessionid=BE7056BA1A86D1FAF2BB809EBE273448?doi=10.1.1.186.7755&rep=rep1&type=pdf（第 305 页） （6）新加坡统计年鉴，2012 年 发电量和售电量（2001 年、2006—2011 年）http://staging. ilo. org/public/lib-doc/igo/P/70490/70490（2012）319. pdf（第 309 页） （7）新加坡统计年鉴，2013 年 发电量和售电量（2006—2012 年）（第 327 页）
2010 年	453.665 亿 kW·h（参考 1~5） 453.678 亿 kW·h（参考 6） 453.664 亿 kW·h（参考 7）	（1）能源市场管理局，2017 年 总发电量（月和年） https://www.ema.gov.sg/statistic.aspx? sta _ sid=20140802apItNJRIa9Pa （2）能源市场管理局，2017 年 电量平衡表，2005—2016 年

续表

时间	电网供电量	来源
2010 年	453.665 亿 kW·h（参考 1~5） 453.678 亿 kW·h（参考 6） 453.664 亿 kW·h（参考 7）	https：//www.ema.gov.sg/cmsmedia/Publications_and_Statistics/Statistics/15RSU.pdf （3）新加坡统计局，2017 年 电厂发电量：453.665 亿 kW·h （4）新加坡统计年鉴，2017 年 http：//www.singstat.gov.sg/docs/default-source/default-document-library/publications/publications_and_papers/reference/yearbook_2017/yos2017.pdf（第 343 页） （5）新加坡统计年鉴，2015 年 发电量和售电量（2008—2014 年） http：//istmat.info/files/uploads/50355/yearbook_of_statistics_singapore_2015.pdf（第 330 页） （6）新加坡统计年鉴，2012 年 发电量和售电量（2001 年，2006—2011 年）http：//staging.ilo.org/public/libdoc/igo/P/70490/70490（2012）319.pdf（第 309 页） （7）新加坡统计年鉴，2013 年 发电量和售电量（2006—2012 年）（第 327 页）
2011 年	459.994 亿 kW·h（参考 1~5） 459.993 亿 kW·h（参考 6） 459.984 亿 kW·h（参考 7）	（1）能源市场管理局，2017 年 总发电量（月和年）

续表

时间	电网供电电量	来 源
2011 年	459. 994 亿 kW·h（参考 1~5） 459. 993 亿 kW·h（参考 6） 459. 984 亿 kW·h（参考 7）	https://www.ema.gov.sg/statistic.aspx? sta_sid=20140802apItNJRIa9Pa （2）能源市场管理局，2017 年 电量平衡表，2005—2016 年 https://www.ema.gov.sg/cmsmedia/Publications_and_Statistics/Statistics/15RSU.pdf （3）新加坡统计局，2017 年 电厂发电量：459. 994 亿 kW·h （4）新加坡统计年鉴，2017 年 http://www.singstat.gov.sg/docs/default-source/default-document-library/publications/publications_and_papers/reference/yearbook_2017/yos2017.pdf （5）新加坡统计年鉴，2015 年 发电量和售电量（2008—2014 年） http://istmat.info/files/uploads/50355/yearbook_of_statistics_singapore_2015.pdf（第 330 页） （6）新加坡统计年鉴，2012 年 发电量和售电量（2001 年、2006—2011 年）http://staging.ilo.org/public/lib-doc/igo/P/70490/70490（2012）319.pdf（第 309 页） （7）新加坡统计年鉴，2013 年 发电量和售电量（2006—2012 年）（第 327 页）

续表

时间	电网供电量	来源
2012 年	469.362 亿 kW·h（参考 1~5） 469.360 亿 kW·h（参考 6）	（1）能源市场管理局，2017 年 总发电量（月和年） https：//www.ema.gov.sg/statistic.aspx? sta _ sid=20140802apItNJRIa9Pa （2）能源市场管理局，2017 年 电量平衡表，2005—2016 年 https：//www.ema.gov.sg/cmsmedia/Publications _ and _ Statistics/Statistics/15RSU.pdf （3）新加坡统计局，2017 年 电厂发电量：469.362 亿 kW·h （4）新加坡统计年鉴，2017 年 http：//www.singstat.gov.sg/docs/default－source/default－document－library/publications/publications _ and _ papers/reference/yearbook _ 2017/yos2017.pdf（第 343 页） （5）新加坡统计年鉴，2015 年 发电量和售电量（2008—2014 年） http：//istmat.info/files/uploads/50355/yearbook _ of _ statistics _ singapore _ 2015.pdf（第 330 页） （6）新加坡统计年鉴，2013 年 发电量和售电量（2006—2012 年）（第 327 页）

续表

时间	电网供电量	来源
2013年	479.635 亿 kW·h（参考 1~4） 479.484 亿 kW·h（参考 5）	(1) 能源市场管理局，2017 年 总发电量（月和年） https://www.ema.gov.sg/statistic.aspx? sta_sid=20140802apItNJRIa9Pa (2) 能源市场管理局，2017 年 电量平衡表，2005—2016 年 https://www.ema.gov.sg/cmsmedia/Publications_and_Statistics/Statistics/15RSU.pdf (3) 新加坡统计局，2017 年 电厂发电量：47963.5GW·h (4) 新加坡统计年鉴，2017 年 http://www.singstat.gov.sg/docs/default-source/default-document-library/publications/publications_and_papers/reference/yearbook_2017/yos2017.pdf（第 343 页） (5) 新加坡统计年鉴，2015 年 发电量和售电量（2008—2014 年） http://istmat.info/files/uploads/50355/yearbook_of_statistics_singapore_2015.pdf（第 330 页）
2014年	493.0965 亿 kW·h（参考 1 和 2） 493.097 亿 kW·h（参考 3 和 4） 493.045 亿 kW·h（参考 5）	(1) 能源市场管理局，2017 年 总发电量（月和年）

续表

时间	电网供电量	来　源
2014 年	493.0965 亿 kW·h（参考 1 和 2） 493.097 亿 kW·h（参考 3 和 4） 493.045 亿 kW·h（参考 5）	https：//www. ema. gov. sg/statistic. aspx? sta _ sid＝20140802apItNJRIa9Pa （2）能源市场管理局，2017 年 电量平衡表，2005—2016 年 https：//www. ema. gov. sg/cmsmedia/Publications _ and _ Statistics/Statistics/15RSU. pdf （3）新加坡统计局，2017 年 电厂发电量：493. 097 亿 kW·h （4）新加坡统计年鉴，2017 年 http：//www. singstat. gov. sg/docs/default - source/default - document - librar-y/publications/publications _ and _ papers/reference/yearbook _ 2017/yos2017. pdf（第 343 页） （5）新加坡统计年鉴，2015 年 发电量和售电量（2008—2014 年） http：//istmat. info/files/uploads/50355/yearbook _ of _ statistics _ singapore _ 2015. pdf（第 330 页）
2015 年	502. 716 亿 kW·h（参考 1~4）	（1）能源市场管理局，2017 年 总发电量（月和年） https：//www. ema. gov. sg/statistic. aspx? sta _ sid＝20140802apItNJRIa9Pa （2）能源市场管理局，2017 年 电量平衡表，2005—2016 年

时间	电网供电量	来　源
2015 年	502.716 亿 kW·h（参考 1～4）	https：//www.ema.gov.sg/cmsmedia/Publications_and_Statistics/Statistics/15RSU.pdf （3）新加坡统计局，2017 年 电厂发电量：502.716 亿 kW·h （4）新加坡统计年鉴，2017 年 http：//www.singstat.gov.sg/docs/default-source/default-document-library-y/publications/publications_and_papers/reference/yearbook_2017/yos2017.pdf（第 343 页）
2016 年[m]	515.866 亿 kW·h（参考 1～4）	（1）能源市场管理局，2017 年 总发电量（月和年） https：//www.ema.gov.sg/statistic.aspx?sta_sid=20140802apItNJRIa9Pa （2）能源市场管理局，2017 年 电量平衡表，2005—2016 年 https：//www.ema.gov.sg/cmsmedia/Publications_and_Statistics/Statistics/15RSU.pdf （3）新加坡统计局，2017 年 电厂发电量：515.866 亿 kW·h （4）新加坡统计年鉴，2017 年 http：//www.singstat.gov.sg/docs/default-source/default-document-library/pub-

续表

时间	电网供电电量（参考1~4）	来源
2016年[m]	515.866亿kW·h	lications/publications_and_papers/reference/yearbook_2017/yos2017.pdf（第343页）

a 某些年份报告的系统总供电量数据不一致。例如，1967年公用事业局报告中的1967年数据。这一点适用于所有情况。

b 新加坡统计局，M890841—发电量和用电量年度报告。http://www.tablebuilder.singstat.gov.sg/publicfacing/createDataTable.action? refId=3726。

c 根据1979年公用事业局年度报告，公用事业局从电厂发电量值包括1979年开始从环境部（ENV）废弃物回收焚化厂（WTE）购买电力。因此，1979年以后的系统总供电量仅反映电厂购得的电量。

d 新加坡统计局1979—1985年的系统总供电量并未反映从环境部废弃物回收焚化厂购得的电量。

e 除了电厂发电量之外，新加坡统计局1986—1994年的数据开始核算从环境部废弃物回收焚化厂购得的电量。这与脚注 d 的情况不同。新加坡统计局1979—1985年发电量数据并未核算从环境部废弃物回收焚化厂购得的电量。

f 1995年公用事业局年度报告中的发电量值可能存在错误。因为它提到与1994年相比，1995年发电量增加了7.0%（第33页）。新加坡统计局1995年发电量应为22122.3GW·h。但是，该值与新加坡统计局的值不对应。但是，新能源公司（新加坡统计局）购得的电量（新能源公司，私人函件，2017年11月）。

g 这意味着1995年的总供电量为22122.3GW·h，新加坡统计局1995年的数据包括电厂发电量和从环境部废弃物回收焚化厂购得的电量（新加坡统计局1995—1998年发电量数据的数据来源，新能源公司，私人函件，2017年11月）。新加坡统计局1995年发电量数据中的发电量值。但是，新能源公司的1996—1998年发电量数据包括电厂发电量和从环境部废弃物回收焚化厂购得的电量（新能源公司，私人函件，2017年11月）。

h 参见脚注 g。

i 参见脚注 g。1998年3月之前，新加坡统计局（SEP），"从环境部购得的电量"数据包括电厂发电量和从环境部废弃物回收焚化厂购得的电量。但是，由于1998年4月成立了新加坡电力库（SEP），"从环境部购得的电量"数据此后结转为"环境部的发电量"（新能源公司，2017年11月），私人函件。

j 新加坡统计局1995—1998年公用事业局年度报告中报告数据值有差异（脚注 f 和 g），但是新加坡统计局1999年的数据值与报告中的数据值相对应。

k 随着2000年自用发电厂的出现，2000年以后的发电量数据中还包括自用发电厂所产生的电量。"自用发电厂"是指"生产电力，但并不以发电量作为其主要活动的企业"。来源：https://www.ema.gov.sg/cmsmedia/Publications_and_Statistics/Publications/SES%202016/Publication_Singapore_Energy_Statistics_2016.pdf（第22页）。

l 新加坡统计局2003年以后发电量数据的数据来源（能源市场管理局）已确认，私人函件，2017年11月。

m 2016年1月起的数据包括太阳能发电厂发电量和用电量数据包括电厂发电和从环境部废弃物回收焚化厂发电量数据。http://www.tablebuilder.singstat.gov.sg/publicfacing/createDataTable.action? refId=3726。

4.2.2 水资源与食品加工的发展

新加坡在保障水库水质清洁所付出的努力对食品加工业产生了巨大影响。农业和养猪场被迁移或被淘汰。1965 年，家庭农场被视为食品安全的基本要素（Chou，2015；Kai，2012/2013）。当时有两万家农场，占用了约 25% 的土地（145km²），生产的蔬菜占全国总消费量的 60%。

随着新加坡的发展，农业已从传统行业演变为密集型和高科技行业，农场的数量和规模都有所减少。1960 年到 1967 年间，尽管农田面积缩小，但蔬菜、猪、牛、羊、家禽和蛋类的产值达 2.85 亿新加坡元。1964 年到 1990 年间，家庭农场在猪、家禽和蛋类方面已接近自给自足。同时，它们全年还为本土市场生产很多绿叶蔬菜（Chow，2015）。

但是，耕种和养殖与水污染的关联日趋密切。例如，实里达水库集水区居住着违章搭建者蔬菜种植农户、饲养猪和家禽的农民（新加坡议会，1968）。向水库输送水源的 8 条小河流域面积约 8000 英亩（约 48560 亩），这些区域没有任何保护（新加坡议会，1970），受到各种污染源的威胁。1968 年，当实里达水库修建时，由于无法重新安置农民和为其提供生计，因此，水源无法获得清洁保障。相反，公共厕所、垃圾坑和养猪场却建了起来，成本由政府和农民分摊（新加坡议会，1968 和 1970）。

1970 年，在 8 个流域总共有 361 个养猪场被迁移，692 个被拆除（新加坡议会，1970）。五年后，由于克兰芝水库遭受猪粪便污染，政府决定征用新加坡东北部榜鹅部分土地用于养猪业，无数家庭迁移到那里（新加坡议会，1976a）。被认定不合法的农户不得继续保留土地，作为补偿，允许一些家庭以优惠价格购置三居室公寓（新加坡议会，1976a）。在六年时间里，54.7 万头猪被迁移到榜鹅（托塔哈达等，2013）。渔业也受到开发活动的影响。随着樟宜机场的修建，由于填海的需要，25 座奎笼（捕鱼竹亭）被迁走，这影响了 60 名渔民及其家人的生计（新加坡议会，1976a）。

1980 年，政府决定不再给农民发放补助金，开始进行全商业化运行。1984 年，政府在粮食安全领域出台的最重要政策是，不再提倡粮食自给自足。由于土地面积有限，新加坡不会利用土地从事传统农业来达到自给自足，而是要从国际市场进口粮食，大力发展商品生产和服务业，从而取得竞争优势（高，1984）。

退休农民获得了一次性补偿。只要依据具体标准控制污染，未使用开发用地和希望保留自己农场的农户可以保留土地（新加坡议会，1984b）。随着农业用地和就业的减少，总产量不可逆地下降了，1989 年至 1990 年间养猪场彻底被淘汰（特克宁等，2008）。

保护水资源的措施不仅包括减少农业和家禽家畜养殖活动，还包括限制土地开发。1983 年到 1999 年间，城市化总体水平被限制在 34.1%，基于到 2005 年的预计发展趋势，人口密度被限制为每平方千米 1.98 万个住宅单位（谭，2015；托塔哈达等，2013）。

表 4.2 是对《1983 年集水区政策》的概述。此项政策可以追溯到 1971 年，成立污染调查机构，出台《水污染控制和排水法案》和《环境污染法案》等法律法规，实施污染控制措施，颁布城市化和人口密度限制等。

表 4.2　　　　　　　　1983 年集水区政策

时间	历史发展/重大事件
1971 年	设立污染调查机构。最初只针对克兰芝和班丹水库，最后负责对所有供水相关的污染防治工作进行监管
1972 年	国家发展部宣布，计划在克兰芝和班丹水库集水区重新规划农场，减少猪排泄物对水的污染
1974 年	内阁讨论高楼层养猪问题

时间	历史发展/重大事件
1975 年	养猪场搬迁
1975 年	出台《水污染控制和排水法案》，更有效地保护水资源并防止水污染。过去十年来，随着人口增长以及工业和经济的快速发展，需水量也有所增加，随着人们的生活日益富足，对健康及清洁环境的需求也相应增加； 在克兰芝和班丹集水区，养猪场和一些污染行业不得不搬迁到非集水区。在集水区，只允许无污染的行业和不产生污染的活动。从建筑物中流出的所有废水，包括工商业污水，都必须排入下水道，以尽量减少对溪流水和水渠水的污染。一些溪流水和水渠水会流入水库； 污水、排水和水污染控制权归水污染控制和排放相关部门管理，同时其也有权管理新加坡的水质、取水、储水和用水
1977 年	进一步讨论农民安置问题。拆除了初级产品局下属的森巴旺养猪场。保护水源比养猪更重要。在榜鹅开发了一个替代养猪区
1982 年	决定到 1984 年，逐步淘汰粪便桶，粪便桶的使用增加了感染疾病的风险，粪便处理工人总数下降； 安装 R2 污水处理系统
1983 年	出台《1983 年集水区政策》，主要规定： 建屋发展局获准开发密度标准为 1.98 万个住宅单位/km²； 已开发土地的面积限制为未经保护的集水面积（不包括水面）的 34.1%； 环境部和国家发展部协商拟定了污染控制措施清单
1983 年	《水污染控制和排水法案》新增第 14A 条，规定禁止向任何内陆水域排放有毒物质。处罚包括罚款和监禁。该法案针对任意倾倒有毒废物带来的水库水污染风险
1984 年	逐步拆除养猪场
1989 年	公用事业局在水库和集水区安置对水域无污染的娱乐活动，如钓鱼和划船
1999 年	《水污染控制和排水法案》与新《环境污染法案》下的《洁净空气法》和《排水法》合并。新法案第五部分的主题是水污染控制问题。部分要点： 根据第 15 条，任何人必须获得许可才能将工商业污水、油类、化学物质、污水或其他污染物质排放入下水道或土地；

续表

时间	历史发展/重大事件
1999 年	第 16 条规定土地占用者在排放工商业污水前必须先进行处理； 第 17 条规定禁止向任何内陆水域排放任何有毒有害物质； 第 18 条授权环境部责令任何将污染物质排放到任何土地或下水道或海里的人在规定时间内清除该物质； 第 19 条授权环境部要求行为人采取措施，防止因储存或运输有毒物质或其他污染物质而造成水污染
1999 年	集水区内高尔夫球场的污染控制措施： 定期密切监测径流水质； 监管高尔夫球场农药和化肥的使用，防止污染
1999 年	对《集水区政策》的审查结论是，水污染控制措施基本上是成功的，因此未受保护的集水区土地可以开放供住房以外的用途使用； 同时取消了城市化上限和人口密度限制； 升级水处理厂，满足已开发地区的水处理需求； 继续实施严格的污染控制措施，防止社区活动造成水污染

资料来源 新加坡宜居城市中心和公用事业局（2012）《水：从稀缺资源到国有资产》。新加坡城市系统研究小册子系列。国家发展部和环境及水源部。新加坡：圣智学习出版公司（亚洲）。

在实行了严格的水污染控制措施，同时取消了城市化和人口密度的限制后，《1983 年集水区政策》到 1999 年宣告结束。新加坡通过降低开发密度同时加强污染控制措施，确保了水质，即使是无保护措施的水源，水质也很好。

在农业方面，负责发展和规范当地农业的渔农业生产署，为水产养殖、园艺、畜牧业和其他服务领域中农业技术项目和服务的开发提供公开的投资机会。农田被改造成农业技术园区，为高科技农业服务（国家发展部，1989）。2000年 4 月，初级产品局改组为法定委员会，即农业食品和兽医局，职责范围扩大，还包括全球范围内粮食资源的多样化，同时将国家发展为农业技术和农业综合企业的区域中心（新加坡农业食品和兽医局，日期未注明）。

到 2000 年，新加坡本地农场生产只能供应 1.5％的家禽，10％的鱼，30％的鸡蛋和6％的蔬菜。多年来，大多数渔农食品需求都通过国外资源满足。由于源头情况不可预见，对粮食进口的严重依赖可能导致新加坡极易受到渔农食品断供的影响。因此，农业食品和兽医局的战略目的是继续使食物来源多样化（Tortajada和Zhang，2016），并增加通过新加坡进行的农产品和食品贸易量（新加坡议会，2000）。

2017年，新加坡颁布了农场改造计划，试图推行新一代农业理念，通过更少的资源，即更少的土地、更少的劳动力和更少的水资源满足农业生产的需要。加大利用垂直空间，更高效地利用屋顶和未得到充分利用的空间（新加坡市区重建局，2017）。这项计划是三个国家菜篮子计划的一部分：从全世界进口，国际化经营（包括开放新市场）和本土生产。农业仍然是新加坡未来的重要组成部分，但它将会出现很大变化：更加现代，更加高效，更加多产，也更加创新。

数十年来，水安全一直困扰着新加坡，粮食和能源安全也是。新加坡已经认识到，取得进步的唯一途径是长期规划，这一点在未来也不会动摇。

4.3 经验汲取和未来展望

新加坡水安全从广义上理解远远超越了传统定义的范畴。它是一项总体战略，其中包括与时俱进的政策、法律法规、治理体系和一个负责整个水循环的国家水管理机构（供水、卫生、海水淡化和污水循环利用并供给饮用和非饮用用途），以及一个利用循环水的商业计划，并面向社会每个领域制定教育和意识策略，鼓励研发和科技开发。

新加坡水安全研究的一个特点是创新。虽然只有有限的自然资源和较小的国土面积，一度不得不依赖外界的水源、能源和食品，但这并没有阻碍新加坡的发展，反而在规划、管理、发展、治理、研究和科技应用方面促发了无数创新。

这些创新得益于在政治和政策层面上多次论证。决策者深入地进行了讨论，因为他们注定要以最务实的态度来采取行动，即使在政策执行后，仍然力图改进和修改。

公用事业局在建立水源方面投入巨资，包括开发本土集水区和从柔佛进口水资源，保护水资源和通过新生水和海水淡化来生产淡水。所有投资都得到了回报。水资源的投资组合为水安全做出了贡献，预计在充满未知、唯一已知就是变化的未来，这些投资还会继续作出更多贡献。

基于独特的岛屿地理位置，新加坡无法与其他许多城市相比较。由于它缺乏可提供自然资源的腹地，而且部分水、粮食和能源还需进口，对困境的从容应对和处理则至关重要，这一点已被历史经验所证明。这意味着这座小岛始终在消除发展对环境的不良影响，但这也意味着始终将在最高政治层面制定所有与发展相关的决策（Ng，2018）。

新加坡将水资源问题统筹考虑，不仅开展全面综合规划，还能跨越水行业界限，着眼于整体发展。正如有些专家的观点（Neo 和 Chen，2007），决策遵循了"前瞻、反思和跨领域思考"的理念，为水资源管理提供了一种全面、整体的视野。依据这种理念，决策会考虑到未来可能发生的情况（前瞻），根据不同情境重新评估和修改决策并进行反思（反思），借鉴全世界的经验和专长来充实其知识库和进行跨领域思考，将其落实到水资源管理领域（跨领域思考）。

在不确定的情况下，为了增加水资源，向所有用户和为所有用途供应清洁水，这个城市国家需要制定更加全面的策略，更关注水需求，充分利用定价，鼓励公众参与，加深对人类行为的理解。行为经济学作为一个新的知识领域，有望为减少用水量提供新途径，从而创造出急需的"新水源"。

考虑到它的水安全目标，新加坡未来的总体发展计划需要更加关注社会反响。除非水安全和水生态修复得到社会重视，否则这个城市国家未来还会面临困难时期。新加坡在过去表现卓越，但未来是不确定的。它的供水系统在应对持续性干旱方面还不够稳健，在能源可利用性和价格方面，新加坡不具备话语权。为应对不确定的未来，规划中要纳入更多的创新内容。这不仅需要汲取过去的经验教训，还需要更多引领这个城市国家达到目前先进水平的具有高度系统化和前瞻性的政策创新和实施。

参 考 文 献

Agri – Food & Veterinary Authority of Singapore (n. d.) Types of farming activities in agrotechnology parks. AVA，Singapore

Buurman J，Tortajada C，Biswas AK (Forthcoming) The water story of Singapore. World Bank report

Centre for Liveable Cities and PUB National Water Agency (2012) WATER：from scarce resource to national asset. Singapore's urban systems studies booklet series. Ministry of National Development and Ministry of Environment and Water Resources. Cengage Learning Asia，Singapore

Chang CY，Ng BY，Singh P (2005) Roundtable on Singapore – Malaysia relations：mending fences and making good neighbours. Trends in Southeast Asia Series，16. Institute of Southeast Asian Studies，Singapore

Chou C (2015) Agriculture and the end of farming in Singapore. In：Barnard T (ed) Nature contained：environmental histories of Singapore. NUS Press，Singapore，pp 216 – 240

Chow WTL (2017) The impact of weather extremes on urban resilience to hydro – climate hazards：a Singapore case study. Inter J Water Resour Develop. Published online 10 July 2017. http：//dx. doi. org/10. 1080/07900627. 2017. 1335186

De Koninck R，Drolet J，Girard M (2008) Singapore：an atlas of perpetual territorial transformation. NUS Press，Singapore

Dhillon KS (2009) Malaysian foreign policy in the Mahathir Era 1981 – 2003：dilemmas of development. NUS Press，Singapore

Energy Market Authority (2016) Piped natural gas and liquefied natural gas. Singapore Government. https：//www. ema. gov. sg/Piped _ Natural _ Gas _ and _ Liquefied _ Natural _ Gas. aspx

Energy Market Authority (2017a) Singapore energy story. Singapore Government.

https：//www. ema. gov. sg/ourenergystory. aspx

Energy Market Authority (2017b) Accessibility: powering our homes. Singapore Government. https：//www. ema. gov. sg/cmsmedia/About – Us/Singapore – Energy – Story/PDF/02. %20Accessibility. pdf

Energy Market Authority (2017c) Singapore energy statistics. Singapore Government. https：//www. ema. gov. sg/cmsmedia/Publications _ and _ Statistics/Publications/SES17/Publication _ Singapore _ Energy _ Statistics _ 2017. pdf

Goh KS (1984) Self – sufficiency not the aim. Straits Times, 18 March, p. 9

Government Gazette (1990) Treaties Supplement No. 1. Singapore

Joshi YK, Tortajada C, Biswas AK (2012a) Cleaning of the Singapore River and Kallang Basin in Singapore: human and environmental dimensions. AMBIO 41 (7): 777 – 781

Joshi YK, Tortajada C, Biswas AK (2012b) Cleaning of the Singapore River and Kallang Basin in Singapore: economic, social and environmental dimensions. Int J Water Resour Dev 28 (4): 647 – 658

Kai PY (2012/13) Pig farming and the state: rethinking rural development in post – independence Singapore (1065 – 1990). Department of History, National University of Singapore, Singapore

Kog YC (2001) Natural resource management and environmental security in Southeast Asia: case study of clean water supplies in Singapore. Institute of Defence and Strategic Studies, Singapore

Kog YC, Jau ILF, Ruey JLS (2002) Beyond vulnerability? Water in Singapore – Malaysia relations. IDSS Monograph No. 3. Institute of Defence and Strategic Studies, Singapore

Lee PO (2003) The water issue between Singapore and Malaysia: no solution in sight? Economic and finance. Institute of Southeast Asian Studies, Singapore, p 1

Lee PO (2005) Water management issues in Singapore. Paper presented at water in Mainland Southeast Asia, Siem Reap, Cambodia. Conference organised by the International Institute for Asian Studies, Netherlands, and the Centre for Khmer Studies, Cambodia, 29 Nov – 2 Dec 2005

Lee PO (2010) The four taps: water self – sufficiency in Singapore. In: Chong T (ed) Management of success: Singapore revisited. Institute of Southeast Asian Studies, Singapore, pp 417 – 439

Long J (2001) Desecuritizing the water issue in Singapore – Malaysia relations.

Contemporary Southeast Asia 23 (3): 504 – 532

Luan IOB (2010) Singapore water management policies and practices. Int J Water Resour Dev 26 (1): 65 – 80

Ministry of Information, Communications and the Arts (2003) Ministerial Statement by Prof. S. Jayakumar, Singapore Minister for Foreign Affairs in the Singapore Parliament on 25 January 2003. In: Water talks? If only it could (Annex A, 67 – 80). Singapore, https: //www. mfa. gov. sg/content/mfa/media _ centre/ special _ events/water. html

Ministry of National Development (1989). Annual report 1989. Singapore

Mohamad K (2015) Malaysia – Singapore: fifty years of contentions 1965 – 2015. The Other Press, New York

National Economic Action Council (2003). Water: The Singapore – Malaysia dispute: the facts. Kuala Lumpur

Neo BS, Chen G (2007) Dynamic governance: embedding culture, capabilities and change in Singapore. World Scientific, Singapore

Ng PJH (2018) Singapore: Transforming water scarcity into a virtue. In: Biswas AK, Tortajada C, Rohner P (eds) Assessing global water megatrends. Springer, Singapore, pp 179 – 186

Parliament of Singapore (1965) Parliament No: 1, Session No: 1, Volume No: 24, Sitting No: 1, Sitting Date: 08 – 12 – 1965, Addenda, Law. https: //sprs. parl. gov. sg/search/topic. jsp? currentTopicID=00052067 – ZZ&currentPubID= 00069129 – ZZ&topicKey=00069129 – ZZ. 00052067 – ZZ _ 1%2Bid015 _ 19651208 _ S0004 _ T00121 – president – address%2B

Parliament of Singapore (1966a) Parliament No: 1, Session No: 1, Volume No: 25, Sitting No: 5, Sitting Date: 26 – 08 – 1966, Title: Employment of Contract Labour by Government. https: //sprs. parl. gov. sg/search/topic. jsp? currentTopicID = 00052529 – ZZ&currentPubID = 00069148 – ZZ&topicKey = 00069148 – ZZ. 00052529 – ZZ _ 1%2Bid033 _ 19660826 _ S0005 _ T00161 – motion%

Parliament of Singapore (1966b) Parliament No: 1, Session No: 1, Volume No: 25, Sitting No: 6, Sitting Date: 26 – 10 – 1966, Title: Land Acquisition Bill (As reported from Select Committee). https: //sprs. parl. gov. sg/search/topic. jsp? currentTopicID= 00052571 – ZZ&currentPubID = 00069149 – ZZ&topicKey = 00069149 – ZZ. 00052571 – ZZ _ 1%2Bid039 _ 19661026 _ S0003 _ T00111 – bill%2B

Parliament of Singapore (1966c) Parliament No: 1, Session No: 1, Volume No: 25, Sitting No: 7, Sitting Date: 05 – 12 – 1966, Title: Annual Budget Statement. https: //sprs. parl. gov. sg/search/topic. jsp? currentTopicID ＝ 00052610 – Z&currentPubID＝00069150 – ZZ&topicKey＝00069150 – ZZ. 00052610 – ZZ ＿ 1％ 2Bid035 ＿ 19661205 ＿ S0005 ＿ T00201 – budget％2B

Parliament of Singapore (1967a) Parliament No: 1, Session No: 1, Volume No: 26, Sitting No: 6, Sitting Date: 14 – 11 – 1967, Title: Water – Borne Sewerage System in Upper Serangoon Area. https: //sprs. parl. gov. sg/search/topic. jsp? currentTopicID ＝ 00053136 – ZZ&currentPubID ＝ 00069170 – ZZ&topicKey ＝ 00069170 – ZZ. 00053136 – ZZ ＿ 1％2Bid011 ＿ 19671114 ＿ S0004 ＿ T00191 – oral – answer％2B

Parliament of Singapore (1967b) Parliament No: 1, Session No: 1, Volume No: 26, Sitting No: 9, Sitting Date: 11 – 12 – 1967, Title: First Supplementary Estimates of Expenditure for 1967 and First Supplementary Development Estimates of Expenditure for 1967. https: //sprs. parl. gov. sg/search/topic. jsp? currentTopicID＝ 00053186 – ZZ&currentPubID ＝ 00069173 – ZZ&topicKey ＝ 00069173 – ZZ. 00053186 – ZZ ＿ 1％2Bid009 ＿ 19671211 ＿ S0003 ＿ T00031 – budget％2B

Parliament of Singapore (1968) Parliament No: 2, Session No: 1, Volume No: 28, Sitting No: 9, Sitting Date: 20 – 12 – 1968, Title: Budget, Loans and General. https: //sprs. parl. gov. sg/search/topic. jsp? currentTopicID ＝ 00053754 – ZZ&currentPubID＝00069203 – ZZ&topicKey＝00069203 – ZZ. 00053754 – ZZ ＿ 1％ 2Bid003 ＿ 19681220 ＿ S0002 ＿ T00061 – budget％2B

Parliament of Singapore (1969) Parliament No: 2, Session No: 1, Volume No: 29, Sitting No: 4, Sitting Date: 22 – 12 – 1969, Title: Modern Sanitation throughout Singapore. https: //sprs. parl. gov. sg/search/topic. jsp? currentTopicID ＝ 00053999 – ZZ&currentPubID ＝ 00069211 – ZZ&topicKey ＝ 00069211 – ZZ. 00053999 – ZZ ＿ 1％2Bid013 ＿ 19691222 ＿ S0005 ＿ T00231 – oral – answer％2B

Parliament of Singapore (1970) Parliament No: 2, Session No: 1, Volume No: 29, Sitting No: 11, Sitting Date: 19 – 03 – 1970, Title: Budget, Contributions and Charitable Allowances. https: //sprs. parl. gov. sg/search/topic. jsp? currentTopicID＝ 00054164 – ZZ&currentPubID ＝ 00069218 – ZZ&topicKey ＝ 00069218 – ZZ. 00054164 – ZZ ＿ 1％ 2Bid007 ＿ 19700319 ＿ S0002 ＿ T00031 – budget％2B

Parliament of Singapore (1971) Parliament No: 2, Session No: 2, Volume No: 31, Sitting No: 1, Sitting Date: 21 – 07 – 1971, Title: Addenda, Public Utilities Board. https: //sprs. parl. gov. sg/search/topic. jsp? currentTopicID ＝ 00054713 –

ZZ&currentPubID＝00069244－ZZ&topicKey＝00069244－ZZ.00054713－ZZ＿1％
2Bid005＿19710721＿S0003＿T00151－president－address％2B

Parliament of Singapore（1975）Parliament No：3，Session No：2，Volume No：
34，Sitting No：1，Sitting Date：21－02－1975，Title：Addenda，Ministry of
the Environment. https：//sprs. parl. gov. sg/search/topic. jsp？currentTopicID＝
00055948－ZZ&currentPubID＝00069302－ZZ&topicKey＝00069302－ZZ.
00055948－ZZ＿1％2Bid011＿19750221＿S0003＿T00151－president－address％
2B

Parliament of Singapore（1976a）Parliament No：3，Session No：2，Volume No：35，
Sitting No：4，Sitting Date：17－03－1976，Title：Budget，Ministry of National
Development. https：//sprs. parl. gov. sg/search/topic. jsp？currentTopicID ＝
00056283 － ZZ&currentPubID ＝ 00069323 － ZZ&topicKey ＝ 00069323 －
ZZ.00056283－ZZ＿1％2Bid003＿19760317＿S0002＿T00031－budget％2B112

C. Tortajada and C. Wong

Parliament of Singapore（1976b）Parliament No：3，Session No：2，Volume No：
35，Sitting No：12，Sitting Date：03－09－1976，Title：Water Supply in Ju-
rong（Salt content）. https：//sprs. parl. gov. sg/search/topic. jsp？currentTopi-
cID＝00056368－ZZ&currentPubID＝00069331－ZZ&topicKey＝00069331－ZZ.
00056368－ZZ＿1％2Bid004＿19760903＿S0006＿T00261－oral－answer％2B

Parliament of Singapore（1981）Parliament No：5，Session No：1，Volume No：
40，Sitting No：1，Sitting Date：03－02－1981，Title：Addenda，Ministry of
Trade and Industry. https：//sprs. parl. gov. sg/search/topic. jsp？currentTopi-
cID＝00057893－ZZ&currentPubID＝00069408－ZZ&topicKey＝00069408－ZZ.
00057893－ZZ＿1％2Bid010＿19810203＿S0005＿T00192－president－address％
2B

Parliament of Singapore（1982a）Parliament No：5，Session No：1，Volume No：41，
Sitting No：9，Sitting Date：15－03－1982，Title：Debate on Annual Budget State-
ment. https：//sprs. parl. gov. sg/search/topic. jsp？currentTopicID＝00058381－
ZZ&currentPubID＝00069431－ZZ&topicKey＝00069431－ZZ.00058381－ZZ＿
1％2Bid010＿19820315＿S0004＿T00041－budget％2B

Parliament of Singapore（1982b）Parliament No：5，Session No：1，Volume No：41，
Sitting No：12，Sitting Date：18－03－1982，Title：Budget，Ministry of the
Environment. https：//sprs. parl. gov. sg/search/topic. jsp？currentTopicID ＝
00058415 － ZZ&currentPubID ＝ 00069434 － ZZ&topicKey ＝ 00069434 －
ZZ.00058415－ZZ＿1％2Bid007＿19820318＿S0002＿T00061－budget％2B

Parliament of Singapore (1984b) Parliament No. 5, Session No: 1, Vol. 44, Sitting No: 1, Sitting Date: 29 – 06 – 1984, Title: Pig Farming (Phasing Out), Official Reports – Parliamentary Debates (Hansard)

Parliament of Singapore (1985a) Parliament No: 6, Session No: 1, Volume No: 45, Sitting No: 17, Sitting Date: 28 – 03 – 1985, Title: Water Demand (Growth rate and conservation). https: //sprs. parl. gov. sg/search/topic. jsp? currentTopicID＝00059454 – ZZ&currentPubID＝00069491 – ZZ&topicKey＝00069491 – ZZ. 00059454 – ZZ ＿ 1％2Bid004 ＿ 19850328 ＿ S0005 ＿ T00111 – oral – answer％2B

Parliament of Singapore (1985b) Parliament No: 6, Session No: 1, Volume No: 46, Sitting No: 2, Sitting Date: 15 – 05 – 1985, Title: Parliamentary Opposition (Motion). https: //sprs. parl. gov. sg/search/topic. jsp? currentTopicID＝ 00059529 – ZZ&currentPubID ＝ 00069494 – ZZ&topicKey ＝ 00069494 – ZZ. 00059529 – ZZ ＿ 1％2Bid006 ＿ 19850515 ＿ S0002 ＿ T00021 – motion％2B

Parliament of Singapore (1986) Parliament No: 6, Session No: 2, Volume No: 48, Sitting No: 9, Sitting Date: 09 – 12 – 1986, Title: Water Supply. https: // sprs. parl. gov. sg/search/topic. jsp? currentTopicID ＝ 00060254 – ZZ&currentPubID＝00069525 – ZZ&topicKey＝00069525 – ZZ. 00060254 – ZZ ＿ 1％2Bid014 ＿ 19861209 ＿ S0005 ＿ T00221 – oral – answer％2B

Parliament of Singapore (1989) Parliament No: 7, Session No: 1, Volume No: 53, Sitting No: 12, Sitting Date: 28 – 03 – 1989, Title: Gas and Water Agreement (Progress report). https: //sprs. parl. gov. sg/search/topic. jsp? currentTopicID ＝ 00061566 – ZZ&currentPubID ＝ 00069596 – ZZ&topicKey ＝ 00069596 – ZZ. 00061566 – ZZ ＿ 1％2Bid002 ＿ 19890328 ＿ S0005 ＿ T00091 – oral – answer％2B

Parliament of Singapore (1990a) Parliament No: 7, Session No: 2, Volume No: 56, Sitting No: 1, Sitting Date: 07 – 06 – 1990, Title: Addenda, Ministry of Trade and Industry. https: //sprs. parl. gov. sg/search/topic. jsp? currentTopicID ＝ 00062090 – ZZ&currentPubID ＝ 00069626 – ZZ&topicKey ＝ 00069626 – ZZ. 00062090 – ZZ ＿ 1％2Bid016 ＿ 19900607 ＿ S0003 ＿ T00151 – president – address％2B

Parliament of Singapore (1990b) Parliament No: 7, Session No: 2, Volume No: 56, Sitting No: 4, Sitting Date: 13 – 06 – 1990, Title: Debate on President's Address. https: //sprs. parl. gov. sg/search/topic. jsp? currentTopicID ＝ 00062110 – ZZ&currentPubID＝00069629 – ZZ&topicKey＝00069629 – ZZ. 00062110 – ZZ ＿ 1％2Bid005 ＿ 19900613 ＿ S0006 ＿ T00081 – president – address％2B

Parliament of Singapore (1998a) Parliament No: 9, Session No: 1, Volume No: 68, Sitting No: 15, Sitting Date: 20 - 04 - 1998, Title: Underground Water Resources. https: //sprs. parl. gov. sg/search/topic. jsp? currentTopicID = 00066089 - ZZ&currentPubID=00069806 - ZZ&topicKey=00069806 - ZZ. 00066089 - ZZ _ 1％2Bid007 _ 19980420 _ S0005 _ T00261 - oral - answer％2B

Parliament of Singapore (1998b) Parliament No: 9, Session No: 1, Volume No: 69, Sitting No: 5, Sitting Date: 03 - 08 - 1998, Title: Water Supply from Riau Islands (Progress of discussions with Indonesian government). https: //sprs. parl. gov. sg/search/topic. jsp? currentTopicID = 00066344 - ZZ&currentPubID= 00069811 - ZZ&topicKey= 00069811 - ZZ. 00066344 - ZZ _ 1％2Bid010 _ 19980803 _ S0004 _ T00171 - oral - answer％2B

Parliament of Singapore (2000) Parliament No: 9, Session No: 2, Volume No: 71, Sitting No: 20, Sitting Date: 17 - 03 - 2000, Title: Agri - Food and Veterinary Authority Bill. https: //sprs. parl. gov. sg/search/topic. jsp? currentTopicID = 00067427 - ZZ&currentPubID = 00069859 - ZZ&topicKey = 00069859 - ZZ. 00067427 - ZZ _ 1％2Bid008 _ 20000317 _ S0002 _ T00021 - bill％2B

Parliament of Singapore (2001a) Parliament No: 9, Session No: 2, Volume No: 72, Sitting No: 13, Sitting Date: 12 - 01 - 2001, Title: Water Supply in Singapore (Plans to achieve self - sufficiency). https: //sprs. parl. gov. sg/search/topic. jsp? currentTopicID=00067761 - ZZ&currentPubID=00069872 - ZZ&topicKey= 00069872 - ZZ. 00067761 - ZZ _ 1％ 2Bid007 _ 20010112 _ S0007 _ T00351 - oral - answer％2B

Parliament of Singapore (2003a) Parliament No: 10, Session No: 1, Volume No: 76, Sitting No: 1, Sitting Date: 28 - 02 - 2003, Title: Newater and Desalinated Water. https: //sprs. parl. gov. sg/search/topic. jsp? currentTopicID= 00063042 - ZZ&currentPubID = 00069931 - ZZ&topicKey = 00069931 - ZZ. 00063042 - ZZ _ 1％2Bid007 _ 20030228 _ S0007 _ T00221 - oral - answer％2B

Parliament of Singapore (2003b) Parliament No: 10, Session No: 1, Volume No: 76, Sitting No: 10, Sitting Date: 19 - 03 - 2003, Title: Budget, Ministry of the Environment. https: //sprs. parl. gov. sg/search/topic. jsp? currentTopicID = 00063153 - ZZ&currentPubID = 00069940 - ZZ&topicKey = 00069940 - ZZ. 00063153 - ZZ _ 1％2Bid002 _ 20030319 _ S0002 _ T00031 - budget％2B

Parliament of Singapore (2010) Parliament No: 11, Session No: 2, Volume No: 86, Sitting No: 17, Sitting Date: 02 - 03 - 2010, Title: Debate on Annual Budget Statement. https: //sprs. parl. gov. sg/search/topic. jsp? currentTopicID = 00004216 -

WA&currentPubID = 00004797 - WA&topicKey = 00004797 - WA. 00004216 - WA _ 1％2B％2B

Parliament of Singapore（2016a）Parliament No: 13, Session No: 1, Volume No: 94, Sitting No: 3, Sitting Date: 26 - 01 - 2016, Title: Debate on President's Address. https: //sprs. parl. gov. sg/search/topic. jsp? currentTopicID = 00008478 - WA&currentPubID = 00008481 - WA&topicKey = 00008481 - WA. 00008478 - WA _ 7％2Bpresident - address％2B

Parliament of Singapore（2016b）Parliament No: 13, Session No: 1, Volume No: 94, Sitting No: 22, Sitting Date: 15 - 08 - 2016, Title: Supply, Demand and Pricing of Water. https: //sprs. parl. gov. sg/search/topic. jsp? currentTopicID = 00009653 - WA&currentPubID = 00009645 - WA&topicKey = 00009645 - WA. 00009653 - WA _ 8％2BhansardContent43a675dd - 5000 - 42da - 9fd5 - 40978d79310f％2B

Parliament of Singapore（2017a）Parliament No: 13, Session No: 1, Volume No: 94, Sitting No: 36, Sitting Date: 01 - 03 - 2017, Title: Debate on Annual Budget Statement. https: //sprs. parl. gov. sg/search/topic. jsp? currentTopicID = 00010940 - WA&currentPubID = 00010938 - WA&topicKey = 00010938 - WA. 00010940 - WA _ 2％2Bid - 3da617fa - 3711 - 4d78 - b7f1 - 2986c382f3fc％2B

Parliament of Singapore（2017b）Parliament No: 13, Session No: 1, Volume No: 94, Sitting No: 40, Sitting Date: 07 - 03 - 2017, Title: Committee of Supply - Head T（Ministry of National Development）. http: //sprs. parl. gov. sg/search/topic. jsp? currentTopicID = 00011001 - WA&currentPubID = 00010994 - WA&topicKey = 00010994 - WA. 00011001 - WA _ 3％2Bid - bf854de9 - 30f3 - 45c0 - 9eb2 - 5a56ca294f1e％2B

Parliament of Singapore（2017c）Parliament No: 13, Session No: 1, Volume No: 94, Sitting No: 41, Sitting Date: 08 - 03 - 2017, Title: Committee of Supply - Head L（Ministry of the Environment and Water Resources）. https: //sprs. parl. gov. sg/search/topic. jsp? currentTopicID = 00011012 - WA&currentPubID = 00011010 - WA&topicKey = 00011010 - WA. 00011012 - WA _ 1％2Bid - 932a9c8f - 5443 - 4d32 - aaac - f345f0140862％2B

PUB（Public Utilities Board）（n. d. ）NEWater. Singapore. https: //www. pub. gov. sg/watersupply/fournationaltaps/newater

Salleh M（2014）Singapore in no danger of water shortage, but conserving water still important: Balakrishnan. Straits Times, 13 Feb. http: //www. straitstimes. com/

singapore/singapore – in – nodanger – of – water – shortage – but – conserving – water – still – important – balakrishnan

Saw SH，Kesavapany K（2006）Singapore – Malaysia relations under Abdullah Badawi. Institute of Southeast Asian Studies，Singapore

Senoko （1976 ） Media resources. http：//www. senokoenergy. com/media – resources

Senoko (2014). Steam power plant. http：//www. senokoenergy. com/downloads/downloadableform/Senoko＿Stage＿III. pdf

Shiraishi T（ed）（2009）Across the causeway：a multidimensional study of Malaysia – Singapore relations. Institute of Southeast Asian Studies，Singapore

Sidhu JS （2006） Malaysia – Singapore relations since 1998：a troubled past—whither a brighter future? In：Harun R （ed） Malaysia's foreign relations：issues and challenges. University Malaya Press，Kuala Lumpur，pp 75 – 92

Singapore Department of Statistics （2017a） Singapore in figures. https：//www. singstat. gov. sg/docs/default – source/default – document – library/publications/publications＿and＿papers/reference/sif2017. pdf

Tan YS，Lee TJ，Tan K（2008）Clean，green and blue：Singapore's journey towards environmental and water sustainability. ISEAS，Singapore

Tan YS（2015）50 years of environment：Singapore's journey towards environmental sustainability. World Scientific，Singapore

Tortajada C（2016）Preparing for drought. Straits Times，18 Oct. http：//www. straitstimes. com/opinion/preparing – for – drought

Tortajada C，Joshi Y，Biswas AK（2013）The Singapore water story：sustainable development in an urban city state. Routledge，London

Tortajada C，Pobre K（2011）The Singapore – Malaysia water relationship：an analysis of the media perspectives. Hydrol Sci J 56（4）：597 – 614

Tortajada C，Zhang H （2016） Food policy in Singapore. In：Food sciences. Elsevier，pp 1 – 7

Tsang S，Perera A（2011）Singapore at random. Didier Millet Editions，Singapore

Urban Redevelopment Authority （2017） Growing more with less （6 September31 October）. Singapore. https：//www. ura. gov. sg/uol/urbanlab/visit – exhibition/current/Growing – More – With – Less

第5章 当前和未来中亚水安全面临的挑战

作者：斯蒂法诺·耶那里耶斯（Stefanos Xenarios）、
罗南·申哈夫（Ronan Shenhav）、
伊斯坎达·阿卜杜拉耶夫（Iskandar Abdullaev）、
阿尔贝托·马斯泰拉里（Alberto Mastellari）

摘要：中亚水安全的概念自提出以来，历经多年演变，该理念试图将广阔的中亚跨界河流网络划分为以吉尔吉斯斯坦、塔吉克斯坦为代表的上游国，和以乌兹别克斯坦、哈萨克斯坦、土库曼斯坦为代表的下游国。苏联时期，人们相信工程和技术必定战胜大自然，因此建设了各类水利设施，应用了大量机械装置。上游的梯级水电站通过放水发电获得能源，同时下游大量的供水和排水管网及大型泵站主要为棉花这种单一作物提供水源。1991年苏联解体后，获得独立的下游国家水安全成为了获得充足农业生产灌溉用水的代名词，而上游国家水安全被解读为不断增加的水力发电产能。尽管如此，中亚地区水资源的跨界属性在很大程度上决定了，中亚各国间需要采取协同的国家政策并相互妥协，以共同实现区域水安全。研究表明，要使五国对水安全概念达成共识，需要处理好地理、体制和历史等方面的挑战。本章提倡采用当下时兴的全流域管理模式，这一重要改革将有助于完善沿岸各国在水资源管理方面采取的共同举措。本章还关注到，国家间和区域组织正在加倍努力，希望通过采取有效的解决方案，实现对中亚跨界水资源更加优化的配置。

5.1 概述

中亚是世界上为数不多的水安全与能源、粮食、环境问题紧密交织的地区之一，地貌特征多样，既有绵延的山脉和丰沛的淡水资源，也有大草原和贫瘠的荒漠，使得人们对该地区水安全提出了各种不同的观点。

喀喇昆仑山脉、帕米尔和天山山脉被称为中亚"水塔"。同时，这里还有除极地之外全球最大的冰川（Davies，2017）。塔吉克斯坦和吉尔吉斯斯坦之间形成了庞大的河网水系，河水流经整个地区并最终汇入咸海。位于下游的土库曼斯坦、乌兹别克斯坦和哈萨克斯坦位于这些河流沿岸的广袤平原上，这些平原大部分已成为大型灌区。这里也被大自然赐予了丰富的化石能源（包括煤、石油和天然气）（Sehring 和 Diebold，2012）。

所有中亚国家都曾经历过苏联时期，当时人们就已经清醒地认识到水安全涉及很多要素，依赖于能源、农业和环境等方面（Freedman 和 Neuzil，2015）。苏联时期，水量丰沛的上游地区在春夏季为下游地区提供灌溉用水。作为交换，上游地区可在冬季获得煤、石油和天然气用于取暖和照明，还可获得粮食和其他工农业产品。

然而，中亚各国进行的高强度农业生产把主要精力放在了棉花产量上，同时，因过度使用地表水而付出了巨大的生态代价，最典型的影响就是咸海的退化和萎缩。中亚面临的自然环境（主要是水资源）退化对水、能源和粮食资源造成了严重影响，其后果时至今日依然可见（Malsy 等，2012）。

1991 年实现独立以后，中亚各国都有了不同愿景，努力争取自身发展。这使得水安全的概念从地区模式变成了国家政策，而其中由地缘政治导致的相互依存关系似乎不再是最为重要的（Zakhirova，2013）。在上游国家中，水安全多被解读为能源独立、减少水灾以及为农牧业提供充足的用水。对于下游国家，水安全主要意味着支持密集型农业、渔业和牧业，以及减少缺水事件。但是，中亚跨界水资源对整个地区的能源、水、农业发展极其重要，因此，仍离不开地区水安全的概念（Rasul 和 Sharma，2014）。如果上下游邻国无法达成一致和妥协，中亚各国的水安全都将难以实现。

本研究首先从咸海流域出发，阐释了水安全的区域背景。咸海是中亚主要河流的汇合处，全流域人口约 6000 万（联合国粮食及农业组织，2013）。这一地区有着共同的苏联历史，从而形成了水安全和地区相互依存等理念，这也更好地解释了中亚各国的现状。其次，进一步描述了地理和社会经济差异，以及上下游各国的目标、优先重点和强大的相互依存关系。随后，讨论了从行政管理模式向流域管理模式过渡期间产生的机制和技术参数的变化。最后，为应对中亚地区水安全的未来挑战，提出了政策建议。

5.2　苏联的遗产和区域相互依存

中亚国家是世界上水资源最为密集的经济体之一，人均用水量为 2200m^3/a，其中近 90% 的水资源用于灌溉（Sehring 和 Diebold，2012）。早在 20 世纪 30 年代，土库曼斯坦、乌兹别克斯坦和塔吉克斯坦的部分地区就形成了单一棉花栽培，称为"白色黄金的独裁统治"（Kulchik 等，1996）。中亚转型成为全苏联的棉花主产区。20 世纪 60 年代，整个地区的农业机械化促使灌溉系统不断强化。具备灌溉条件的农田被优先选出来，用于种植需水量大的棉花，为此，苏联建造了大量水库、供水管网、排水管网和大型泵站。

灌区的部分管理由苏联各共和国负责，但整体流程由位于莫斯科的苏联农业水利部统一负责（Horsman，2003）。苏联政府作为最高决策者，指导着有关程序并负责解决争端

（Weinthal，2002）。在苏联时期，位于中亚的五个加盟共和国并未把水资源问题视为争端，其内部的边界问题也无人问津。温特尔（Weinthal）（2002）认为，"在苏联时期，中亚各共和国并不担心谁对咸海流域的淡水资源使用享有明确的法律权利，因为这条水系被认为是完全属于苏联领土范围内的国内资源。"但在某些情况下，一些共和国也确实对中央政府的关于水资源分配决议表示过抗议（Wegerich 等，2016）。

从苏联时期开始的高强度灌溉，给中亚最大的两条河流——阿姆河和锡尔河流域的地表水和地下水带来了较大的用水压力。由于取水量多于该地区可再生补给的水资源量，咸海随后出现了大范围的萎缩。过度取水还导致了其他大范围的环境问题，例如持续蒸发和盐碱化，都与水污染和过度灌溉有关（Oren 等，2010）。

到 21 世纪初，咸海 90％以上的面积已经干涸，对整个地区产生了巨大影响，被认为是历史上最严重的人为生态灾害之一。直到十年前，哈萨克斯坦才着手缓解其影响，恢复了原始湖区面积的约 20％（哈萨克斯坦绿色能源计划，2017）。咸海最初面积达到了 6.8 万 km^2。

苏联时期的水资源管理是按照"用水区"或"灌溉区"并根据供水体系的不同类型和用途来划分的。有的地区只能使用从地下深处开采的地下水，有的地区可通过大型泵站将河水引入灌溉渠道，还有部分地区采取地表水和地下水结合使用的方式（Thurman，2001）。在大多情况下，灌区穿越了各共和国的边界（Wegerich 等，2012；Pak 和 Wegerich，2014）。比如，在费尔干纳山谷的锡尔河流域有 6 个灌溉区，其中 3 个跨界。跨界区包括了几乎所有中亚国家的灌溉面积，例如，恰基尔区包括了哈萨克斯坦、吉尔吉斯斯坦和乌兹别克斯坦的灌溉面积，而中流区涵盖了哈萨克斯坦、塔吉克斯坦和乌兹别克斯坦的灌溉面积（Wegerich，2015）。

如上文所述，每个灌区在利用和获取水资源方面都有不同侧重。不同的水资源管理方式反映出各区对水安全的不同认识，比如，一些灌区认为，地下水资源和大量钻井取水能比灌溉水渠提供更安全的水资源。因此，苏联解体后，由于锡尔河流域各区的水利设施不同，对水安全的影响也有所不同。尽管如此，咸海不断加剧的干涸和盐碱化导致戈尔巴乔夫政府公开承认出现了"咸海问题"并试图寻找解决方案（Micklin，1991）。当时，整个地区都对水安全产生了关切，在地方层面已经出现了一些围绕水和土地的矛盾，表现为不同区域间的个别冲突（Tishkov，1997）。

1991 年苏联解体后，跨界灌区不复存在。水资源管理行政边界被重新划定，成为各国政府管辖的工作。高强度灌溉的做法延续至今，但由于缺乏维护资金和运营服务，而不得不放缓节奏。

地区能源方面也出现了类似问题，这主要涉及水资源丰富的上游国家（吉尔吉斯斯坦和塔吉克斯坦）的水电站和下游国家（乌兹别克斯坦、土库曼斯坦和哈萨克斯坦）的化石能源。苏联时期，水电面临的季节性波动可得到中亚地区能源体系的补偿。中亚电力体系于 20 世纪 70 年代建成，包括苏联时期的五个加盟共和国。与灌溉一样，无人在意内部疆界问题，中亚电力体系能够满足整个地区的需求。夏季月份，上游共和国负责放水并为整个地区发电。作为回报，它们在冬天可以从化石能源丰富的下游共和国获得化石燃料和富余的电力。该地区对灌溉的高需求在整个夏季都能得到满足，同时，上游共和国冬季能源短缺也能得到同样的补偿。比如在这一时期，塔吉克斯坦 60％的电力需求通过从苏联其他共和国进口来解决（世界银行，2013a）。通过这一体系，该地区以低成本获得充足的电力，使中亚成为了"面包筐"和棉花生产地。

1991 年实现独立后，为在区域经济复合体中发挥作用。苏联时期的中央计划型水资源和能源管理体系需要重建。由于上游的水能和下游利用燃料生产的能源价格存在差异，各国间的能源分配成为了冲突的根源。20 世纪 90 年代，人们试图通过多个双边协定来重建中亚各国间相互依存的能源体系。1992 年 2 月，5 个新成立的共和国签署了《阿拉木图协定》，承认各国在确保合理利用水资源方面享有平等的权利和责任，并同意只有通过联合管理行动才能解决该地区的水资源问题。本质上，该协定继承了苏联时期的水资源分配体系，指导成立了中亚水资源协调国家间委员会，设定了配额并推动落实，重要问题由五国协商一致作出决定。1995 年中亚各国在一份宣言中达成一致，继续承认所有已签署的协定和水资源配额。然而，这份宣言不具有法律约束力，因而，各方认同的水资源分配方案屡遭否决（Petrov，2015）。

20 世纪 90 年代末，这一体系无法解决围绕资源问题而逐渐加剧的紧张局势。执行阶段出现的国际纠纷影响了本地区的电力交易。在当前局势中，地区利益优先已不再是各国的首要目标，能源生产似乎已逐渐成为各国利益的重心。

各国政府部门依然保持着苏联时期的许多行政管理特点，但是可用的资源已远不如从前（Bichsel，2009）。各国都把水量分配看作零和博弈，试图牺牲他国利益以追求本国利益最大化。因此，尽管中亚五国一直在联合推动建立稳定的区域水资源管理体系，但迄今为止收效甚微。相反，中亚各国选择通过短效的双边易物协定来解决水事纠纷。这类协定似乎只能部分、暂时地解决水资源管理的核心事宜，例如经常产生有争议的水价问题（Horsman，2003）。此外，各国水资源管理政策倾向于应对常规的行政难题，对长远目标关注有限（Abdullaev 和 Rakhmatullaev，2016b）。

可以说，中亚国家主权过渡反映出在"水缘政治上的脆弱性"（Moller，2004），并且缺乏机制性能力来实现从苏联

时期的中央计划到独立后国家层面的水资源管理的顺利转型
(Petersen – Perlman 等，2012)。

5.3 中亚水安全现状

5.3.1 水安全现状概述

自 1991 年独立以来，中亚五国不得不面对苏联遗留问题：
单一的棉花种植、庞大且老化的基础设施、日益恶化的环境、
经济挑战和围绕资源问题不断加剧的国际争端。各国都希望单
独开发自然资源，却进一步加剧了地区摩擦。该地区水资源、
能源和可用耕地的分布极不均衡。上游的塔吉克斯坦和吉尔吉
斯斯坦拥有充沛的地表水资源，控制着该地区约 81% 的水源。
但是这两国化石能源匮乏，反而是下游的乌兹别克斯坦、土库
曼斯坦和哈萨克斯坦拥有大量能源储备。乌兹别克斯坦和土库
曼斯坦的天然气储备分别占该地区的 23% 和 44%，哈萨克斯
坦位居全球石油生产国的前 20 强。但是，三个下游国均面临
水资源匮乏问题，其中土库曼斯坦的情况最为严峻，人均水资
源量仅 300m³/a (Alford 等，2015)。

吉尔吉斯斯坦和塔吉克斯坦利用其在水资源领域的优
势，成为水力发电的先行者，水电已占到这两国能源消耗总
量的 90% 以上。下游国主要用水进行灌溉。农业是中亚经济
体的关键组成部分，农业用水占该地区总取水量的 90%
(Rahaman，2012)。农业在下游地区占主导地位：在中亚地
区 7.4 万 km² 的灌溉土地中，4.3 万 km² 位于乌兹别克斯
坦，1.6 万 km² 位于土库曼斯坦 (Alford 等，2015)。

两条主要河流——阿姆河和锡尔河为该地区提供了最为
重要的水源，是中亚地区近 6000 万居民的生计来源。两条
河流都发源于上游山脉。阿姆河水量较大，由位于塔吉克斯
坦-阿富汗边境的喷赤河和位于塔吉克斯坦的瓦赫什河汇合
而成，之后流经乌兹别克斯坦和土库曼斯坦，最终汇入咸

海。锡尔河更长，其源头位于吉尔吉斯斯坦境内的天山山脉，流经费尔干纳山谷并进入塔吉克斯坦和乌兹别克斯坦，最终也汇入咸海。

锡尔河约 75% 的径流发源于吉尔吉斯斯坦，阿姆河干流 74% 的经流发源于塔吉克斯坦境内（中亚水资源信息库，2017）。上游国家约 77% 的河水、阿富汗约 10%（表 5.1）的河水汇入咸海流域。

因此，下游国家依赖发源于其领土以外的跨界河流，这是因用水导致该地区局势紧张的根源。有关争议涉及水量分配和用水调度（Petrov，2015）。下泄水量和灌溉需求的季节性特征，让争议变得更复杂。由于积雪融化，两条河流在春夏两季水位较高，可用于上游水力发电和下游农田灌溉。冬季水位较低，导致水力发电能力只有春夏季的 60%～70%（世界银行，2013a）。为克服上述情况，上游国家近年来不断建设大型水库，这引起了乌兹别克斯坦等下游国家的恐慌，担心此举会扰乱河水的季节性下泄。

表 5.1　咸海流域的地表水源（年均径流量，单位：10 亿 m³/a）

国　　家	流　　域		地表水源总计	占比（%）
	锡尔河	阿姆河		
哈萨克斯坦	2.516	—	2.516	2.2
吉尔吉斯斯坦	27.542	1.654	29.196	25.2
塔吉克斯坦	1.005	58.732	59.737	51.5
土库曼斯坦	—	1.405	1.405	1.2
乌兹别克斯坦	5.562	6.791	12.353	10.6
阿富汗	—	10.814	10.814	9.3
咸海流域总计	36.625	79.396	116.021	100

5.3.2　塔吉克斯坦和吉尔吉斯斯坦：以水资源换能源

塔吉克斯坦和吉尔吉斯斯坦可用耕地面积很少，其国土面积中分别只有 6.1% 和 6.6% 适宜农业生产 (Kocak, 2015)。塔吉克斯坦水资源丰沛但土地贫瘠，是中亚地区最贫困的国家。粮食安全严重威胁着塔吉克斯坦多数农村人口的生计。由于没有化石能源，塔吉克斯坦和吉尔吉斯斯坦只能深挖其宝贵的水电潜能，以推动经济发展。

面对能源孤立，吉尔吉斯斯坦和塔吉克斯坦在冬季月份遭遇了愈加严重的能源短缺，但是这两国的水电开发潜力很大。塔吉克斯坦单位面积的水电潜能在全球高居首位 (世界银行，2013b)，但目前其水电开发利用率仅为 5%；吉尔吉斯斯坦也仅开发了约 10% (Kocak, 2015)。因此，两国都加大关注全面开发水能，将水电投资和产能恢复作为国家优先发展的重点领域。塔吉克斯坦政府曾表示，其主要目标之一就是扩大水力发电和实现能源进口盈余，从而实现能源的自给自足 (塔吉克斯坦政府，2011)。该国每年投入 3 亿多美元 (占总预算的 15%) 用于水电开发 (塔吉克斯坦政府，2011)。

塔吉克斯坦和吉尔吉斯斯坦的能源孤立迫使它们另寻发展之路，成为水电领域的领跑者。塔吉克斯坦已拥有数座水电站，其中规模较大的几座包括努列克、凯拉库姆、拜加津、桑土达 1 号和 2 号 (Barqi Tojik, 2016)。该国 75% 以上的供电由瓦赫什河上的努列克水电站提供，这是目前中亚最大的水坝，高度达 300m，装机容量 3000MW，蓄水量 105 亿 m^3 (世界银行，2013b)。

然而，迄今为止，塔吉克斯坦还没有超越其在 1990 年的水力发电水平 (180 亿 kW·h)，目前水电产能为 172 亿 kW·h (塔吉克斯坦政府，2007)。此外，由于冬季河水水量少、用电需求大，该国的能源体系无法充分满足季节性需求。塔吉克斯坦和吉尔吉斯斯坦的水电站无法在冬季维持能源供应，但这一时期恰恰供暖需求最大，同时由于积雪和冰川融化产流较小，河水流量最少。多数水电站属于径流式水电站，在没有蓄水水库的情况下，极易受到降雨、气候变化和径流波动的影响。由于基础设施老化程度不断加深，未来数年将面临更为严峻的水资源短缺问题。大多数水电站平均运行时间都达到了 45～50 年，没有进行过大规模升级或维修。许多水电站目前的产能远低于其潜在输出能力。同样，输配电网老化严重，常常无法一年到头都能将电力输送到全国各地。目前，能源供应不足对塔吉克斯坦的经济发展造成了巨大影响，每年约有 850 家中小企业被迫关闭，带来的经济损失约占 GDP 的 3%（塔吉克斯坦政府，2014）。2012 年冬季电力缺口约为 2700MW，如果当前形势得不到缓解，未来电力短缺可能达到 6800MW 以上（世界银行，2013b）。

为了应对这些问题，两个上游国家都在尝试水力发电产能扩容。塔吉克斯坦已开始建造该国目前为止最大规模的水电项目。2016 年 10 月，位于塔吉克斯坦东部瓦赫什河上游的罗贡水库开始蓄水。罗贡水坝是一项巨大的工程，耗资 39 亿美元，竣工后将成为世界上最高的水坝（坝高 335m），将额外提供 3600MW 的电力，使塔吉克斯坦的发电能力翻倍。

吉尔吉斯斯坦的最大水电站是位于纳伦河（锡尔河支流）上的托克托古尔水电站（Granit 等，2012），为该国提供了 90% 以上的能源。但是，作为通向锡尔河门户的托克托古尔水库这一庞大工程，一直以来都是乌兹别克斯坦、塔吉克斯坦和哈萨克斯坦之间的争论焦点。近年来，由于水位降低，吉尔吉斯斯坦只能向下游国家下泄越来越少的水量。2008 年和 2009 年夏季，托克托古尔水坝管理不当导致乌兹别克斯坦和哈萨克斯坦出现了水源短缺，还引发了吉尔吉斯斯坦长时间断电。

吉尔吉斯斯坦正计划在纳伦河上建造坎巴拉塔 1 号水电站，坝高 275m，装机容量 2000MW，建成后也将成为世界上最大的水坝之一。该项目与罗贡项目一样，遭到乌兹别克斯坦的强烈反对，乌方认为，该水库蓄水后将减少锡尔河的流量（Rickleton，2013）。过去，针对吉尔吉斯斯坦和塔吉克斯坦新建水库一事，乌兹别克斯坦曾发表过挑衅言论（Nurshayeva，2012）。

　　虽然这些项目会大幅缓解上游国家的能源短缺问题，并且成为所在国引以为豪的标志性工程，但也会导致与下游国家（主要是乌兹别克斯坦）的关系紧张，因为目前尚不清楚这些项目究竟会对农业供水产生何种影响。尽管如此，各国依然采取了一些行动来减缓对下游的影响，使得该地区的紧张局势有所缓解，这些行动在有关吉尔吉斯斯坦和塔吉克斯坦大型水坝的可行性研究（SNC - Lavalin，日期不明）和战略环境影响评估（世界银行，2014）中有所提及。更重要的是，2016 年乌兹别克斯坦政府改选，有可能为上下游国家就水资源共享和管理带来和解的希望。

　　吉尔吉斯斯坦和塔吉克斯坦拥有巨大的水电潜力，可使其成为地区电力出口的主力，从而为阿富汗、巴基斯坦和伊朗等国战后重建和经济发展提供支持。2016 年 5 月，中亚-南亚电力网（CASA - 1000）一期启动，标志着塔吉克斯坦和吉尔吉斯斯坦在未来有望将夏季过剩电力以可观的价格出口并获利。这条造价 11.6 亿美元的输电线路将把吉尔吉斯斯坦、塔吉克斯坦、阿富汗和巴基斯坦连接起来，实现从北向南的大规模输电。通过这条输电线路，塔吉克斯坦和吉尔吉斯斯坦预计每年夏季可以向阿富汗和巴基斯坦提供 50 亿 kW·h 的电力（SNC - Lavalin，2011；Barqi Tojik，2016）。尽管如此，CASA - 1000 在建设阶段还是遇到了各种困难，工程完工可能还需数年（Michel，2017）。

　　按照近期签署的协定，塔吉克斯坦和吉尔吉斯斯坦将通过 CASA - 1000 项目，以不超过 0.05 美元每千瓦时的价格销售电力。将水资源转换为水电可带来大笔收入，进而再投资到未来的水电站项目。但该愿景可能造成与乌兹别克斯坦的进一步对立，因为后者也希望将自身塑造成为地区电力出口大国。此外，利润丰厚的电力出口定价可能对国内用电和灌溉引水产生巨大影响。上游国家的电力出口价格明显高于国内征收的灌溉用电价格。比如 2016 年，塔吉克斯坦泵站取水的费用仅为 0.003 美元每千瓦时。通过电力补贴来保持低价，可能会给国家预算带来较大负担，同时，低能效造成了本可出口的电力的大量潜在浪费（世界银行，2013a）。

塔吉克斯坦采用了新的激励方式，将水力发电的一部分配额用于出口，加之低能效，对国内粮食和能源安全造成压力，需要谨慎应对。但是，地区能源交易有助于加强在水资源问题上的合作。吉尔吉斯斯坦和乌兹别克斯坦日前签署了关于能源贸易的协定，堪称合作典范（Anadolu Agency，2017）。

5.3.3 乌兹别克斯坦、哈萨克斯坦和土库曼斯坦：用水资源换粮食

下游的乌兹别克斯坦、哈萨克斯坦和土库曼斯坦缺乏水资源，但是化石能源储备丰富。煤、石油和天然气占据哈萨克斯坦、土库曼斯坦和乌兹别克斯坦能源消耗的 90% 以上（Granit 等，2012）。哈萨克斯坦农业的经济占比较低，仅为 GDP 的 4.7%（2012 年），而在上游的塔吉克斯坦和吉尔吉斯斯坦，农业产值分别占 GDP 的 26.6% 和 20%。在下游的乌兹别克斯坦和土库曼斯坦，农业对 GDP 的贡献相对较高，分别为 20% 和 14.5%（Kocak，2015）。在所有中亚国家中，农业都是用水大户（见图 5.1），占该地区用水总量的 87.2%。其中，乌兹别克斯坦的农业用水约占地区用水总量的 45%，是第二大农业用水国土库曼斯坦的两倍。上游的吉尔吉斯斯坦和塔吉克斯坦用水量仅占地区用水总量的 15.6%。

为了种植大面积的单一作物棉花，苏联政府在 1950—1990 年间建造了无数的水坝、运河和人工湖，至今仍在使

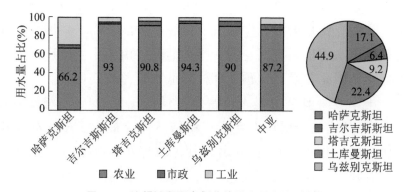

图 5.1　按领域和国家划分的用水量占比（%）

用。比如，乌兹别克斯坦的北部运河和大费尔干纳运河把水从锡尔河输到费尔干纳山谷；阿姆河-布哈拉运河从阿姆河取水，为乌兹别克斯坦的布哈拉地区的土地提供灌溉；基洛夫运河从锡尔河取水，为"饥饿"大草原提供灌溉；还有卡尔希运河为乌兹别克斯坦 1.2 万 km² 的卡尔希大草原提供水源。尽管如此，这些灌溉地区的状况依然不容乐观，许多运河已经老化，破败不堪。在土库曼斯坦，庞大的卡拉库姆运河于 1988 年完工，将约占阿姆河流量 15%、129 亿 m³ 的水引入卡拉库姆沙漠各地用于灌溉（Kraak，2012）。目前它仍然是世界上最大的灌溉运河，对土库曼斯坦意义极为重大。

苏联解体后，为应对新形势，下游国家改变了农业政策。乌兹别克斯坦核减了棉花产量，并重视小麦种植。1990—1998 年间，棉花在灌溉农业中的比例从 45% 下降至 25%，同时谷物种植面积从 12% 增至 50%。20 世纪 90 年代初，乌兹别克斯坦占全球棉花贸易的 20%，而如今仅剩 10%（2017）。另外，90 年代初，乌兹别克斯坦的棉花灌溉面积从 2.8 万 km² 下降至 1.1 万 km²，但是，棉花依然占乌兹别克斯坦全部出口的 20% 以上。

哈萨克斯坦也转向了谷物生产，目前位居全球谷物生产国前 8 名；哈萨克斯坦出口的农产品有 60% 是谷物，在全球谷物出口方面位居第 6 名（Granit 等，2012；Ray 等，2013）。这一转变主要是为了确保粮食安全和减少灌溉需求，因为小麦的单位用水需求只有棉花的一半。然而，由于小麦的产量超过了棉花，因此并没有如预期那样降低水资源的使用量。

土库曼斯坦是中亚人口密度最低的国家（10.5 人每平方千米），其棉花种植在农业生产中依然占比最大。土库曼斯坦位居全球棉花产量的前 10 名，其优质棉花深受欢迎。虽然该地区有阿姆河这条大河穿越其间，但依然面临着严峻的干旱和缺水风险（Collado，2015）。尽管棉花的灌溉用水在增加人均用水量方面占主要地位，但其他因素也不容忽视，例如：家庭和工业用水效率不高、水资源浪费比例较高、水利基础设施状况差，其中就包括该国的主要水利基础设施——卡拉库姆运河（International Crisis Group，2014；Collado，2015）。

在全球变暖对该地区可能造成影响的大背景下，上述原因都表明，水安全对下游国家至关重要，并且在未来几年可能变得更为紧迫。

5.3.4　气候变化和中亚水安全

全球气温升高和气候变化对水安全的威胁进一步加剧。有关研究表明，全球变暖将影响中亚水安全（Gan 等，2015）。近几十年来，该地区的冰川一直在加快融化：1957—1980 年间，咸海流域冰川的冰盖已融化了 20%；在过去 50 年减少了 10%（欧亚开发银行，2008，2009）。但是，人们还在争论这些变化对地区水资源到底有何具体影响。一些研究认为，从长远来看，径流量会大幅度减少，导致水位越来越低。一些预测认为，到 2050 年，阿姆河流量会减少 10%～15%，锡尔河会减少 2%～5%（欧亚开发银行，2008）。然而另一些研究认为，流量下降的比例要小很多，因为在全年大部分时间，冰川面积缩小，加速融化的雪水补充了河水资源。即便如此，这些研究预计，从夏季到春季，水资源会出现重大的季节性变化，使 7 月、8 月份的径流减少 25％，阿姆河尤其如此。这可能会影响低洼地区的农业灌溉，尤其是在夏季用水需求高峰时期。下游地区的蒸腾损失似乎也进一步限制了夏季可用的水资源（Hagg 等，2013）。

专家还预测，季节性降雨模式的变化也会影响河道径流。政府间气候变化委员会（IPCC）2014 年出版的一份研究（Hijioka 等，2014）分析了长期的时间系列和季节性模式，认为中亚地区的降雨量有所增加。其他结论认为，1951—2007 年，引发阿姆河水位下降的原因是季节性降雨变化，而不是气温。有人认为，在此期间，由于降雨量减少，阿姆河的流量下降了 15.5％，同时由于气温上升，水位仅上涨了 0.2％（Wang 等，2016）。另一项研究也认同该结论，认为降雨量的季节性变化可能对水资源的可利用性产生最为重要的影响，导致中亚地区的径流可能持续减少 10％～20％（White 等，2014）。该研究结论表明，在发生长期干旱时，该地区可利用的水资源将很有可能仅够满足需求的 50％。

另一项研究考虑了中亚各国降雨模式的异质性（Nelson 等，2010）。比如哈萨克斯坦的水资源可利用量预计将会增加，而乌兹别克斯坦和土库曼斯坦的年均径流量预计将适度降低，这被认为是导致国际争端进一步深化的源头。随着人口不断增加，粮食和能源需求上涨，可能会导致国内动乱和国际纷争（Swinnen 和 Van Herck，2013）。尽管如此，一些政策分析师仍然认为，中亚各国有足够的时间建立有效的水资源分配国际框架，并减缓气候变化的影响，从而降低水资源减少引发冲突的概率（Bernauer 和 Siegfried，2012）。

5.4　讨论

5.4.1　水安全和国家政策协调

苏联解体后，中亚各国均加大投入，以实现水资源转型。虽然受到全球化的深刻影响，其他相似地区也为中亚各国处理水资源问题提供了相关经验，但中亚水资源改革主要还是内源性的。比如，中亚国家并没有推广和普及灌溉管理权移交和联合管理理念。几乎所有国家的水利基础设施都属于国家所有。虽然灌溉管理转移和参与型灌溉管理一直是水资源领域改革的核心，并得到了国际社会的资助，但中亚国家对此接受度很低（Abdullaev 和 Rakhmatullaev，2016a）。

目前，水-能源-粮食的纽带关系已成为中亚地区的一种模式，用以解决该地区水安全和管理面临的重大挑战。但有人担心各行业（如灌溉、能源、粮食加工）的那些老旧的基础设施，非但不能通过跨领域合作创造收益，反而会带来更大问题。

在跨界背景下进行水治理和水资源管理是维护中亚地区稳定和安全的关键要素。在后苏联时期的 25 年里，水问题已经从经济技术问题转变成了社会政治问题。如前文所述，中亚地区早在 1992 年就建立了共同利用和联合分配水资源的体制，包括国家间水资源协调委员会、国家间咸海流域委员会和拯救咸海国际基金等，但都未能达到预期效果。中亚水问题的现状似乎更重视协调五国的水政策，忽视了围绕水治理开展区域合作（见图 5.2）。而在中亚地

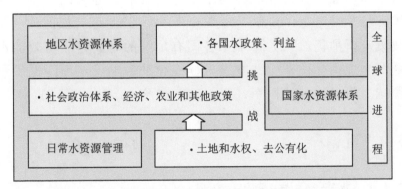

图 5.2　中亚地区不同水体系和进程之间的相互关联情况

资料来源：Abdullaev 和 Rakhmatullaev，2016b

区，通过建立单一的水政策来推动地区跨界合作似乎收效甚微。中亚合作的核心思想应当侧重于将更多精力放在协调五国不同的水资源政策上。

在地方层面，变革首先应放在水权和土地权体系上。在苏联时期，水权是以作物结构、灌区生物物理条件和水资源可利用性为基础，通过一系列复杂标准而确定的。理论上，灌区被分为不同类型，并在每个灌溉季到来之前确定好水权。但在实践过程中，水权依赖于水资源的可利用性，因此重点都被放在了棉花种植上。苏联解体后，水权体系一直在变更，目前，水资源的实际分配完全依赖于特定流域、子流域和灌溉渠系中的可利用水资源，但仍无法提供有效的分配机制。

此外，在苏联时期，规划和管理人员认为水资源对于经济发展和繁荣至关重要。水利部门的性质以技术为主：侧重于供水和水资源分配（主要在农业领域）。水利部门在规划、管理和资金方面都采取中央集权方式，因此独立于地方和国家的特殊需求。水资源被认为是整个中亚地区的行业组成部分。苏联解体后，水利部门丧失了重要性和资金来源。

通过乌兹别克斯坦的费尔干纳省灌溉局这一实例，就可以看出苏联解体前后的差异。1985 年以前，运行和维护费用大致保持稳定；1986—1990 年明显增加（见图 5.3）。最初关注重点是供水安全和对水资源的控制，这代表了苏联时期的整体情况。在独立后的经济危机时期，运行管护及维修费用几乎降为零。虽然乌兹别克斯坦的 GDP 从 1996 年开始再次增长，但这种增长并没有为费尔干纳省灌溉局带来新的资金。

5.4.2　中亚水安全现状和面临的挑战

中亚国家水资源管理经历了巨大转型，且仍在进行重要改革。许多研究人员想让中亚国家的水资源改革套用现行的

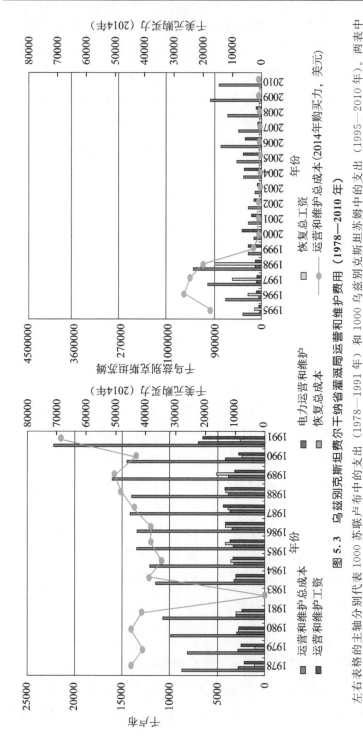

图 5.3　乌兹别克斯坦费尔干纳省灌溉局运营和维护费用（1978—2010 年）

左右表格的主轴分别代表 1000 苏联卢布中的支出（1978—1991 年）和 1000 乌兹别克斯坦克苏姆中的支出（1995—2010 年）。两表中的二级轴代表截至 2014 年 1000 美元的购买力

资料来源：Wegerich 等，2015

国际标准，例如：灌溉管理权移交、参与型灌溉管理等
（Abdullaev 等，2010）。但是这些设想大多较为短暂，中亚
水资源改革更注重强化国家在日常水利管理中的作用。

在世界其他地区，如南非，灌溉管理权移交和参与型灌
溉管理实施得更为成功，因为农民对灌溉基础设施的运营和
维护有一定的自主权（Qureshi，2005）。但是，中亚各国政
府尚未把灌溉基础设施的实际运营和管理权移交给农民组织
（如用水户协会）。此外，预算减少和人力不足也严重影响了
水利部门发挥职能。水利部门工作效率低，导致出现了替代
性的水治理机制（非正式、商业性），其效果目前尚未可知。

在地区层面，水资源问题在苏联解体后变成了国家间的
政治问题。新独立的中亚各国已着手制定各个领域的国家发
展政策和体制，包括安全、经济、资源等。从过渡期到现
在，咸海流域水资源争端虽然从未导致军事冲突，但始终保
持着紧张的政治形势。曾发生的一些事件虽然只是地方性的
用水争端，但也加剧了民族间的紧张局势（国际危机组织，
2014）。尽管如此，中亚各国政府仍倾向于"安全处理"与
水有关的问题，把水资源作为国家内部"粉饰太平的工具"
（Cummings，2012）。乌兹别克斯坦与其邻国之间尤其如此。
比如在 1997 年，13 万乌兹别克斯坦军队被部署在边境附近
的托克托古尔水库（锡尔河流域最大的水库）进行军事演
习，演练攻占战略据点（Dinar，2007）。

但是在次国家层面，各国通常依赖替代性供水网络来确
保用水，而这通常受到基础设施落后和行政边界缺失的制
约，并成为水争端的根源（国际危机组织，2014；Horsm-
an，2003）。在中亚国家共有（土库曼斯坦除外）的费尔干
纳山谷就发生过多起地方冲突，尤其在吉尔吉斯斯坦的巴特
肯镇（位于吉塔边境）较为频繁。而在吉尔吉斯斯坦境内伊
斯法拉的塔吉克斯坦飞地同样如此，那里的塔吉克人经常被
指责为"匍匐式移民"，吉尔吉斯斯坦人认为塔吉克人侵占

了尚未划界的领土，偷窃了土地和水资源（Bichsel，2009）。

2012—2013 年，在吉乌边境发生过 38 起安全事件（导致 4 人死亡），在吉塔边境发生过 37 起同类事件（国际危机组织，2014）。2013—2014 年，乌兹别克斯坦的飞地索克和塔吉克斯坦的飞地沃鲁克发生过几次冲突，波及上千人，造成了人员伤亡、纵火、劫持人质和大范围的财产损坏。2014 年 1 月 11 日，塔吉克斯坦武装部队向吉尔吉斯斯坦境内发射了手榴弹和迫击炮弹。吉尔吉斯斯坦的一名高级国防官员表示，其目标是托克托古尔水库的泵站（国际危机组织，2014）。2014 年，塔吉克斯坦和吉尔吉斯斯坦的村民因为用水引发暴乱。2015 年，近 500 名塔吉克斯坦和吉尔吉斯斯坦村民互掷石块，导致双方多人受伤。乌兹别克斯坦和吉尔吉斯斯坦在边境两侧的费尔干纳山谷的紧张局势进一步加剧，双方都部署了战略部队以保护水资源。

虽然发生了区域摩擦，但中亚各国仍一致同意建立区域性机构（如上文所述的国家间水资源协调委员会），通过协商一致的方式制定和履行水资源管理决议。因此，区域层面围绕水资源的互动关系逐渐演变成为 5 个独立国家之间的磋商。苏联时期的水资源模式——在中央政府管控下开展水利建设——似乎无法满足新的水安全和管理理念。但是，由于沿岸各国对水资源保有不同愿景，依然难以就水资源管理和水安全模式达成一致。如图 5.4 所示，从苏联时期到 21 世纪初，多数中亚国家依然保持着水资源管理的技术特征。

但从那时直到今天，依然可以看到各国通过转变政治经济视角来寻求签订新的区域水资源协定。此外，自 2015 年以来，各国一直强调水安全概念，并寻找有效、务实的解决方案（Abdullaev 和 Rakhmatullaev，2016a）。

5.4.3　通过水文流域方式实现水安全的未来之路

在过去十年，中亚各国都逐渐引进了流域管理法，试图

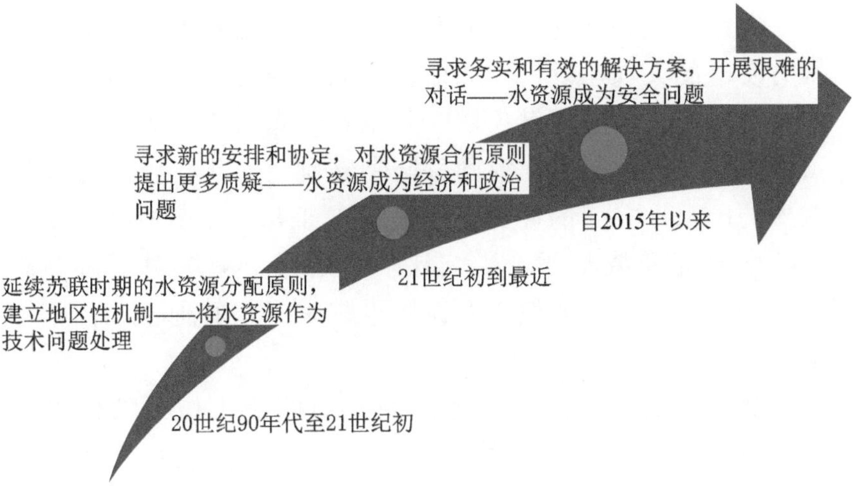

图 5.4　中亚地区国家间水利合作现状

资料来源：Abdullaev 和 Rakhmatullaev（2016b）

按照欧盟《水框架指令》（WFD 2000/60/EC）的有关原则来完善国家用水和分配计划。创立于 2002 年的欧盟水倡议是一个跨国的、多方参与的合作伙伴关系，旨在支持全球水治理改革（Fritsch 等，2017）。在东欧、高加索和中亚地区，10 个国家建立了伙伴关系，旨在完善涉水法律和监管框架，使其符合水框架指令，同时制定流域管理规划，并通过国家政策对话和流域理事会与利益攸关方进行对话。

　　为实施流域管理规划，需要建立流域组织，从流域层面对水资源管理的各项活动进行监督。流域管理规划需要从地方机构（如用水户协会）和中央机构（如各部委）收集信息，减少农村地区目前存在的从河流、运河和新建地下水井中无节制地取水的做法。中亚各国都通过立法引入流域管理方式，在过去 3 年（2014—2017 年）里，哈萨克斯坦、吉尔吉斯斯坦和乌兹别克斯坦都逐步制定了流域管理规划。《水资源法案》是常见的立法文件，强调了各国的水-能源-粮食之间的联系，同时要保持本国与邻国规划协调一致。

在流域管理规划中，上游国家有义务监督有争议的用于水力发电的大坝建设，例如塔吉克斯坦东部的罗贡电站和吉尔吉斯斯坦北部的坎巴拉塔 1 号电站。这些大型人工干预的项目直到最近才引发上游国家与乌兹别克斯坦（下游态度最激烈的国家）之间的冲突。但是，正如 5.3.2 节所述，新的可行性研究和战略环境影响评估，是为了减缓对下游的影响，同时乌兹别克斯坦政府换届也带来了与其他中亚国家和解的希望。

更重要的是，流域管理规划必须解决机械泵站供水低效的巨大挑战。在中亚的许多农业生产区，供水效率只有 30%～40%，这表明灌溉方式需要大范围重新调整。已采取的重要行动包括：在塔吉克斯坦和乌兹别克斯坦转为种植需水量小的农作物；在所有中亚国家开展水泵维护和系统现代化改造；重新设计税收政策，并授予地方机构（用水户协会）更多管理权（联合国欧经委，2017）。

此外，在饮用水供应方面还采取了重大举措，改善供水管网的技术效率，并进行经济和机构改革（欧洲复兴开发银行，2015，2016）。国际组织和捐助方正在资助灌溉渠系和饮用水供应的恢复工作，主要针对塔吉克斯坦、吉尔吉斯斯坦和乌兹别克斯坦农村地区。此外，针对该地区的石油、天然气、煤炭和铀矿开采技术改革的投资正在缓慢增加（哈萨克斯坦绿色能源，2017）。这些举措预计将减少用水，并缓解这些活动造成的水污染。

尽管如此，这些活动仍明显缺乏协调、监督和评估，这主要是因为过多的政府机构之间职能重叠，以及各国政府优先关注的水资源管理领域各有不同。比如哈萨克斯坦将用于粮食生产的用水管理作为重点，要求农业部负责制定并实施农业和水资源管理政策，但地下水开采依然由投资发展部和地质土壤委员会负责监督（联合国欧经委，2017）。类似情况也出现在乌兹别克斯坦,其农业和水资源部负责地表水资源管理,而国家地质矿业资源委员会负责地下水管理。农业在下游的土库曼斯坦也发挥着主导作用,其农业水利部主要负责高效的农业用水管理。

吉尔吉斯斯坦曾在 2005 年尝试建立国家水资源理事会,负责协调政府部门和私营机构参与水资源管理,以此提升相关单位对水资源的重视程度。但该理事会沉寂多年,反而是农业部下辖的水资源经济改良司正在实际推进新采用的流域管理法。塔吉克斯坦重视通过水资源获得能源,其于 2013 年建立了能源和水资源部就很好地反映了这一点。虽然水电开发是该部主要职责,但农业用水仍由土地复垦和灌溉局负责监督,后者的重要性略低。

这些机构间的活动协调需要各国流域组织负责,而这些流域组织间的沟通要在流域框架内进行(如锡尔河),这将是中亚地区面临的主要挑战。

5.5 结束语

苏联解体后,中亚各国实现了国家主权的过渡,在此过程中有关自然资源的地区政策也变成了国家政策,这对水安全产生了重要影响。中亚五国最初"因历史、文化和地理原因结合在一起,同时也是由于苏联时期的有关决定走在一起"(Olcott, 2001)。政权更迭表明,需要在国家层面安全地处理好水资源问题,主要涉及安全保障新独立各国的经济发展。

苏联末期至今,中亚各国都表达了对水安全的关切,反映出对安全处置水资源问题的需求(开放时期—Weinthal, 2002)。比如,中亚各国政府都在多个场合批评过苏联时期的政策导致了自然资源的恶化(Wegerich, 2001; MacKay 引用, 2009)。但是各国对于这些环境问题提出的解决方案，大多都与苏联时期的大型项目类似，以水利工程建设为基础。例如，中亚各国曾启动了一个苏联时期的方案，将西伯利亚河水调入咸海，为其补水（EurasiaNet，2002；The Telegraph，2010）。

近期，通过水文方式进行的水资源管理改革有望带来新的水资源规划和管理局面，将管理权从各部委逐渐下放到各流域组织。流域理事会虽然最初作用有限，但通过对各流域活动进行非官方监督，最终有望与地区各参与方形成密切互动。流域组织之间的沟通会迎来一些重大挑战，包括国家内部和邻国之间的沟通。至于流域组织是否能成为流域层面的有效协调机构，或者在政府体制中发挥中间协调员的作用，这一点仍有待观察。

目前，诸如中亚国家间水资源协调委员会、拯救咸海国际基金会等区域组织和委员会已成为中亚地区水资源管理区域合作的主要平台。苏联解体后，这些组织仍一直坚持不懈地采取各类措施来推动建立对水安全的共识。

相关国际组织和捐助方，例如：瑞士开发署、世界银行、亚洲开发银行、德国外交部等，都曾尝试资助中亚地区水资源管理的"硬件"（水电站修复、水泵体系、河道清淤等工程措施）和"软件"（机构、立法等非工程措施），以保障地区水安全（Mogilevskii 等，2017）。在改进水利服务和制定规划后，许多捐助方和机构都认为，水资源已成为中亚地区稳定的一个重要因素。但对于区域的参与以及各国中央政府是否赞同，还需保持更多警惕。由于缺少地方利益攸关方和国家主管部门的重视，中亚地区已经有很多水资源领域的行动倡议被逐渐遗忘。（Varis，2014）

中亚水安全毫无疑问是一个多维度概念——各国观点都不尽相同。各国在国家层面对水资源管理制定了多个优先重点领域和目标，由于需求过多，且都是各国单边行动，可能会破坏中亚的水安全形势。乌兹别克斯坦新一届政府（2017

年上台）与各邻国就水资源管理展开了新的政策对话，为实现上游能源需求以及下游农业和粮食需求达成共识创造了希望。

为强化中亚五国间基础设施、贸易和服务区域化进程，推动区域经济协同发展，还有一些努力在尝试。比如：乌兹别克斯坦和哈萨克斯坦主要城市之间启动了国际列车线路（Trend News Agency，2017），同时哈萨克斯坦和吉尔吉斯斯坦加入欧亚经济联盟（RT，2015），这使得两国间的经济纽带更加紧密。

本章介绍了中亚地区为解决水资源管理和水安全问题正采取的政治和经济措施，这些措施受到了周边经济发展的较大影响。中亚五国有共同的愿景，在国家层面推动经济增长和共同繁荣，将有助于实现地区水安全和水资源规划。

参 考 文 献

Abdullaev I，Rakhmatullaev S（2016a）River basin management in Central Asia：evidence from Isfara Basin Fergana Valley. Environ Earth Sci 75：677

Abdullaev I，Rakhmatullaev S（2016b）Setting up the agenda for water reforms in Central Asia：does the nexus approach help? S Environ Earth Sci 75：870

Abdullaev I，Kazbekov J，Manthritilake H，Jumaboev K（2010）Water user groups in Central Asia：emerging form of collective action in irrigation water management. Water Resour Manage 24：1030

Alford D，Kamp U，Pan C（2015）The role of glaciers in the hydrologic regime of the Amu Darya and Syr Darya basins. World Bank，Washington，DC

Anadolu Agency（2017）Uzbekistan，Kyrgyzstan sign historic border agreement. http：//aa. com. tr/en/todays – headlines/uzbekistan – kyrgyzstan – sign – historic – border – agreement/902294. Accessed 1 Oct 2017

Bernauer T，Siegfried T（2012）Climate change and international water conflict in Central Asia. J Peace Res 49（1）：227 – 239

Bichsel C（2009）Liquid challenges：contested water in central，sustainable development. Law Policy 12（1）：24 – 30

CA Water Info (2017) Aral Sea. http: //www. cawater – info. net/aral/water _ e. htm. Accessed 25 Sept 2017

Collado RE (2015) Water war in Central Asia: the water dilemma of Turkmenistan. Geopolitical Monitor

Cummings SN (2012) Understanding Central Asia: politics and contested transformations. Routledge, London

Davies B (2017) An introduction to glacier mass balance. http: //www. antarcticglaciers. org/modern – glaciers/introduction – glacier – mass – balance/. Accessed 7 Jan 2016

Dinar A, Dinar S, McCaffrey S, McKinney D (2007) Bridges over water: understanding transboundary water conflict, negotiation and cooperation. World Scientific, New Jersey

Eurasian Development Bank (2008) Eurasian integration yearbook 2008. Almaty, Kazakhstan

Eurasian Development Bank (2009) Impact of climate change to water resource in Central Asia. Almaty, Kazakhstan

EurasiaNet (2002) Agricultural crisis prompts Uzbek officials to revive interest in plan to divert Siberian rivers. http: //www. eurasianet. org/departments/environment/articles/eav053002. shtml. Accessed 11 Nov 2016

European Bank for Reconstruction and Development (2015) Kyrgyz Republic Water and Wastewater Rehabilitation Extension. http: //www. ebrd. com/cs/Satellite? c = Content&cid = 1395247168414&d = Mobile&pagename = EBRD% 2FContent% 2FContentLayout. Accessed 4 Oct 2017

EuropeanBank forReconstruction andDevelopment (2016) Central TajikWater Rehabilitation Project. http: //www. ebrd. com/cs/Satellite? c = Content&cid = 1395248120639&d = Mobile&pagename = EBRD% 2FContent% 2FContentLayout. Accessed 4 Oct 2017

Food and Agricultural Organization (2013) The Aral Sea basin. Aquastat. http: // www. fao. org/nr/water/aquastat/basins/aral – sea/. Accessed 3 Sept 2017

Freedman E, Neuzil M (2015) Environmental crises in Central Asia: from steppes to seas, from deserts to glaciers. Routledge, Taylor and Francis Group, Kentucky

Fritsch O, Adelle C, Benson D (2017) The EU Water Initiative at 15: origins, processes and assessment. Water Int 42 (4): 425 – 442

Gan R, Luo Y, Zuo Q, Sun L (2015) Effects of projected climate change on the glacier and runoff generation in the Naryn River Basin, Central Asia. J Hydrol 523: 240 – 251

Government of Tajikistan (2007) Resolution 500 of the Government of Tajikistan. Concept of transition of the Republic of Tajikistan to sustainable development

Government of Tajikistan (2011) Resolution 551 of the Government of Tajikistan. Programme for the efficient use of hydropower resources and energy 2012 – 2016

Government of Tajikistan (2014) Sustainable energy for all: Tajikistan, rapid assessment and gap analysis. http: //www. undp. org/content/dam/rbec/docs/ Tajikistan. pdf. Accessed 7 Sept 2017

Granit J, Jägerskog A, Lindström A, Björklund G, Bullock A, Löfgren R, de Gooijer G, Pettigrew S (2012) Regional options for addressing the water, energy and food nexus in Central Asia and the Aral Sea basin. Int J Water Resour Dev 28 (3): 419 – 432

Hagg W, Hoelzle M, Wagner S, Mayr E, Klose Z (2013) Glacier and runoff changes in the Rukhk catchment, upper Amu – Darya basin until 2050. Global Planet Change 110: 62 – 73

Hijioka Y, Lin E, Pereira JJ, Corlett RT, Cui X, Insarov GE, Lasco RD, Lindgren E, Surjan A (2014) Asia. In: Barros VR et al (eds) Climate change 2014: impacts, adaptation, and vulnerability. Part b: regional aspects. contribution of working Group II to the fifth assessment report of the intergovernmental panel on climate change. Cambridge University Press, Cambridge, pp 1327 – 1370

Horsman S (2003) Transboundary water management and security in Central Asia. In: Sperling J, Kay S, Papacosma VS (eds) Limiting institutions? The challenge of Eurasian Security Governance. Manchester University Press, Manchester, pp 86 – 104

International Crisis Group (2014) Water pressures in Central Asia. In Allison R, Jonson L (eds) Crisis Group Europe and Central Asia Report no. 233. Chatham House, London

Kazakhstan Green Energy (2017) Water conservation. https: //www. kzgreenenergy. com/waterconservation/. Accessed 19 Sept 2017

Kocak KA (2015) Water disputes in Central Asia: rising tension threatens regional stability. European Parliamentary Research Service. Brussels. http: //www. europarl. europa. eu/RegData/etudes/BRIE/2015/571303/EPRS _ BRI (2015) 571303 _ EN. pdf. Accessed 5 Sept 2017

Kraak E (2012) Central Asia's dam debacle. China dialogue. https: //www. china-dialogue. net/article/4790 - Central - Asia - s - dam - debacle. Accessed 16 Sept 2017

Kulchik Y, Andrey F, Sergeev V (1996) Central Asia after the empire. Pluto Press, London

MacKay J (2009) Running dry: international law and the management of Aral Sea depletion. Central Asian Survey 28 (1): 17 - 27

Malsy M, Aus der Beek T, Eisner S, Flörke M (2012) Climate change impacts on Central Asian water resources. Advances in Geosciences 32: 77 - 83. https: //doi. org/10. 5194/adgeo - 32 - 77 - 2012

Michel C (2017) TAPI and CASA - 1000 remain in project purgatory. The Diplomat, 10 July 2017. http: //thediplomat. com/2017/07/tapi - and - casa - 1000 - remain - in - project - purgatory/. Accessed 25 Sept 2017

Micklin P (1991) The water management Crisis in Central Asia. Carl Beck Papers in Russian and East European Studies. University of Pittsburgh, Pittsburgh, PA

Ministry of Energy and Water Resources (2017) Map of the CASA - 1000 Project. Republic of Tajikistan. http: //mewr. gov. tj/en/map - of - the - casa - 1000 - project. Accessed 25 Sept 2017

Mogilevskii R, Abdrazakova N, Bolotbekova A, Chalbasova S, Dzhumaeva S, Tilekeyev K (2017) The outcomes of 25 years of agricultural reforms in Kyrgyzstan. Discussion Paper 162. Leibniz Institute of Agricultural Development in Transition Economies (IAMO). Halle, Germany

Møller B (2004) Freshwater sources, security and conflict: an overview of linkages. In From 'water wars' to 'water riots'? Lessons from transboundary water management. Working paper 2004/6. Danish Institute for International Studies, Copenhagen

Nelson G, Rosegrant MW, Palazzo A, Gray I, Ingersoll C et al (2010) Food security, farming and climate change to 2050: scenarios, results and policy options. International Food Policy Research Institute, Washington, DC

Nurshayeva R (2012) Uzbek leader sounds warning over Central Asia water disputes. Reuters, 7 Sept. http: //www. reuters. com/article/centralasia - water/uzbek - leader - sounds - warning - overcentral - asia - water - disputes - idUSL6E8K793I20120907. Accessed 3 Sept 2017

Olcott MB (2001) Central Asia: common legacies and conflicts. In: Allison R, Jonso L (eds) Central Asian security: the new international context. Royal Institute of International Affairs, London, pp 24 – 48

Oren A, Plotnikov IS, Sokolov S, Aladin NV (2010) The Aral Sea and the Dead
Sea: disparate lakes with similar histories. Lakes Reservoirs Res Manag 15: 223 –
236. https: //doi. org/10. 1111/j. 1440 – 1770. 2010. 00436. x

Pak M, Wegerich K (2014) Competition and benefit sharing in the Ferghana Val-
ley: Soviet negotiations on transboundary small reservoir construction. Central
Asian Affairs 1: 225 – 246

Petersen – Perlman JD, Veillux JC, Zentner M, Wolf AT (2012) Case studies on
water security: analysis of system complexity and the role of institutions. J Con-
temporary Water Res Educ 149: 4 – 12

Petrov GN (2015) Water apportioning and runoff regulation in the joint use of wa-
ter – power resources of transboundary rivers in Central Asia. Water Resour 42
(2): 269 – 274

Qureshi AS (2005) Climate change and water resources management in Paki-
stan. In: Mirza MMQ, Ahmad QK (eds) Climate change and water resources in
South Asia. Taylor & Francis, Leiden, Netherlands, p 33

Rahaman MM (2012) Principles of transboundary water resources management and
water – related agreements in Central Asia: an analysis. Int J Water Resour Dev
28 (3): 475 – 491

Rasul G, Sharma E (2014) Mountain economies, sustainable development and cli-
mate change. In: Kohler T, Wehrli A, Jurek M (eds) Mountains and climate
change: a global concern. Sustainable Mountain Development Series. Bern: Cen-
tre for Development and Environment, Swiss Agency for Development and Coop-
eration, and Geographica Bernensia

Ray DK, Mueller ND, West PC, Foley JA (2013) Yield trends are insufficient to
double global crop production by 2050. PLoS ONE 8 (6): e66428

Rickleton C (2013) Kyrgyzstan: Bishkek's hydropower hopes hinge on Putin's
commitment. Eurasianet. org, 25 Apr 2013. http: //www. eurasianet. org/node/
66883. Accessed 19 Sept 2017

RT (Russia Today) (2015) Kyrgyzstan becomes 5th member of Russia – led Eura-
sian Economic Union. https: //www. rt. com/business/311639 – kyrgyzstan –
joins – eeu – kazakhstan/. Accessed 5 Sept 2017

SCN – Lavalin (n. d.). Feasibility study for Kambarata HPP – 1. Montreal.
http: //www. snclavalin. com/en/projects/feasibility – study – for – kambarata –
hpp – 1. aspx. Accessed 3 Aug 2017

Sehring J, Diebold A (2012) From the glaciers to the Aral Sea: water unites. Trescher, Berlin

SNC - Lavalin (2011) Central Asia—South Asia electricity transmission and trade (CASA - 1000) project feasibility study update. Montreal. http: //www. casa - 1000. org/1) Techno - EconomicFeasbilityStudy _ MainRep _ English. pdf. Accessed 19 Oct 2016

Swinnen J, Van Herck K (2013) Food security and sociopolitical stability in Eastern Europe and Central Asia. In: Barrett CB (ed) Food security and sociopolitical stability. Oxford Press Scholarship Online. https: //doi. org/10. 1093/acprof: oso/9780199679362. 001. 0001

Taube G, Zettelmeyer J (1998) Output decline and recovery in Uzbekistan: past performance and future prospects. Working Paper 98/132. International Monetary Fund, Washington, DC

The Telegraph (2010) Kazakhstan proposes diversion of Siberian rivers to help drought - hit Central Asia. 9 Sept 2010. http: //www. telegraph. co. uk/news/ worldnews/asia/kazakhstan/7991641/Kazakhstan - proposes - diversion - of - Siberian - rivers - to - help - drought - hit - Central - Asia. html. Accessed 16 Nov 2016

Thurman M (2001) Irrigation and poverty in Central Asia: a field assessment. World Bank Group, Washington, DC

Tishkov V (1997) Ethnicity, nationalism and conflict in and after the Soviet Union: the mind aflame. Sage, London

Tojik B (2016) Energy sector in Tajikistan. Dushanbe

Trend News Agency (2017) Recent Uzbekistan - Kazakhstan deals to enhance trade, economic opportunities. 18 Sept 2017. https: //en. trend. az/casia/kazakhstan/2797967. html. Accessed 3 Sept 2017

UNECE (2017) Reconciling resource uses in transboundary basins: assessment of the water - food - energy - ecosystems nexus in the Syr Darya River Basin. Geneva

Varis O (2014) Resources: curb vast water use in Central Asia. Nature 514 (7520): 27 - 29

Wang X, Luo Yi, Sun Lin, He Chansheng, Zhang Yiqing, Liu Shiyin (2016) Attribution of runoff decline in the Amu Darya River in Central Asia during 1951 - 2007. J Hydrometeorology 17: 1543 - 1560

Wegerich K (2015) Shifting to hydrological/hydrographic boundaries: a comparative assessment of national policy implementation in the Zerafshan and Ferghana

Valleys. Int J Water Resour Dev 31: 88 – 105

Wegerich K, Kazbekov J, Lautze J, Platonov A, Yakubov M (2012) From monocentric ideal to polycentric pragmatism in the Syr Darya: searching for second best approaches. Int J Sustainable Soc 4: 113 – 130

Wegerich K, van Rooijen D, Soliev I, Mukhamedova N (2015). Water security in the Syr Darya Basin. Water 7 (9): 4657 – 4684. https: //doi. org/10. 3390/w7094657

Wegerich K, Soliev I, Akramova I (2016) Dynamics of water reallocation and cost implications in the transboundary setting of Ferghana Province. Central Asian Survey 35 (1): 38 – 60. https: //doi. org/10. 1080/02634937. 2016. 1138739

Weinthal E (2002) State making and environmental cooperation. MIT Press, London

White CJ, Tanton TW, Rycroft DW (2014) The impact of climate change on the water resources of the Amu Darya Basin in Central Asia. Water Resour Manag 28: 5267 – 5281

World Bank (2013a) The costs of irrigation inefficiency in Tajikistan. Report no. ACS21200. http: //documents. worldbank. org/curated/en/11658148655126-2816/pdf/ACS21200 – WPP129682 – PUBLIC – TheCostsofIrrigationInefficiencyinTajikistan. pdf. Accessed 11 Mar 2017

World Bank (2013b) Winter energy crisis: electricity supply and demand alternatives. World Bank study 79616. http: //documents. worldbank. org/curated/en/500811468116363418/pdf/796160PUB0REPL00Box377374B00PUBLIC0. pdf. Accessed 21 Sept 2017

World Bank (2014) Assessment studies for proposed Rogun hydropower project in Tajikistan. http: //www. worldbank. org/en/region/eca/brief/rogun – assessment – studies. Accessed 3 Aug 2017

Zakhirova L (2013) The international politics of water security in Central Asia. Europe – Asia Studies 65 (10): 1994 – 2013

第6章 摩洛哥水资源综合管理

作者：穆罕默德·艾特·卡迪 （Mohamed Ait Kadi）、
阿布德斯兰·齐亚德 （Abdeslam Ziyad）

摘要：供水安全一直是影响摩洛哥经济社会发展的重要因素。随着人口和经济增长，以及水资源短缺加剧，人们对水量和水质的需求不断增加，亟需提高水资源综合利用效率。在过去的半个世纪，摩洛哥发展规划的重点一直是最大限度地开发本国地表水资源，并以最佳和可持续的方式，将其用于农业灌溉、饮用水供应、工业化和能源生产。为管理好地表水资源，政府已投入大量资金用于重要基础设施建设。为应对水资源短缺加剧、供水成本不断上升的挑战，以及不同用水户之间和不同水用途之间更为直接、激烈的竞争所带来的挑战，工作重点转向从社会和技术角度对现有水资源在不同用水群体之间的高效、可持续的分配，这是更为复杂和艰巨的任务。水资源管理采取了更为综合的方法，通过相互促进的政策和体制改革，以及制定长期投资规划，以调动创新融资机制，包括公私合营伙伴关系等。

6.1 引言

摩洛哥是一个水资源匮乏的国家，为国家经济和社会可持续发展提供不间断的供水一直是人们的关注重点。摩洛哥水资源政策的成功与多项成果有关，包括 20 世纪 60

年代初期启动的长期规划，以及"最先进"的体制框架和法律资源，特别是 1995 年颁布的第 10 - 95 号法律，通过成立流域机构，加强了水资源的综合管理、参与式管理以及权力下放。在这些政策导向下，该国修建了 140 座大型水坝，形成了约 1.5 万 km² 的灌区，满足了生活、工业和旅游用水需求，推动了水电发展，提高了防洪抗旱能力。

虽然取得了一定成效，但摩洛哥的水行业仍面临着日益严峻的挑战。事实上，水资源短缺的挑战日益严峻，必将影响国家发展。气候变化、降水减少和更加频繁的干旱、人口增长和城市化使水资源面临着更大的压力。当前的水资源利用模式和取水量不可持续（CESE，2014）。

为应对这些挑战，摩洛哥已着手开展水行业改革。通过采用经济、社会和环境可持续的水行业整体方案，改变水资源管理思维和做法。

国家水资源计划（NWP）是国家水资源战略的实施载体，于 2010 年启动，与区域水资源总体规划相互配合。该计划基于需求管理战略与供水管理战略的优化组合，需求管理战略即更好地利用现有水资源的全面改革和做法，供水管理战略即更加审慎地选择新增供水的开发和利用（常规水资源开发，或非常规水资源开发，如海水淡化和污水再利用等）。相比过去，国家水资源计划更加关注水资源和自然环境保护，以及气候变化适应。

6.2　地理和水文气候环境

摩洛哥位于非洲大陆西北端，濒临大西洋和地中海。摩洛哥的地形主要由四条褶皱山脉组成，并将国家划分为三个地理区域：内陆山区，包括高原和肥沃的山谷；大西洋沿岸低地；东部和南部的半干旱和干旱地区，该地区的山脉逐渐延伸至撒哈拉沙漠。在北部，里夫山脉与地中海平行分布。在里夫山脉的南部，三条阿特拉斯山脉相互交叠，由东北向西南斜跨整个国家。

里夫山脉和阿特拉斯山脉将摩洛哥划分为两大气候区：一个受大西洋西风影响，另一个受邻近的撒哈拉沙漠影响。摩洛哥西部和北部属于地中海（亚热带）气候，冬季温和，夏季炎热干燥。靠近撒哈拉和撒哈拉以南地区属于半干旱和干旱气候。从西北部到南部和东部，降雨量由中等逐渐变为稀少。摩洛哥拥有北非最发达的河流系统，由 10 个流域机构管理；也拥有地下水资源，全国共登记了 32 个深层含水层和超过 46 个浅层含水层。

在正常的季节条件下，摩洛哥年均降水量约为 1400 亿 m^3。但水资源总量不到 220 亿 m^3，其中，地表水资源量 180 亿 m^3，地下水资源量 40 亿 m^3，超过半数的水资源集中在只占国土面积 7％的北部流域和塞布流域。此外，降水时间分布不均，降水量最多和最少年份之间的比值在 1～9 之间。降水的空间变化也很大，不同流域人均降水量的比值在 1～8 之间。由于降水量分布不均，摩洛哥经常发生周期性旱灾，对农业和经济造成了相当大的损失。

根据 2014 年人口普查，摩洛哥自 1956 年以来，人口增长两倍以上，从 1050 万增加到 3380 万（见图 6.1）。近几十年来，摩洛哥城市化发展迅速，城市人口占比从 1956 年的 29％上升至 60％。由于人口的迅速增长，尤其是生活方式由农村向城市的逐步转变，对水量、水质及其高效综合利用的需求也在上升。

摩洛哥的经济多样化。服务业占主导地位，2016 年占 GDP 的 56％；工业占 24％，农业占 20％。另一方面，从事农业人口占全国总人口的 40％。摩洛哥奉行扶持核心经济增长的方针，重点发展工业（崛起计划）、农业（马洛克-罗特计划）、旅游业（蔚蓝计划）和能源等。这些行业的用水需

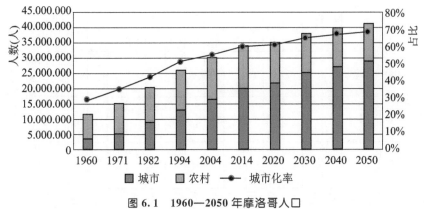

图 6.1　1960—2050 年摩洛哥人口

求在水资源不断减少和用水竞争迅速加剧的前提下仍须得到
满足。

6.3　水资源开发与利用

在过去的半个世纪，摩洛哥发展规划的重点一直是最大
限度地开发地表水资源，可持续、合理地将其用于农业灌
溉、饮用水供应、工业和能源生产。

为调控水量，摩洛哥已投入大量资金用于基础设施建
设。大型水坝数量从 1967 年的 16 座增加到了 2016 年的 140
座，蓄水能力增加了 9 倍（见图 6.2），达到 176 亿 m^3，相当
于人均 530m^3（Zayad，2017b）。此外，摩洛哥还有 13 个跨流
域调水系统。一些主要的基础设施项目处于前期规划或建设阶
段，目标是到 2020 年能够充分利用绝大部分的地表径流。大
部分重点水利基础设施都是多用途的，其设计和运行与水-粮
食-能源的纽带关系结合起来综合考虑。

地下水开发主要是开凿大量水井，这种战略资源约占
全国饮用水源的 1/3，其中在农村地区高达 90%。此外，
40% 的灌溉面积使用地下水进行灌溉，主要种植高附加值

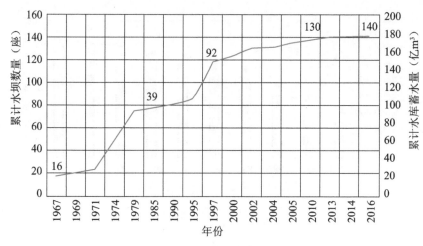

图 6.2　1967 年以来的水库数量和蓄水量

的出口作物。在干旱年份，地下水也发挥着战略储备水源的作用。

摩洛哥的大部分水资源用于农业。灌溉用水占用水总量的 85%，生活用水占 10%，工业用水占 5%。摩洛哥高度重视灌溉农业，以满足迅速增长的人口需求，以及扩大商品和农产品的出口需求。1967 年，政府承诺，到 2000 年满足 1 万 km² 土地的灌溉需求。由于在此期间投资巨大，这一目标于 1997 年提前实现。截至 2016 年，灌溉面积达到 1.5 万 km²。摩洛哥把建设大型现代化灌溉工程作为其农业灌溉发展的核心内容，这意味着进一步新增投资，对水资源调度、输送和分配系统（包括农场）等主要水利工程进行现代化技术改造。在全国主要流域开发了 9 个灌区，每个灌区都由一个区域灌溉和农业发展机构（或区域农业发展办公室，ORMVA）进行开发和管理。区域农业发展办公室是受农业、渔业、农村发展和林业等部门监管的半自治组织，负责灌溉系统的设计、建设、运行和维护，将农民所需的所有生产服务纳入统一的管理框架中，也为辖区内的雨养灌溉和传统灌溉的农民提供援助。

目前，整个灌溉部门创造了 45％的农业附加值和 75％的农业出口收入。除了促进粮食生产，发展灌溉，还增加了农村就业，促进了产业发展，有助于稳定国内生产。将现代农业引入小农家庭，可以显著提高其生产力和收入，并在一些地区扭转了人口从农村流向城市的趋势，缓解了生态脆弱地区的压力，为自然资源保护做出了贡献。

关于供水行业，全国饮用水产量在过去 30 年里增加了 5 倍，2015 年超过 12 亿 m³。目前，全部城市人口和 94％的农村人口（1994 年仅为 14％）的供水得到了改善。

与其他北非国家相比，摩洛哥缺乏足够的石油和天然气储备，是一个能源净进口国。因此，水力发电在满足国家能源需求和减少能源进口支出方面发挥着重要作用。目前，摩洛哥水电装机总量为 1770MW，典型水文年份的水力发电量占全国能源总量的 10％。

6.4　问题和制约因素

虽然摩洛哥在水资源领域付出了巨大的努力并取得了显著的成效，但仍面临着日益严峻的挑战和众多制约因素。如果处理不当，可能会阻碍本国的发展。这些制约因素（Ait Kadi，1998b）概括如下。

6.4.1　可用水资源量减少、极端事件增多

受气候变化的直接影响，摩洛哥的气候更加炎热干燥。观测数据显示，摩洛哥气候变暖趋势明显。1961—2016年，全国和局部地区的年高温总天数都有所增加，相应地，年低温总天数有所减少。热浪也具有相同的变化趋势，向更严重的高温事件演变。此外，随着气候的变暖，总降雨量随之减少，连续干旱天数呈上升趋势。这些变化见图 6.3～图 6.8。

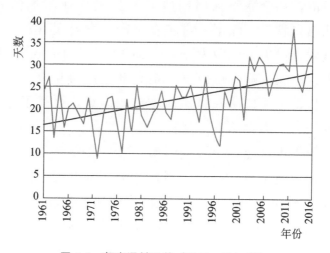

图 6.3　年高温总天数（1961—2016 年）

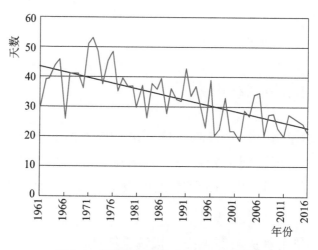

图 6.4　年低温总天数（1961—2016 年）

　　观测数据显示，水文情势已经发生变化。年均径流量和河道流量更低，山洪暴发的频率和强度增加，大坝运行和防洪的复杂性增加，水力发电也受到影响，有时由于大坝蓄水量低而导致发电量下降 50% 以上。例如，图 6.9 显示了阿拉尔·恩伊·法西大坝（Allal EI Fassi Dam）流量偏离正常值及其随时间的变化。

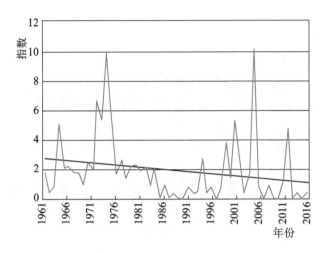

图 6.5 冷期持续时间指数

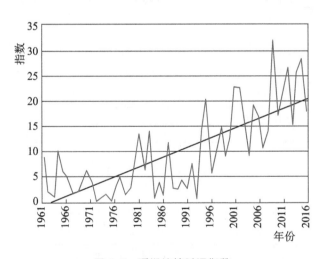

图 6.6 暖期持续时间指数

干旱是摩洛哥经常出现的一种自然气候现象，多年的应对经验使摩洛哥逐步建立了一套干旱综合管理系统（专栏 6.1）。但是，目前的气候变化预测表明，干旱的频率、强度和持续时间有所增加，将对粮食、水、能源和卫生行业造成较大影响。

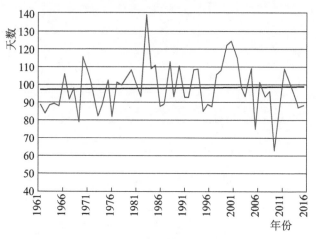

图 6.7　最高持续干旱天数

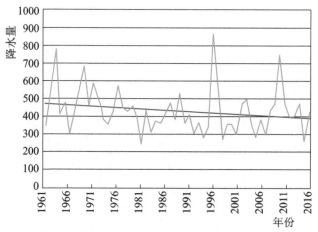

图 6.8　年降水量（单位：mm，1961—2016 年）

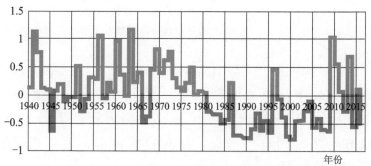

图 6.9　阿拉尔·恩伊·法西大坝流量偏离正常值（1940—2015 年）

专栏 6.1　摩洛哥干旱综合管理

干旱是摩洛哥经常出现的一种自然气候现象。20 世纪 80 年代早期进行的一项树木年代学研究帮助重建了近千年的干旱历史（1000—1984 年）。研究显示，在持续 1～6 年的 89 次干旱中，平均间隔约为 11 年。干旱的平均持续时间约为 1.6 年。20 世纪是过去 9 个世纪中最干旱的世纪之一（见图 6.10）。

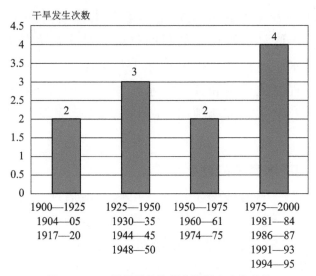

图 6.10　20 世纪干旱的频率和强度变化趋势

多年的应对经验使摩洛哥逐渐建立了一套干旱综合管理系统，由三个基本部分构成：

监测和早期预警系统。摩洛哥成立了相关的国家机构，提高了技术能力，特别是在气候建模、遥感和作物预测方面。2000 年，建立了国家干旱观测站，改进了预测和影响评估，制定了决策支持和干旱预防战略，并开发了相应的工具。

减轻干旱影响的紧急行动计划。摩洛哥在制定实施减轻干旱影响计划方面拥有丰富的经验，通过一系列措施达到如下目的：（1）确保农村人口的安全饮用水；（2）通过饲料分配保护家畜；

（3）开展增收和创造就业的活动（农村道路和灌溉基础设施维护）；（4）保护森林和自然资源。

降低干旱脆弱性的长期战略。该战略基于风险管理的方法，降低整个国民经济、特别是农业和农村经济对干旱的脆弱性。该战略包括不同维度的多种政策，在干旱风险中，既考虑到地理多样性、经济和社会影响，也考虑到干旱的长期反复发生。

摩洛哥还遭受更为突出的水文气象极端事件影响，局部降雨强度增加，洪水发生频率变高，造成严重的经济和财产损失。2002 年，摩洛哥制定了国家防洪计划，并于 2011 年对其进行了修订。该计划的目的是以一种全面和综合的方式来治理洪水，包括工程措施和非工程措施。工程措施包括使用各种工程设施控制和预防洪水。非工程措施包括建立洪水监测系统、洪水信息和脆弱性地图，以及完善立法和机制框架。

6.4.2 地下水资源的过度开采

地下水资源的枯竭尤其令人担忧。据估计，每年抽取的地下水约 50 亿 m^3，而其可再生潜力仅为 40 亿 m^3。

地下水的过度开采导致承压水位下降，水资源量减少（甚至枯竭），一些沿海地区的地下水质因海水入侵而恶化。通过对几乎所有含水层水位变化的监测显示，地下水位持续下降，有时每年下降超过 2m，速度惊人。图 6.11 所示的例

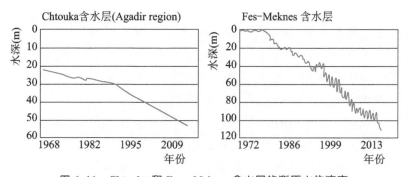

图 6.11 Chtouka 和 Fes – Meknes 含水层的测压水位演变

子显示了"指挥控制法"的局限，其唯一依据是 1995 年颁布的法律。当前，采用了一种更为全面的方法来扭转苏斯含水层（Souss Aquifer）地下水的枯竭趋势，目的是在严重依赖地下水地区减少开采量，同时确保农业的社会经济可行性（见专栏 6.2）。

专栏 6.2　农业地下水管理的整体方案：苏斯含水层合约

地下水的不可持续开采和地下含水层枯竭是一个严重问题，主要集中体现在苏斯地区，其地下水位下降迅速，达到了警戒值。

苏斯地区位于摩洛哥西南部，属半干旱气候，年均降水量不到 250mm。该地区柑橘类水果和新鲜蔬菜的生产和出口均居全国第一位。灌溉农业占地近 0.12 万 km^2，主要依赖地下水（72%）灌溉。自 1985 年以来，该地区常遭受连年干旱，地下含水层的年补给量不到 4000 万 m^3，而每年抽取水量为 6.5 亿 m^3。因此，地下水位下降幅度非常大，达到每年下降 2～3m。这种情况迫使许多农民拔除柑橘，特别是在埃尔盖丹地区（37.5km^2，占柑橘种植总面积的 38%）。实行更严格的立法并没有扭转这场悲剧，因此国家和地区当局制定了一项苏斯地区水资源开发与管理综合方案。该方案以两大支柱为基础。

地下水和地表水的联合利用。埃尔盖丹大型集体灌溉项目的开发，实现了地下水和地表水的联合利用。这是一个开创性的公私合营项目，以 30 年期建设-运营-转让合同的形式进行灌溉开发和管理，主要目标是提供新增 4500 万 m^3 地表水，以保护埃尔盖丹地区（100km^2）因地下水位迅速下降而受到威胁的柑橘园。项目包括水库、管道输送和分配系统，向农场提供部分灌溉用水（50%～70%），并与地下水联合利用。柑橘种植户已根据协议认购了专用滴灌项目，支付总投资成本的 40%，并将按照合同规定按量计费。

宏大的治理和水资源生产力改善行动计划。以"含水层管理合同"的形式制定了一项保护和开发苏斯地区水资源的公约。这是与包括政府和地方当局、用水户协会、农民组织和信贷机构等所有利益相关方深入协商的结果。本合约下的行动计划包括控制水井开挖、控制果园和灌区扩建、采用节水技术（滴灌结合灌溉调度服务），以及提高该地区农民和公众对节水和防止污染问题的认识等。不同利益相关者的代表组成了委员会，负责执行合同。

迄今为止，该计划惠及 50 多个农业用水户协会，受益面积达 123km^2。该委员会在制定和通过立法修正案调整灌溉水费方面发挥了重要作用。

这种方法的独创性在于：

- 将含水层治理与地表水联合利用项目开发结合起来，并在水资源利用方面采取更为有效的做法；
- 由仅代表权威却无效的警务体制转变为用户自愿承诺的体制；
- 提供全面的农业和水资源管理组合，即：通过集体智慧，与若干区域项目结合，解决该地区面临的水资源挑战。

6.4.3 水质恶化

摩洛哥水资源面临着日益严峻的污染威胁，主要有农业污染、工业污染和生活污染。由于水文情势的变化，夏季干旱季节的径流量减少，水质进一步恶化。卫生和废水处理设施无法与饮用水供应需求相匹配，城市污水目前成为地表水、沿海水和地下水污染的主要因素。因此，如果摩洛哥的经济按照现在的模式发展下去，对水质的需求将大大超过对水量的需求。为此，制定了《国家水质改善计划》，要求：（1）对水资源质量进行诊断；（2）分析污染源及其对水质的影响；（3）制定主要河流（塞布河和乌姆赖比阿河）和整个国家的水质保护计划，包括制定污染补救措施。

6.4.4　水土流失和大坝淤积

全国各地都不同程度受水土流失的影响。每年累计的水土流失造成近 7500 万 m³ 可用水量的损失，另外还有富营养化和水质恶化。水土流失还大幅增加了下游基础设施的运行维护成本和饮用水的生产成本（见图 6.12）。

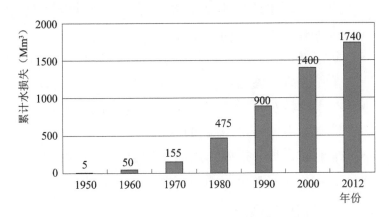

图 6.12　大坝淤积造成的年累积水库水损失的变化

6.4.5　用水效率低下

目前，摩洛哥水经济的特点是：如果供应额外的水，成本将急剧上升，不同类型用水户和不同水用途之间的竞争将更加直接和激烈。这促使人们对水资源保护的态度发生了重大变化。水资源总体短缺，尤其是地下水过度开采的问题，促使人们呼吁提高各行各业的效率。

6.5　水利部门的整体改革

由于 20 世纪 90 年代接连发生的干旱，以及日益严重的水资源短缺带来的挑战，水资源管理已成为国家发展议程的重中之重，甚至地位还在继续上升。摩洛哥选择正视这些棘手的问题（因为它影响了水供应方面长期努力本应取得的成效），通过政策、法律和机构改革，制定长期投资计划（Ait. Kadi，2014a，b），采用综合方法进行水资源管理。

6.5.1 战略框架

主要的政策改革包括：

- 采用水资源综合管理的长期战略。《国家水资源计划》（NWP）是战略实施的载体，同时也是 2030 年前所有投资项目的框架；
- 制定新的法律和体制框架，推动权力下放，提高利益相关方的参与度；
- 在水资源分配决策中，通过合理的水价和成本回收机制，引入经济激励措施；
- 采取能力提升措施，应对水资源管理体制的挑战；
- 建立有效的水质监测和控制机制，减少环境退化。

6.5.2 法律和机构框架

第 10 - 95 号《水资源法》于 1995 年颁布。为加强水资源的综合管理、参与式管理和权力下放管理，《水资源法》于 2016 年更新修订（SGG，2016）。要点如下：

- 规定水资源是公共财产；
- 设立流域或流域群管理机构，明确水资源管理相关机构的任务、职能和责任。特别是，作为高级咨询机构的高级水资源和气候理事会，以及国家水政策与规划论坛的地位和作用得到了加强。所有来自公共部门和私营部门的利益相关方，包括用水户协会，都加入了这个理事会；
- 提供了《国家水资源计划》和流域总体规划的详细说明；
- 根据"谁使用谁付费"和"谁污染谁付费"原则，通过征收取水费和水污染税的方式，建立成本回收机制；
- 通过制定环境法规、制裁和惩罚措施，加强水质保护。

在机构设置方面，主要的变化是设立流域机构，负责流域或流域群管理，主要职责是水资源开发、按照总体规划进行水资源分配、水质控制。流域机构加强了对具有不同水资源管理功能的现有机构的网络管理（世界银行，1995）。

6.5.3　《国家水资源计划》

为巩固已取得的成效，应对上述挑战，《国家水资源计划》以国家水资源战略和区域水资源总体规划为基础，为加强水政策的贯彻落实注入了新的动力。该计划确定了 2030年前需实施完成的优先行动，目的是提供充足的水资源，支持经济和社会发展，确保水资源的综合和可持续管理，加强与其他行业计划和战略的融合与整合（Interministerial Commission，2015）。

《国家水资源计划》的主要指导方针是：通过增加额外的供水来巩固已取得的成绩，迎接与气候变化有关的新挑战，并提出满足不同项目和用水需求的融资机制（public - private partnership，Ziyad，2017a）。《国家水资源计划》主要包含三个要点。

6.5.3.1　需水管理

通过新技术、监督管理和市场机制，需水管理和水价是《国家水资源计划》的优先事项。在饮用水领域，除了供水安全目标外，该计划旨在提高管网效率；到 2025 年，全国平均效率达到 80％。督促旅游业和工业采取节水措施，包括减少用水量、最大限度地重复利用。在农业方面，制定了国家灌溉节水规划，到 2020 年将 50 万公顷的地表灌溉大规模改为滴灌。

《国家水资源计划》还展望了水力发电这种清洁的可再生能源的发展。实际上，水和能源部门预期，未来水力发电的发展将会提速。能源战略的目标是：到 2020 年，将可再生能源对国家电力生产的贡献率提高到 42％；到 2030 年，提高到 52%，其中 1/3 为水力发电。

6.5.3.2　供水管理与开发

摩洛哥在水资源利用方面付出了卓越的努力，应通过以下两种方式持续开展：

- 每年修建 3 座大坝，利用不同规模的大坝汇集地表水，蓄水能力将从目前的 176 亿 m³ 提高到 2030 年的 250 亿 m³。也存在调水的可能性，即将西北部水量盈余流域的水资源调至缺水的中西部流域；

- 非常规水资源开发，包括海水淡化和污水处理再利用，主要用于农业灌溉和绿化用水。目前，海水淡化约占饮用水产量的 1%。到 2030 年，通过大型项目的实施投产，海水淡化可满足将近 16% 的饮用水、工业和旅游需求。

6.5.3.3　水资源保护、自然环境保护和气候变化适应

作为推动可持续发展的一部分，《国家水资源计划》支持了一系列活动：

- 保护水资源质量，通过加强水质监测、防治污染，加速实施《国家卫生和废水处理计划》，制定《国家农村环境卫生计划》，以及防治水污染，尤其是生活和工业污染；

- 通过采取新的治理模式保护地下水，在合同框架内（地下水合同）对这一战略资源进行可持续和参与式管理，人工补给缺水含水层，保护地下水水质；

- 流域管理与水土流失防治；

- 通过在湿地和绿洲地区实施特定行动计划，保护敏感地区；

- 减少洪涝和干旱影响的建议措施（见上文）。

6.5.4　融资

摩洛哥用于水方面的资金渠道较多。国家预算是当前主

要的投资来源。虽然摩洛哥的灌溉行业、供水和卫生行业都建立了完善的成本回收体系,水收益的现金流能够覆盖固定成本(运营和维护),但很难弥补投资成本。

在灌溉方面,《农业投资法》为投资和运营成本的大幅回收提供了法律和体制框架。该法要求全面回收运营和维护成本,并回收40%的初始投资成本(Ait Kadi, 1998a)。类似的原则也适用于饮用水定价,按照累进加价制,并且在生产和配水之间、不同城市之间以及不同类型用水户之间实行差别水价。为城市用水户设立团结税,用以支持农村地区改善供水的投资。

在一些主要城市(卡萨布兰卡、拉巴特和丹吉尔泰图安),摩洛哥为进行供水和卫生系统开发和管理的国际私营公司提供了一系列优惠。以BOT(建设-运营-转让)协议形式建立的公私合营机制已率先用于埃尔盖丹灌溉区的开发和管理(专栏6.2)。在灌溉和饮用水生产领域,通过汇集地表水和使用海水淡化,也在启动其他公私合营机制。有两个例子:(1)比尔迪得、塞斯(凡斯·梅克内斯)、卢克斯(与达尔·赫罗法大坝相连)和基尔(与卡多萨大坝相连)地区的节水和灌溉开发项目;(2)通过海水淡化加强阿加迪尔市饮用水供应和克图卡地区灌溉保护。

6.6 结论

摩洛哥正在持续推进并力争实现水资源综合改革。所采取的整体方案主要基于:

- 在相关机构或适配政策中营造有利环境(包括组织机构和法规);
- 撬动必要的财政资源,既要有选择地开发新增供水,也要对水需求进行严格管理,实施综合改革和行动,更好地利用现有水资源供应;

- 加大水利行业不同部门之间的合作。

摩洛哥的水改革经验具有一系列有价值的特点，主要包括水行业新的机构安排，加强水资源和气候高级理事会作为国家水政策和规划最高机构的作用，以及建立流域机构。在子行业层面，摩洛哥的灌溉机构是独特的，将为农民提供生产服务与供水结合起来，是提高水生产力和农业产量的一个重要方法。

这一经验突显了水治理理念方法转变的必要性，以实现更可期的未来，并控制可预见的灾害。这一点尤其重要，因为目前许多国家面临着社会经济转型，需要在各个治理体系（Ait Kadi 和 Arriens，2012；Ait Kadi，2015b）中有所反映。但将有效的水治理付诸实践是一项非常庞大和复杂的议程（Ait Kadi，2015a），完成这一议程必须从新的体制和机制开始，采取更协调的方法来应对水资源开发与管理挑战，反映不同水利体系之间更加紧密的相互联系。它要求形成"赋能"的环境，制定一套相互支持的政策和全面的法律框架，并采取配套的激励和管理措施对政策予以支持。然而，政策和法规虽然必要，但远远不够。将有效的水资源管理付诸实践还需要建立和加强跨行业的体制机制。

<h1 align="center">参 考 文 献</h1>

Ait Kadi M (1998a) Irrigation water pricing policy in Morocco's large scale irrigation projects. Paper presented at the world bank sponsored workshop on political economy of water pricing implementation，Washington DC，November 3 - 5

Ait Kadi M (1998b) Water challenges for low income countries with high water stress—the need for a holistic response：Morocco's example. In：Proceedings of the Seminar on the 20th Anniversary of Mar del Plata，SIWI，Stockholm，August 10 - 16

Ait Kadi M (2014a) Integrated water resources management (IWRM)：the international experience. In：Martinez - Santos P，Aldaya MM，Llamas MR (eds.)

Integrated water resources management in the 21st Century—Revisiting the paradigm, Botín Foundation, CRC Press, Madrid, Spain

Ait Kadi M et al (2014b) Book on "Water and the Future of Humanity - Revisiting Water Security", Co - author, Calouste Gulbenkian Foundation, Springer, Berlin

Ait Kadi M (2015a) "Increasing water security through effective water governance". Keynote address at the opening ceremony of the 23rd OSCE Economic and Environmental Forum—First Preparatory Meeting, Vienna, January, 2015

Ait Kadi M (2015b) 《The dynamic of water security and sustainable growth》 opening keynote of the Session on "Economically Water Insecure Countries", VIIth World Water Forum, Gyongju, South Korea

Ait Kadi M, Arriens WL (2012) Increasing water security: a development imperative. GWP Perspectives Paper: February 2012

CESE (Conseil Economique, Social et Environnemental) (2014) La gouvernance par la gestion intégrée des ressources en eau au Maroc: Levier fondamental de développement durable. Version définitive. Auto - Saisine n 15/2014

Food and Agriculture Organization, FAO (2014) Regional initiative to address water scarcity in the Middle East and North Africa: MOROCCO national assessment

Interministerial Water Commission, Morocco (2015) The national water plan

SGG, Maroc (2016) 《Loi n 36 - 15 relative à l'eau》 Bulletin Officiel N 6506, 10 octobre, 2016

State Secretariat in charge of Water, Morocco (2016) Water resources management scheme in situations of scarcity

World Bank (1995) Water sector review. Kingdom of Morocco. June 1995

Ziyad A (2017a) Morocco's water management pathway, Fez Forum "the water and the sacred", May, 2017

Ziyad A (2017b) River basin master plans: planning and water management tools to identify hydraulic projects. AFRICA 2017: Water storage and hydropower development for Africa Marrakech, Morocco, March 14 - 16, 2017

第 7 章　南部非洲地区的水安全问题

作者：迈克·穆勒 （Mike Muller）

摘要：南部非洲地区国家解决水安全问题的方法反映了其所处的特定环境特点。该地区各国均面临两大主要挑战。首要挑战是确保为所有居民，尤其是农村居民持续供应安全可靠用水。第二大挑战是提高应对气候变化（尤其是应对干旱）的适应能力，因为干旱时常干扰该地区大量人口所依赖的自给农业生产。而洪灾虽对该地区局部影响较大，但仍为二级挑战，所影响的地区人口数量相对较小。在这一环境下，实现水安全的主要障碍为经济状况和制度能力。有证据表明，拥有有效制度和充足财政资源的国家能够克服自然资源方面的挑战。因此，水资源的差异性和相对短缺本身并非水安全的主要决定要素。我们仍有机会在区域层面缓解干旱带来的影响，但政治障碍却会阻碍我们采取跨区域合作措施。

7.1　引言

7.1.1　水安全是一个环境概念

南部非洲的情况表明，水安全及其界定受制于环境因素。在一些地区，主要存在水资源过多的问题——洪灾可能是水循环中最直接的破坏性影响之一。而其他地区面临的挑战可能是旱灾，降雨难以预测，严重影响农业社会的经济发展。在工业活动活跃和人类居住密集的地区，水质可能受污染而变差，如果不进行大规模高成本处理，该地区水资源就无法使用。

南部非洲涵盖了上述所有情况。其应对经验表明，社会应对水资源挑战的能力从根本上取决于经济和制度。如果有足够的财政资源，就可能通过建设基础设施来缓解问题，包括通过储存水资源抗旱、保护公众免受洪灾影响、处理污水等。然而，有效利用财政资源需要制度支撑，以及需要诊断问题、设计、实施和支持适当的解决方案。因此，南部非洲面临的另一个挑战是，许多国家依赖于外部的经济和制度支持，而这些支持并不一定适于解决当地问题。因而，各国频繁更换新的管理模式，水安全管理也不例外。

因此，要想综述南部非洲水安全问题，有必要首先了解该地区整体的自然、社会、经济和制度环境。（在本综述中，"南部非洲"指除坦桑尼亚和刚果民主共和国之外的南部非洲发展共同体成员国，包括毛里求斯、马达加斯加、塞舌尔和科摩罗等岛国。联合国经济和社会事务部等组织采用了其他分类方法，但东部非洲和南部非洲国家之间存在大量重叠。）

7.1.2　自然和水文环境

南部非洲各地区气候类型差异较大，最南端是温带地中海气候，气候温和，属于冬季多雨区；其余大部分地区属于夏季多雨区。在气温差异方面，南部非洲高海拔地区为温带气候，东北海岸为热带气候。

各地降水量存在差异，从西海岸沙漠地区的不足200mm/a 到东部马拉维山区的 2000mm/a 不等，同一季节内和不同季节间变化也很大。该地区许多地方气候干旱，蒸发量远远超过降水量，荒漠和半荒漠地区分布较广，西南部地区尤为显著。由于南部非洲气候干旱，降雨造成的径流量通常很低，约为 5％。

南部非洲几乎没有常年性大型河流，现有河流的流量也存在明显的季节性变化。如果不发展储水和输水基础设施，就难以满足大规模用水。东海岸经常发生热带风暴，由此引发严重洪灾，但也给该地区带来大部分降雨。整个南部非洲经常发生周期性旱灾，虽然该地区北部和南部所受影响之间并无关联，但都通常起因于厄尔尼诺现象。

南部非洲地下水资源分布广泛，能够满足农村社区家庭用水需求。但这里几乎没有南亚、东亚、欧洲和北美常见的大型冲积地层。南部非洲大部分地区特有的坚硬岩石地质含水层的水资源不足以支撑大规模灌溉或大量的城市和工业用水。

根据南部非洲发展共同体（简称"南共体"，2006）的描述，该地区水资源的特点是差异巨大且分布不均；水资源管理和使用面临的挑战包括大规模贫困以及大部分水资源来自跨界河流。

7.1.3 社会和经济环境

南部非洲面积（约 600 万 km^2）比欧盟（440 万 km^2）大，但其人口（约 1.55 亿）目前还不到欧盟（7.3 亿）的 1/2。

然而，与欧洲不同的是，南部非洲的人口增长迅速，预计到 2050 年将达到 3 亿，并且这一增长趋势将持续到 2100 年。与撒哈拉以南非洲的大部分地区一样，该地区仍以农村为主，预计将经历快速城市化进程。预计到 2050 年，城市人口比例将从 2014 年的 44%（6900 万）增至 56%（1.69 亿）（联合国经济和社会事务部，2014）。

南部非洲地区各国经济发展水平存在差异，有低收入国家（马拉维、莫桑比克和津巴布韦），也有中高收入国家（博茨瓦纳、纳米比亚和南非）。另外，安哥拉、莱索托和赞比亚虽被列为中低收入国家，但由于其社会指标低、战争余波、对不稳定商品市场的经济依赖等因素，仍在联合国开发计划署（UNDP）"最不发达国家"名单之内（世界银行，2017）。

虽然局部地区经济繁荣，但该地区大多数人口仍饱受贫困之苦。几乎一半的人口仍处于官方定义的贫困状态，每天收入不到 1.90 美元，靠农村自给生产活动或城市地区打零工维持生计。该地区的另一个特点是贫富差距较大，尤其是南非及其周边国家，而南非是世界上基尼系数最高的国家之一。以上造成了关于水安全的各种具体问题，因为制度和基础设施必须适应各种经济环境，并需要应对各种社会、政治挑战和压力，而这些挑战和压力通常源自不同服务标准和不同社区可获得的服务质量。

该地区许多贫困社区获得安全可靠水资源的机会非常有限，容易遭受灾害，包括受旱灾以及较小程度上受洪灾的影响。与此同时，小部分富裕社区享有高水平服务，对水环境质量也有较高要求。因此，即使在大多数人无法获得任何形式的安全卫生设施情况下，富裕社区也对废水处理等高价值服务的有效提供和运作有较高期待。

7.1.4　制度环境

鉴于制度能够决定水资源的管理和使用，水安全的许多方面能否实现取决于正式或非正式制度的质量。

通常，地方或市政当局负责生活用水供应，尤其是在城市地区。因此，与水有关的服务质量取决于各组织的能力和其可用的资源。南部非洲各地区的制度能力差异很大。

在一些小而富的国家，如纳米比亚和博茨瓦纳，城市社区依赖有组织的集体供水，拥有相对有效的市政组织。在赞比亚，城市社区用水由私营公用事业公司提供，并被证明相对有效。从经济角度来看，南非是该地区资源最为丰富的国家，在民主治理的第一个十年里，供水覆盖率不断提高。然而，技术有限和政治监督不力导致许多地区（特别是在较贫穷、较偏远地区）的市政能力下降，无法维持现有水资源供应，并且近期越来越难以获得安全可靠的水资源。在安哥拉，城市供水一直是薄弱环节，许多社区依赖私人运水车等非正式渠道来获取水资源，甚至首都罗安达的供水也是由一家专门的城市公用事业公司负责。

在一些较贫困的国家，尽管安全可靠的供水覆盖率仍然很低，基于社区的非正式制度安排在某些情况下能够有效管理当地问题，特别是农村地区的供水。在这些国家，城市供水由区域公用事业公司负责（如马拉维）或由国家公用事业公司（如莫桑比克）负责。这些机构往往受到财政资源的限制从而影响其供水能力。

水资源管理方面面临的挑战略有不同。该背景下要求制定制度监测并开发水资源，使其可用于生产，用户间发生竞争和冲突时还需负责进行处理。在南部非洲地区，该职能均由国家级机构总体负责。然而，运作职责通常下放给区域或基于流域的组织，个别供水计划有时由基于用户的组织进行管理。

最后，由于南部非洲大部分主要河流流经多个国家，需要采取制度策略来管理国家间的合作与冲突。区域合作组织南部非洲发展共同体 1995 年发布的《水道共享协议》正式处理了南部非洲的这些问题。协议书规定，各国必须通过适当的制度安排就共享河流的使用进行合作。

外部驱动因素对这一领域已产生重大影响，需要建立正式的河流流域组织，比如赞比西河、奥兰治河和奥卡万戈河的赞比西河管理局（ZAMCO）、奥兰治河委员会（ORASEC-OM）和奥卡万戈河盆地水资源委员会（OKACOM）。然而，在需要联合行动以开发或监管共享河流上，主要通过特设或双边组织进行实质性合作。因此，由沿岸国家组成的三方工作组负责管理科马蒂河事务；奥兰治河四大沿岸国之二——南非和莱索托之间的双边条约组织，促进了两国联合供水项目的开发；此外，赞比亚和津巴布韦间签订发展水力发电的双边协议，马拉维和坦桑尼亚之间签订促进赞比西河（8 个沿岸国家共享）电力和农业发展的双边协议。

7.1.5　水安全

在这种背景下，"水安全"有何含义？政治家和公众往往侧重于获得基本供水和卫生服务。然而，人们认识到水安全是一个更为复杂的概念。该地区普遍使用格雷和萨多夫（2007 年）对水安全的定义，"能够可靠获得健康、生计和生产所需用水，水量、水质以及与水相关的风险，都维持在可接受水平"。

这一定义很好地区分了：

- 人类社区满足其健康和福祉基本要求的水需求；
- 社区经济活动的水需求；
- 农业用水，因其消耗较大，无论是为了自给粮食安全，还是作为一个经济部门本身，都需要特别区分；
- 城市地区为支持社会制度和政治制度以及商业活动对水的更广泛需求。

此外，它还囊括了水安全的另外两个重要方面：

- 保护居民及其财产免受水灾破坏（或缺水带来的影响）；
- 水环境的状态和功能以及环境条件对水安全其他方面的影响。

这些因素对该地区各国或多或少都有其重要性，有助于让人们了解水安全的广泛定义，而不仅限于供水服务中的水安全定义。

7.2　南部非洲水安全的部分维度

7.2.1　综合性区域视角

本章未从所有维度详细记录每个国家的水安全状况，而是举例介绍了整个南部非洲地区水安全的不同维度。通过概述可以得出一些整个区域水安全的大致状况以及影响该地区水安全的因素。

虽然卫生条件保障和卫生用水两者经常相提并论，但本综述采取了不同方法。由于重点放在水安全上，本综述认为，卫生有用水需求，也可能对水质和水环境产生有害影响。这并非贬低卫生的重要性，而是在促使人们认识到，在保持家庭卫生和废水处理方面，除了大量用水之外，可能还有其他选择。尽管卫生条件保障对水安全可能产生负面影响，但这反过来可能会为加大力度更好地管理两者之间的关联互动提供动力。

7.2.2 人类基本用水需求

总体而言，南部非洲的情况表明，即使在水资源相对有限的地区，缺水也不会影响满足人类对健康、舒适和体面生活的基本用水需求。获得安全用水与国家层面的国民收入和社区层面的家庭收入密切相关。这并不意味着所有人都能获得足够的安全用水，而是说制约因素通常来自于财政和制度，而非资源本身的实际可得性。

在农村，大多数家庭从所处周围环境中获取水资源。许多人的用水仍然依赖于露天河道或浅井中的水。由于容易受到污染，这些水并不安全，而且这种水资源可能会受到旱灾的影响，往往并不稳定。为了确保农村社区用水安全可靠，几十年来，各国政府经常与非政府组织合作，推动各种方案的开发和实施，提供并支持低成本、低技术的供水系统，包括手泵和"改良"井，在某些地方，还采用小型水处理和收集系统。

在首次应用这种供水基础设施时，通常需要进行专门的现场调查，以指导选择适当的建造方式，但建造成本可能很高。建造后维持这些系统的可靠运行也是一项重大挑战。虽然非政府组织努力与社区合作以使其能够进行基本操作和维护，但这些项目的失败率仍然很高，且减缓了供水基础设施的进一步覆盖。

因此，尽管这种情况下该地区所有国家都有促进供水的公共项目，但许多国家农村社区安全可靠供水的有效覆盖率仍然相对较低——安哥拉 23％，莫桑比克 32％，纳米比亚和南非 63％，莱索托 66％（联合监测项目，2017）。低供水覆盖率反映了提供和支持农村系统运作的制度和财政能力的有限性。

南非的经验表明，收入是限制因素之一。为所有公民提供安全供水的初始项目得到了宪法条款的支持，宪法将获得足够水资源规定为一项人权，并制定了"基本用水免费政策"，旨在确保最贫困社区不会因无力承担而无法获得安全供水（Muller，2008）。然而，政治压力迅速细化了对基本供水的解释，增加了获得免费水资源的资格限制以及免费提供的水量规定。事实上，在允许免费使用安全供水的社区，随着水的消耗超过系统的设计能力，可靠供水的覆盖率正在下降（南非统计局，2016）。贫困家庭比例较大的城市很少拥有改善供水能力的财政支持，这超出了政府的财政预算，从而使情况更加恶化。

7.2.3　城市社区用水

大城市地区的发展带来了不同性质和规模的挑战，因为城市社区对水的需求迟早会超过当地水资源的供应。在这种情况下，必须扩大引入水资源的范围，相比于较小和较分散的定居点，这需要更多的经济资源和更先进的制度资源。

另一个制约因素是，在大多数情况下，大部分水仍用于家庭而非经济活动。因此，来自商业用水户的交叉补贴，很难用来支持生活用水的供应（电力正好相反，因为大部分都是商业用电户）。南部非洲大部分城市地区的家庭用户没有财力投资建设这种大规模供水系统。

通常情况下，城市家庭的人均用水量比农村家庭高出了一个数量级，这使得用水状况更加糟糕。在该地区，一些高收入城市社区的人均用水量可能超过每人每天200L，特别是城郊花园式社区，甚至在纳米比亚首都温得和克等缺水城市，这类情况也时有发生（Remmert，2017）。即使在这些人均用水量高的社区，人们也不愿意支付全部供水费用，这往往与薄弱的制度有关，因为这些制度必须同时照顾城市中的大型贫困社区的需求。

在这种情况下，维护大城市地区的水安全，就需要提供可靠的供水，而这成为一项重大挑战。这需要长期的规划和发展，以确定和促进大规模供水方案的实施，以及加强能力建设，为所需的基本工程调动大量财政资源。南非则从反面展示了政治承诺对长期方案的重要性。虽然该国一直致力于有效规划和实施大规模区域项目，但对技术进程的政治干预近期削弱了其制度能力。这导致开普敦等主要城市严重缺水、其他中心面临风险，因为系统容量将不再足以抵御五十年一遇的旱灾（Muller，2017）。南非内陆城市的发展展现了过去应对这些挑战的成效（Muller，2016）。然而，南部非洲发展共同体的许多城市地区或多或少都受到供水不足的影响。通常，供水不足反映的不仅仅是制度能力不足，还有财政资源有限。总的来说，随着城市地区的发展，它们使用的资源比发展初期使用的资源成本更加高昂。如果增长的人口以贫困人口为主，那他们将难以负担未来规划的全部边际成本的水费（即使这种方法很公平）。因此，城市公用事业受到资金限制，它们不能将客户群作为可赢利的收费制现金流呈现给潜在的投资者。因此，供应总是滞后于需求。

尽管存在这些制约因素，但由于城市居民其他供水来源有限，该地区城市社区获得正规供水的机会大大高于农村地区。据报道，南非和纳米比亚的供水覆盖率为97%，津巴布韦为 94％，莱索托和马拉维为 87％，赞比亚为 86％，莫桑比克为 79％，安哥拉为 63％。但是，如果考虑到供水的可靠性，这些数字会明显下降：南非 85％，赞比亚 90％，津巴布韦仅 60％。如果考虑到水安全（没有污染），少数有数据国家的供水覆盖率会进一步减少（联合监测方案，2017）。

工商业以及学校、卫生设施和政府机关等公共机构的供水和废水处理通常要求通过市政供水来满足。然而，一些水资源密集型产业，尤其是采矿业，还有造纸和纸浆生产业，必须制定自己的供水方案或投资更大的区域供水计划。

7.2.4　环境质量：废水和其他影响

水质是水安全的一个与生俱来的要素，它既有客观方面，也有社会决定的主观方面。这些通常与自然的水生生态环境有关。就对人类的直接影响而言，水质差会给用水者带来负担，他们必须承担额外的水处理费用或接受使用质量较差的水。这实际上降低了他们的水安全。

保持水质是该地区许多城市居住区面临的一项重大挑战，特别是在水源靠近发达地区的内陆地区。在南非内陆地区，采矿、工业和城市发展集中，目前水质是影响农业和下游居住区的一项系统性挑战。

尽管已有证据显示，监管大规模、偏远的城市活动（如采矿）的水排放质量具有可行性，但来自城市的污染更难管理。在某种程度上，这是因为对供水的投资总是优先于有效的废水处理和处置，同时也由于低收入居住区和小规模经济活动造成的分散性污染难以管理。

因此，提供有效的卫生系统来清除、处理和处置人类产生的废弃物是更广泛意义上水安全的重要指标。同样，该地区在这方面的表现也各不相同。根据联合监测方案（2017），城市地区卫生系统覆盖率最高的是博茨瓦纳和南非，分别为 77％和 76％；最低的是莱索托、马拉维、莫桑比克和赞比亚，在 46%～49%之间。因此，很明显，在所有城市地区，人类产生的废物和废水将产生大量污染。农村地区卫生系统的覆盖率更低，差异更大，从莫桑比克的 12%到南非的 69%，反映了收入水平和人口密度的不平衡，在居民更密集的地方，卫生条件差对水质和健康的影响更加直接和明显。

南部非洲国家拥有重要的矿产工业，矿场关闭后对水质的影响是该地区特有的问题。南非的老金矿场通常在关闭时不会采取有效的生态修复措施，在为该国中心地带供水的瓦尔河流域中，这些金矿产生的溶解固体负荷在总量中占比虽小（15%），但对水质的影响却非常大。作为一种全流域质量管理干预措施，对这些废水进行处理是一项有吸引力的选择，因为它们作为点污染源很容易被收集处理，但事实证明这一做法成本颇高（南非地球科学委员会，2010）。

现存的采矿作业都进行了监管，确保采用适当措施以防矿场关闭后产生污染。同时还需要进行监督，确保强制性措施得到有效实施。在该地区采矿作业较为偏远的其他地方，从区域和系统层面看，情况不那么严重，但采矿仍然经常对当地造成严重影响。此外，遍布津巴布韦和赞比亚的小规模采矿活动造成了大范围的下游污染。

虽然防止污染影响是一个明显的环境焦点，但从河流中引水使用也可能对水域环境造成重大破坏。在季节性流量较大的河流中，即使引水所占年径流量比例相对较小，如果集中在旱期或低流量期，也会破坏水生态系统。开发储水库缓解流量过低也可能对生态产生负面影响。虽然许多国家通过制定操作规程（包括生态流量规定在内）来解决这些问题，但这可能只有在大型正式开发项目中进行环境和社会影响评价时才会用到，因此，该区域越来越需要这样的规程。

7.2.5 粮食、农业和农村生计用水

在南部非洲，粮食（以及其他农作物）生产的水安全程

度地区性差异很大，不同农业性质的水安全程度差异也很大。

南部非洲发展共同体中绝大多数人口仍然主要依赖自给农业来维持收入和粮食安全。由于这类农业的特点是投入和投资水平低，因此灌溉量有限，容易受到经常发生的旱灾影响。因此，很大一部分人口缺乏粮食安全保障。

另一方面，大量商业化农业得到了大规模储水和输水基础设施的支持。其中大部分分布在南非，但莫桑比克、马拉维、津巴布韦和赞比亚也有大量的蔗糖和其他作物种植园。尽管大多数情况下，供水系统建设初期依赖于公共补贴，但它一旦建成，相对高价值的园艺和商业作物往往能够支持它的持续运作、维护，甚至扩建。

如前所述，南部非洲地区易遭受极端气候和旱灾，这往往加剧了原本气候干旱和降雨稀少带来的影响。南部非洲许多地区发展雨养农业，然而，由于降雨量不足或不稳定，如果没有一定量的灌溉，便无法为人们赖以生存的农业发展提供保障。

然而，另一个重要因素是土地的可利用性和不同社区采用的不同耕作制度。因此，值得注意的是，尽管南非有大片雨养农业区位于易受干旱影响的地区，但其商业化农业相对成功。其他行业对水的需求量正在迅速增长，用水量（占总可用水的比例）已经很高（2005年约为35%），并且正在接近经济可行的发展限度（约40%）。在这种情况下，其他产业部门对用水的竞争很可能导致农业用水量减少，这种情况早在1970年已有先兆（南非，1970）。

在该地区的其他国家，这种情况并不严峻。联合国粮食及农业组织（FAO）的全球水资源和农业信息系统（Aquastat）数据集（联合国粮食及农业组织，2017a）显示，其他国家使用可用水的比例较低，因此用于农业的可用水更多。斯威士兰使用的可用水比例约为23%，其中95%用于农业；

津巴布韦（18％和82％）和马拉维（6％和80％）紧随其后。纳米比亚水资源匮乏众所周知，仅使用了其2％的可用水，其中45％用于灌溉，26％用于畜牧；博茨瓦纳同样使用不到2％的可用水；赞比亚也不到2％，其中76％用于农业。

值得注意的是，这些数据大多为2002—2004年的数据，已经相对过时。这反映了该地区普遍存在的一个问题，即缺乏关于国家水资源，特别是关于水资源使用情况的信息。这些数据同时也反映了全国概况，虽然人口和水资源的分布往往很不均衡。

数据也表明，如果推进区域合作和一体化并允许农业生产转向有水资源的地区，农业用水不足就不一定是农业发展的主要制约因素。但是，如果要从马拉维等水资源和土地资源相对紧张的国家移居到赞比亚等水资源和土地资源丰富的国家，需要跨越政治障碍（Muller等，2015）。

7.2.6　能源用水

在南部非洲地区，水既是水力发电的来源，也是热能发电的限制因素，因为热能发电需要冷却水。该区域除南非之外的大多数国家的能源主要来自水力发电。

非洲的主要水力资源源于刚果河，其发电潜力（770TW·h）与南美洲的亚马孙河相当。然而，刚果河几乎处于未开发状态。长期以来，人们一直在计划推进一个已立项项目（英加水电站），该项目的发电潜力达5万MW。但计划还没有实施，该水电站目前的发电量只有不到3000MW，人们不得不将关注点放在该地区的小规模资源上。除刚果外，南部非洲水资源并不丰富，但确实有大量的水力发电资源，只是目前仅开发了11％（联合国环境署，2017）。

莫桑比克已经确定要大力开发赞比西河上总装机容量超过4000MW的4个水电项目，并准备首次将电力用于出口。津巴布韦和赞比亚也在赞比西河两国共享部分的巴特卡峡谷加速开发一个 1500MW 的项目, 旨在满足其国内需求。而赞比亚正在将其赞比西河卡富埃支流的项目发电能力从 2000MW 提升到 2750MW。安哥拉已从其石油项目中筹集资金, 为近期完工的 2000MW 劳卡水电站项目提供支持, 这将大幅降低该国的电力赤字。

水力发电有时并不稳定, 因为在旱期其发电量会减少。这种现象通常反映出国家对额外发电的投资较少。由于政治压力, 水电项目的运行通常超出额定能力和操作规程, 因此许多地区制定了严苛的限制措施。马拉维是一个例外, 夏尔河上水力发电相对较少是因为其水力发电依赖于马拉维湖外流, 而马拉维湖特别容易受到气候波动和变化的影响 (库马巴拉, 2010)。

当使用热源发电时, 需要稳定可靠的供水进行冷却, 任何供水故障都会导致发电量迅速减少或发电中止。这在南非尤为重要, 该国的能源密集型经济在很大程度上依赖燃煤发电。由于大部分经济活动和发电发生在内陆, 即在该国水资源相对稀缺的中部地区, 因此需要大量投资水资源行业来支持发电。自 1970 年以来, 南非一直提倡干冷却, 并且政策规定核能仅在沿海地区才能使用 (南非, 1970)。目前的能源规划明确考虑了对水的需求, 而水安全现在是法定能源规划不可分割的一个组成部分 (能源部, 2013)。

7.2.7　洪灾和旱灾

根据目前对水安全的理解, 这一概念包括水循环对人们生活和经济的负面影响。由此, 因为受到洪灾和旱灾的影响, 南部非洲大部分地区水资源并不安全。

该地区面临的主要挑战是干旱。厄尔尼诺现象导致的旱灾时常发生。由于大部分雨养农业相对落后, 旱灾对自给农民的生计以及整体生产活动造成了严重影响, 而基础设施的缺乏也限制了灌溉用水的稳定供应。

由于该区域北部和南部所受环境影响不同，因此上述问题可以得到缓解。厄尔尼诺现象期间，南方遭受旱灾，而拉尼娜现象期间降雨量又高于平均水平；在北方，厄尔尼诺和拉尼娜现象带来的影响正好相反。这意味着，如果农业生产能够得到协调，且有相应的基础设施，粮食作物便可从盈余地区运输到缺乏地区，提高整个区域的粮食安全程度，这一点可通过贸易合作和基础设施投资实现。

南部非洲的部分地区容易遭受洪水袭击，尽管洪灾不像旱灾那样构成普遍威胁。该地区的洪灾通常是印度洋热带风暴造成的，对东部和中部的降雨量影响较大。大西洋沿岸国家，特别是安哥拉和纳米比亚北部，由于受到不明确的天气进程的影响，经常发生小规模洪灾。

虽然发电似乎与水安全没有直接关系，但水电站大坝也经常需要防洪保护措施。这一点在莫桑比克得到了证实，人们认为该国的卡霍拉巴萨大坝（Cahora Bassa Dam）的运行导致了 1976 年下游的严重洪灾，该大坝的建设目标是实现其最大发电量。经过修订操作规程，2001 年的流量与 1976 年的相似，但它带来的损害和生命损失已比 1976 年小得多（Beilfuss 和 Brown，2010）。

然而，尽管水管理制度的干预有助于减轻洪灾的影响，但如果干预未能正常发挥作用，也会产生反面效果。其中一个例子是发生在 2000 年莫桑比克南部林波波河和其他较小河流的洪灾，造成 700 人死亡，200 万人失去家园或受到其他影响（Hellmuth 等，2007，Christie 和 Hanlon，2001）。

7.3 讨论

7.3.1 水安全保障方法的历史角度

从开展正式区域合作开始，南部非洲国家就认识到它们之间在水管理方面的合作存在巨大的潜在利益。它们将重点置于开发共享河流，特别是赞比西河的能源资源上。在强调这一潜力的同时，也突出了分阶段制定和实施规划的必要性（Nsekela，1981）。在全球能源市场波动造成相当大的经济动荡之际，这种方法被视为实现能源安全的一项战略。

南非作为该地区最缺水的国家之一（就人均水资源供应量和水资源开发利用强度而言），也早已认识到健全的水资源管理战略的重要性。南非实施了 1970 年水资源调查委员会（南非，1970）提出的框架，在综合系统的基础上管理水资源，确保所有用户的宏观水安全。如前所述，还特别把能源规划和水资源规划统筹协调。水资源调查委员会还确定了今后农业用水方面的限制。

1975 年莫桑比克独立时，新政府意识到国家容易遭受水旱灾害，尤其是洪灾的侵袭。它们迅速介入管理该国最大的水电站卡霍拉巴萨大坝，以确保其能够缓解而不是加剧洪水的影响。该国随后的多数开发政策都以降低气候风险为指导，国家灾害管理研究所正式受命协调多个降险方案，并进行长期监测（Hellmuth 等，2007）。

在其他国家，解决涉水关键问题的对策方法依然不多。博茨瓦纳和纳米比亚人均水资源丰富，两国位于南共体最大的五条河流沿岸。但这些河流与人口密集的城市之间仍有一段距离，致使这两个国家仍然面临供水不足的窘境。博茨瓦纳和纳米比亚很少集中发展不受水资源限制的地区，主要原因在于其殖民定居模式受多因素影响。纳米比亚很大一部分农村人口生活在大型河流附近，但直到最近，才提出大力发掘该地区灌溉农业潜力的计划（纳米比亚，2008）。

出于环境原因，博茨瓦纳反对其邻国纳米比亚在共享河流上大规模发展农业项目。一些绿色项目计划从奥卡万戈河（按流量计算，是南部非洲第三大河流）引水，注入拉姆萨尔湿地——奥卡万戈三角洲。在国内，与生态旅游相关的环境保护和农业发展之间的冲突日益加剧（Kolawole 等人，

2017)。

莱索托和斯威士兰，两个昔日受大英帝国保护的国家，对自身水资源进行了充分利用。前者与南非合作，将奥兰治河共享水引入到南非的经济活动地区；后者利用其水资源大规模发展制糖业，并开始将水资源用于其他作物的生产。这些基于水资源的集中发展促进了两国的经济发展，但并未直接解决家庭水安全问题。莱索托和斯威士兰应该考虑这些方法是否增强了家庭、社区或国家级的水安全。

7.3.2　水安全制度

在宏观或资源层面，随着社会的发展，支撑水安全所需的制度要求发生了显著变化。在水资源相对丰富的地方，通常需要提升操作能力，开发各种当地水资源以保证提供可靠供水。较贫困国家的情况就是如此，其资源开发主要受到有限的财政资源的限制，用水量在"可再生水资源总量"中的比例（联合国粮食及农业组织，2017b）通常低于5%。在津巴布韦等中央政府力量薄弱的国家，各个流域委员会发挥了重要作用。莫桑比克还将大部分水资源管理职能授权给区域（而不是流域）组织。

随着水的使用越来越频繁，这些制度要求也在不断发展。南非充分开发其资源，能够使用总可再生水资源的35%左右；斯威士兰可使用23%；津巴布韦可使用16%。在这些国家中，资源开发和使用最初由公共资金支持，但现在由用户进行投资，而开发和管理继续由公共机构负责。

这带来了新的挑战。随着水的使用越来越频繁，有必要做出制度安排管理用户之间的合作和竞争。这要求制定法律为潜在用户获取资源建立标准和程序，并建立制度来支持和规范这一过程。虽然大多数国家都制定了水法，但支持和执行水法的能力不足，可用的水文信息有限，关于资源使用实际情况的信息更少。

南非的情况更加如此，尽管它的制度能力迄今为止在南部非洲最为先进。1998 年，南非引入了开创性的立法，允许将水资源的运作职能由中央政府下放给流域管理机构。然而，尽管国家政府的能力有所削弱，但职能下放仍有待大规模实施。由于缺乏水资源管理规划和执行能力，主要系统中供水短缺的情况越来越严重。

7.3.3　南部非洲水安全的障碍

上述分析有助于我们确认南部非洲加强水安全的障碍。该地区面临着一些在世界各地普遍存在的挑战。

7.3.3.1　经济挑战

首先是经济挑战。该地区存在大量未开发的水资源。但是，为了在整个经济层面上有效利用资源，往往需要投资储水和输水基础设施，以解决水资源的不稳定性和空间分布不均问题。这种基础设施已明显促进了南非实质性的可持续经济发展。然而，其中大部分基础设施开发于矿业繁荣时期，当时有更多的财政资源支持基础设施建设。与此同时，南部非洲其他国家的经济能力受到更大的限制。将水资源可利用性转化为可靠的家庭服务，也需要财政能力支持基础设施投资和运作。

7.3.3.2　社会不平衡和城乡差距

许多南部非洲国家的供水能力高度不平衡问题已然显现。这种不平衡不仅反映在家庭供水上，也反映在城乡供水差距上。在安哥拉，据报告有 63％的城市家庭能够获得基本供水，但在农村，这一数据仅为 23％。博茨瓦纳（95％，58％）、莫桑比克（79％，32％）、纳米比亚（97％，63％）、南非（97％，63％）和赞比亚（86％，44％）也出现了类似的情况。事实上，该地区没有一个国家能够确切指出农村供水"无污染"的程度。

这些结果可能仅仅表明，基本供水覆盖率最大的是可替代供水渠道较少的城市地区。但是同一国家的不同地区和不同群体之间也存在经济差异。最新的联合监测方案（2017）数据并未涵盖该地区所有国家，但确实表明，安哥拉服务最好的地区供水覆盖率为 76%，而服务最差的地区仅为 25%；前 1/5 的富裕人口中有 80% 可以获得供水，而最贫穷的人口中，只有 15% 能够获得。莫桑比克（服务最好区域为 99%，服务最差区域为 19%；富裕人口为 91%，贫困人口为 22%）和赞比亚（服务最好区域为 83%，服务最差区域为 15%；富裕人口为 89%，贫困人口为 13%）也出现了类似的情况。

7.3.3.3 制度挑战

另一项挑战是制度挑战。即使对水资源进行了投资，也往往没有达到预期回报，主要原因是缺少有效管理。拥有充足财政资源的国家往往无法有效分配这些资源。安哥拉尽管拥有丰富的石油资源，但直到最近才开始开发其丰富的水资源，以充分供应主要城市中心用水和水力发电用水。经过长达十年的钻石驱动型经济繁荣，博茨瓦纳仍未能完成基础设施建设，将水从资源丰富的共享河流运送到人口居住中心，因此首都和周边城市地区依然严重缺水。

在某种程度上，这反映了技术上的不足：应对该地区的挑战往往需要具备分析复杂情况并制定应对方案的能力，相关部门可能发现难以培养和保持这种能力，即使在相对繁荣的南非也是如此。因此，关于当地资源的性质和状态的可靠信息往往十分有限。治理方面的不足也会削弱技术响应。南非是一个面临制度挑战的案例，根据有据可查的报告，为了使某些特殊利益集团获益，政治层面一直迟迟没有作出资源开发的决定（城市出版社，2016）。

有人建议，可以通过加大私营部门参与力度来解决其中一些不足。但几十年的经验表明，水管理的复杂性和高成本显然因社会和环境价值的交互影响而变得更加复杂。这些对水管理提出了更高的要求（包括成本），因为供水是城市地区的一个高度优先事项，用水户在政治上有很大的发言权。因此，私营企业的风险很高，可见的财务回报有限，不足以吸引大量私人资本参与。然而，事实证明，只要涉及特定的相对富裕的社区或组织，就有可能调用私营部门的资金，用于公共部门主导的大型开发项目，例如分期建设的莱索托高地水利项目。

7.3.3.4　区域的机遇和制约因素

莱索托高地项目还体现了更大程度的区域一体化对实现水安全的贡献，以及这一贡献的局限性。虽然对该项目的投资确保了南非城市富裕社区的供水，但它并没有自动改善莱索托人民的水安全，除非经济增长的利好扩展到更大社区范围。

人们已经发现可以通过加强粮食生产和销售方面的区域合作减轻水危机对粮食生产的影响（Muller 等，2015）。南部非洲有许多气候带，不同的气候带会造成不同类型的水灾害，相互之间差异较大。南非及其邻国的粮食作物通常能够自给自足，但在干旱年份便需要进口一些农产品。而在干旱年份，赞比亚和莫桑比克北部以及安哥拉通常降雨量充沛（收成良好）。这意味着，尽管气候差异较大，加强合作仍可以使南部非洲各地区维持充足的主食供应。

这就要求解决不同程度的缺水问题（用人均可用水进行粗略计量）。马拉维虽然拥有世界上最大也是最深的湖泊之一，但水资源并不像人们普遍认为的那样丰富。人均可用水只有 $1400m^3$，和南非（人均 $1110m^3$）并列南部非洲最缺水的国家。这在很大程度上是由于这两个国家人口众多，土地面积相对较小。与此同时，赞比亚北部人口相对稀少，水源充足。如果没有国界，应对水资源短缺的合理办法就是鼓励移居。然而，尽管从马拉维有大量半合法移居人员前往该地区就业，移居仍存在着巨大障碍。

这些例子突出表明，只有获得高层的政治支持和制度安排，水安全各个方面的问题才能得到有效解决。虽然这是南共体成立的初衷，但事实证明，即使相关各方有可能取得双赢结果，在涉及贸易、移民和金融等敏感问题上取得进展并非易事。

7.4 结论：水安全的障碍和机遇

在南部非洲，家庭和社区层面的水安全首先与经济状况高度相关。城市社区比农村社区更有可能获得安全的生活供水。城市中心或拥有财政资源以实现自给自足的用户也拥有更多获得用水的机会，为其经济活动提供支持。同样，除了大规模的商业化农场之外，大多数农村地区的农业活动容易遭受旱灾的影响，因为它们无力斥资建设水利基础设施，以减轻灾旱影响。

制度能力是水安全的第二个重要决定因素。虽然水安全一部分取决于相关地区或国家的经济状况，但南部非洲的一些案例却表明，贫困地区的组织已成功改善水安全，而富裕地区的相关部门却没能做到。南非由于频繁的权力更迭，不重视建设健全的行政和技术管理体系，导致服务水平下降，这是水安全面临危险的重要例证。

因此，水资源的不稳定性和相对稀缺本身并不是水安全的主要决定因素。南部非洲气候多变，该地区的居民用水成本高于气候稳定地区的用水成本。但是，如果设立能够获得充足财政资源的强有力的主管机构，就可以克服这些挑战。同样，在区域范围内，尽管不应低估为减轻水资源短缺和气候变化影响而实施的合作方法在政治、经济和社会层面的困难，但水资源短缺和气候变化不一定会导致粮食短缺。

南部非洲的经验还表明，水危机本身可能在更大范围内妨碍实现水安全以及水资源的增长与发展。这是一种恶性循环，水危机的经济代价使社会无法实现水安全可支持的经济在更高程度上发展。如果水资源得到更好的管理，农业的生产力和赢利能力可能会降低。由于缺乏可靠、安全的供水，工业发展和城市经济活动会受到限制。经济发展不足反过来又限制了地区投资和支持能带来更高程度水安全的干预措施，在各国国内尤其如此。由此产生的资金不足，也让相关机构很难找到划算的方法来满足水需求，更无法有效地实施与运行这些方法。

　　从这个意义上说，对南部非洲地区水安全的审视得出的结论并无新意：水安全主要受到有关家庭、地区和国家经济能力的影响。但是，同样明显的是，各级机构如果能提升能力，保持专注，不仅能在水安全保障方面发挥重大作用，也能帮助本国摆脱落后的恶性循环（某种程度上是水危机导致的）。

参 考 文 献

Beilfuss R，Brown C (2010) Assessing environmental flow requirements and trade–offs for the Lower Zambezi River and Delta，Mozambique. Int J River Basin Manag 8（2）：127–138

Christie F，Hanlon J (2001) Mozambique and the great flood of 2000. Indiana University Press，Bloomington

City Press（2016）Noose tightens around Nomvula. City Press，Johannesburg，3 Aug 2016

Council for Geoscience (2010) Mine water management in the Witwatersrand gold fields with special emphasis on acid mine drainage. Report to the Inter–Ministerial Committee on acid mine drainage，Pretoria，South Africa

Department of Energy (2013) Draft 2012 integrated energy planning report，executive summary（for public consultation），Pretoria，South Africa

FAO (2017a) Aquastat database，UN Food and Agriculture Organisation，Rome. http：//www. fao. org/nr/water/aquastat/main/. Accessed Aug 2017

FAO（2017b）Aquastat database. UN Food and Agriculture Organisation，Rome. http：//www. fao. org/nr/water/aquastat/water _ res/index. stm. Accessed Aug 2017

Grey D, Sadoff CW (2007) Sink or swim? water security for growth and development. Water Policy 9 (6): 545 – 571

Hellmuth ME, Moorhead A, Thomas MC, Williams J (2007) Climate risk management in Africa: learning from practice. International Research Institute for Climate and Society, Columbia University, New York

Joint Monitoring Programme (2017) Progress on drinking water, sanitation and hygiene: 2017 update and SDG baselines. WHO/UNICEF Joint Monitoring Programme, Geneva/New York

Kolawole OD, Mogobe O, Magole L (2017) Soils, people and policy: land resource management conundrum in the Okavango Delta, Botswana. J Agric Environ Int Dev 111 (1): 39 – 61

Kumambala PG (2010) Sustainability of water resources development for Malawi with particular emphasis on North and Central Malawi. Doctoral dissertation, University of Glasgow

Muller M (2008) Free basic water: a sustainable instrument for a sustainable future in South Africa. Environ Urbanization 20 (1): 67 – 87

Muller M (2016) Greater security with less water: Sterkfontein Dam's contribution to systemic resilience. In: Tortajada C (ed.) Increasing Resilience to Climate Variability and Change, Springer, Singapore, pp 251 – 278

Muller M (2017) Understanding the origins of Cape Town's water crisis. Civ Eng 2017 (5): 11 – 16 June 2017

Muller M, Chikozho C, Hollingworth B (2015) Water and regional integration: the role of water as a driver of regional economic integration in Southern Africa. Report No. 2252/1/14. Water Research Commission, Pretoria

Namibia (2008) Green scheme policy. Ministry of Agriculture Water and Forestry, Government of the Republic of Namibia, Windhoek

Nsekela (1981) Southern Africa: towards economic liberation, Rex Collings, London

Remmert D (2017) Managing Windhoek's water crisis: short – term success vs long – term uncertainty. Democracy Report Special Briefing Report No. 18. Institute for Public Policy Research, Windhoek

South Africa (1970) Report of the commission of enquiry on water matters, Government of South Africa, Pretoria

Southern African Development Community (2006) Regional Water Strategy, Gaborone

Statistics South Africa (2016) GHS series report volume VIII: Water and sanitation, in – depth analysis of the General Household Survey 2002 – 2015 and Community Survey 2016 data，Pretoria

UN Department of Economic and Social Affairs（2014）World urbanization prospects：the 2014 revision：highlights. UN Department of Economic and Social Affairs，Population Division（ST/ESA/SER. A/352），New York

UNEP（2017）Atlas of Africa energy resources. United Nations Environment Programme，Nairobi

World Bank（2017）List of economies. http：//databank. worldbank. org/data/download/site – content/CLASS. xls

第8章 全球水安全：法国的经验教训和长期影响

作者：埃里克·塔迪厄（Eric Tardieu）

摘要：尽管法国一直未使用"水安全"一词，但自20世纪60年代以来，法国一直都重点围绕治理问题，设计和实施水安全政策。国家层面主要负责洪水风险管理，地方机构负责饮用水供应和卫生安全，而流域则被作为水资源综合管理的核心。一套全面的决策、规划和融资工具可以分别调节六个流域水资源管理的平衡和适用性。"用户付费"和"用水付费"原则为水管理和基础设施的改善提供了可靠的资金保障。

有很多实例都能从量和质上面体现这种集体治理投资和利益相关者义务对水安全的效果，包括对河流和地下含水层的生态修复能力。法国的机构目前正在朝着"生态安全"这一更为广泛的道路发展：必须将生态系统和生物多样性的保护和修复作为水安全的核心。这种发展的需要，再加上气候变化带来的越来越多的新影响，将考验法国机构的稳健性，特别是在农业用水方面。

8.1 背景分析：法国主要的水安全问题

法国不使用"水安全"一词。法国公共政策中没有出现过"水安全"一词，而是使用水资源管理与发展、气候变化相关的风险管理、洪水风险管理和污染控制这样的表达。

首先，这很可能是因为法国水资源相对比较丰富，具有相对优势。法国人口密度适中（除海外属地之外，领土面积约 55.1 万 km²，居民约 6500 万），水资源总量非常丰富。法国几乎所有主要河流的集水区都在境内，所以水资源管理很少涉及其他国家。境内几乎没有跨流域调水。

另一个原因可能是多数人认为法国的水问题已经得到解决。法国在水治理方面投资巨大，并在 1964 年历史性地将流域作为水资源管理单元，将工作重点放在利益相关方共同治理和对话上，将其视为主要安全因素。

8.1.1   法国水资源相对丰富但不确定性在增加

法国的水体包括大约 23 万 km 长的河流、2000km² 湖泊和 574 处地下含水层。

法国本土的全年水资源总量为 1680 亿 m³，大部分水量来自降水（4860 亿 m³），减少的水量包括：少量跨境径流量（流入 110 亿 m³，流出 180 亿 m³）和大量蒸发蒸腾量（高达3110 亿 m³）。水量可划分为 1000 亿 m³ 的地下水和 750 亿 m³ 的河流和溪流。人均可再生水资源量约为3100m³。年降水量为 700～1200mm，主要发生在秋季和冬季（见图 8.1）。

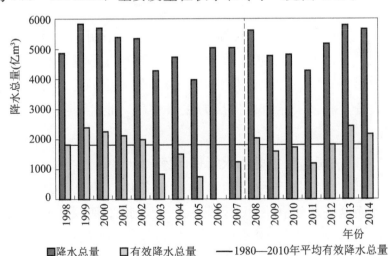

图 8.1   降水总量和有效降水总量的演变

资料来源：法国环境部气象局，2015 年

8.1.2 依照欧盟法律成立的法国机构

法国的水管理法规与欧洲的法律框架相一致，即 2000 年颁布的《水框架指令》。指令的总体目标是实现水体的良好生态，水安全没有被纳入目标。

《水框架指令》依照"水并非一种普通商品，而是必须加以保护和适当对待的遗产"这一关键原则，为欧盟成员国制定了任务目标、时间表和落实方法。这对减少杀虫剂、重金属、有机物等毒性物质排放和水质改善提出了更高的要求。满足这些要求并改善水质可促进水安全。

《水框架指令》还规定，设立相关机构对流域区进行管理，必要时可以在国际层面设立相关机构；确定被称为"水体"的基本单元；并设定目标，制订行动计划。每个流域区均制定六年滚动计划，包含三步：水体的特性描述、编制有针对性的管理计划和执行确定目标实现的系列措施。水体的特性描述应包括资源状况、水资源利用和保护区的相关信息，如饮用水抽取和生态系统保护等。水体被定义为水文地理单元（地表水）或水文地质单元（地下水）。法国已确定的水体为 1.15 万个。

《水框架指令》涉及绩效指标、报告编制，以及影响利益相关方组织和国家水政策行为的经济与环境评估总体方法。重视方法、治理、报告和利益相关方组织，这是《水框架指令》在水安全方面做出的重大贡献，也是其传递的关键信息。

8.1.3 法国当前主要的水管理问题

水安全取决于每项用途的特定条件，涉及很多公共政策，而这些政策往往互不统一。法国水管理主要面临以下挑战。

适应气候变化：确定水资源分配的不同方式以适应气候变化，应对日益加剧的复杂性和波动性。在城市化加速的背

景下，洪水管理仍然是法国水政策的优先领域。在这方面，
修复河流的自然属性和水生生态系统引起了新的关注。修复
水生生态系统、实现生态连续性和湿地保护不仅有利于水
质改善，也有利于洪水管理。自 20 世纪 90 年代以来，大
家将关注点一直放在问题的另一面上，即稀缺性管理。目
前需要应对各种挑战，尤其是气候变化带来的新影响和不
确定性。

防止面源污染，尤其是农业污染（农作物保护产品和硝
酸盐），并与通过改善环境工程改进大规模农业生产同步进
行。在河流湖泊水质改善方面，一些主要河流已取得了进展
（见下文塞纳河例子），但在面源污染控制方面进展一直比较
缓慢；考虑到被污染河道恢复到良好生态状态需要很长时间
是很重要的。利益相关方对自身行为会对环境产生不好影响
的认识正在逐渐加深。报告显示，超过 78％的河流水体和超
过 69％的地下水体呈良好或适中的水质状态。

8.2　法国的水安全组织：侧重于流域治理

《法国环境法》第 L.210 - 1 条规定，"水是国家共同遗
产的一部分。作为可用资源，应该在尊重自然平衡的前提
下，对其进行保护、改善和开发，并符合大众的共同利益。
在法律法规以及此前确立的权利框架内，水的使用权归全民
所有。与水使用相关的成本，包括环境和资源本身的成本，
均由用户承担，同时要考虑社会、环境和经济后果以及地理
和气候条件。"

在法国，水的法定地位被视为水安全的重要因素。尤其
是不允许私人水权存在，从而避免了经济投机行为。将水视
为公共资源使得流域委员会等公共机构可以制定水资源利用
和保护战略。

8.2.1 法国水管理突破了区域限制

水管理超出了常规行政区划的范畴，这种情况在法国很罕见。其缘由可追溯到 60 多年前，当时认为水安全需要采取特殊措施，使其不受常规行政区划的约束。

法国本土和海外领地包括近 3.6 万个村镇、101 个部门和 18 个区域，不同层面之间不存在等级关系。城镇（区）是最小（和最古老）的行政单位，均由每六年一次直接普选出的市议会实施管理。市议员们选出一名市长，由其行使本市的行政权力。在涉水领域，城镇很久以来一直设有管理水与卫生设施的公共机构。从 2018 年起，这些机构还将负责管理水环境和防洪。

市一级的相关部门经常进行重组。自 2014 年以来，为了提高绩效和效率，相继出台了几项法律，加快了市一级涉水机构重组为较大集团的进程。这些新的市级水务机构及由其整合的集团正在促使法国水管理情况发生重大变化，其结果将在 8.5 节论述。

每六年一次普选产生的省和区委员会负责管理有关部门和地区，并由当选的主席掌管该部门或区域的行政机构。部门或区域在水管理方面并无直接义务权限。尽管如此，这些部门经常会为饮用水和卫生设施或水环境项目提供财政支持，或者为市政当局提供技术援助。

地区行政机构也时常为项目提供资金，但更多是发挥规划作用，负责与水资源管理和生物多样性相关的战略规划，如制定区域可持续性和空间性战略规划；这些机构也是水管理委员会的成员单位，如流域委员会、水务局董事会和地方水委员会。

法国通过议会制定法律，通过政府制定水政策，并就如何落实欧盟《水框架指令》与欧盟相关机构进行谈判。环境部负责协调各部门的行动，包括在 2002 年设立的水务总司。

国家向区和省一级派出的代表可代表国家与地方当局共同行使管辖权，这些被称为"行政长官"的代表负责部门或区域层面的协调工作。

8.2.2　法国水安全体系的核心是拥有 50 多年历史的流域机构

以上介绍的管理层次属于典型的行政管理模式。但在水资源管理领域，法国设定了一个特定管理层：流域。

自 1964 年 12 月 16 日法案颁布以来，明确规定水资源管理需按照各主要河流流域的自然属性确定，不需遵守既有的行政边界。法国本土共有七大流域，每条流域都采取综合管理措施应对涉水风险，并将用水、生态系统需求和风险防范纳入统一考虑的范畴。根据《水框架指令》，法国划分为 13 个流域区，其中有 5 个位于其海外领地。法国还与邻国共享日内瓦湖以及莱茵河、默兹河、斯凯尔特河和摩泽尔河。

根据 1964 年法案（1984 年、1992 年和 2006 年分别进行增补和修订）成立的基金会和机构，包括流域委员会和水务局，至今依然负责法国的水资源管理。

法国实现水安全采取的措施主要围绕三个方面：流域层面共同治理；水资源和水生生态保护和利用规划；调动专项财政资源。

8.2.3　流域委员会：实现共同治理的地方水议会

流域委员会属于顾问性质的机构，由不同行业的用水户代表组成；通过合作与协调行动实现"共同"治理（见图 8.2）。各行各业都有用水户代表，包括市政府、农民、工业企业、土地规划机构、水电开发商、渔民、环保组织、旅游业和供水公司等。流域委员会主席从来自各流域当地管理局的代表中选出，其中包括 40％的本地社区代表、40％的用户和协会代表以及 20％的国家代表。流域机构的"水议会"

作用对于共同愿景设计、承诺共担、制定规划和在不同类型水用途之间分配财政资源至关重要。

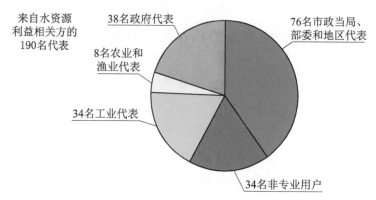

图8.2　卢瓦尔河-布列塔尼河流域委员会的构成示例

资料来源：卢瓦尔河-布列塔尼河水务局；原图来源：IOWater

对于水安全而言，流域委员会起到至关重要的作用。通过建立利益相关方早期对话机制，实现信息共享、防止冲突、推动变革和适应变化，进而避免水安全危机。

8.2.4　流域开发和管理总体规划

各流域委员会都需制定流域开发和管理总体规划（RBMP；法语简称：SDAGE），并提交国家审批。流域开发和管理总体规划为流域水政策制定提供通用准则和明确目标，成为涵盖所有水相关行政决策（城市规划、地方法规、财政援助等）的法定框架。法国流域开发和管理总体规划从某种意义上说是《水框架指令》下的流域管理规划，包括一系列为实现良好水状态目标而采取的措施和行动。

为了实现这些目标，专门制定了年度以及多年行动与投资计划（或《水框架指令》意义上的"措施计划"）。该计划确定了拟向用水户收取的费用金额和基于流域发展管理总体规划目标的优先行动。每个流域的开发和管理总体规划还涉及适应气候变化的内容，即应对气候变化计划。

从《水框架指令》颁布开始，行动计划的规划和实施以六年为一个周期。每个周期都要考虑修订流域开发和管理总体规划及其相关行动计划，并对所取得的进展进行监测，目前，欧洲的目标是到 2027 年所有水体达到良好生态状态（见图 8.3）。

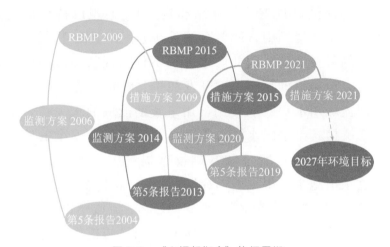

图 8.3　《水框架指令》执行周期

资料来源：IOWater，原图来源：IOWater

8.2.5　水务局：执行机构

1964 年，法国在流域层面设立了 6 个水务局。水务局属于公共执行机构，其特点是由国家以法令的形式任命其董事会主席。水务局负责为流域开发和管理总体规划的编制与执行提供技术和财政支持。水务局并非国家政府部门，不具备水资源监管、颁发用水许可（见下文）或处罚违法行为的权力，也不负责日常水资源管理或成为工程业主。水务局主要遵照流域委员会的决定和流域规划的内容，制定流域战略规划和采取必要的实施行动，在流域内推行水资源综合管理，实现水体的良好生态状态。法国的海外领地，这方面的职责由 2000 年设立的国家水资源办公室负责。

水务局通常根据用水量或产生的污染向用水户收取水

费。这些特定收费可在生态补偿机制方面发挥作用。这项措施作为流域层面的"水协作"工具，可根据用户类型（饮用水消费或经济活动）收费，落实预防措施和修复对水生态的破坏。水务局可利用收费，向执行流域行动或项目的公众和私营机构提供财政支持（补贴和贷款），实现可持续水资源管理。在这些费用中，90%会被重新分配，其余10%用于资助本国的科技活动。因此，水务局不仅为现状和压力评估提供支持，也会资助预测模型开发和相关研究活动。

向流域用水户收取费用，用来资助流域的水项目，这种直接融资模式是法国水资源管理体系实现经济安全的核心要素，为改善水资源管理和基础设施提供了可持续的财政资源。这项措施主要根据两项原则："污染者付费"（或"使用者付费"）和"以水养水"。水务局原名"流域融资局"，这说明当初就已经意识到必须将为水利基础设施提供可持续资金来源作为优先领域。水务局目前的综合职能是一个逐步拓展的过程。

水务局在收取水费时，将根据用水户对水资源影响的性质，将其划分为7个类型：水污染、污水收集系统现代化、农业面源污染、水资源抽取、枯水期蓄水、河道清障以及水生生态系统保护。收费体系迫使用水户将费用纳入其水资源利用过程，并鼓励节约用水，或对水资源进行最佳利用（见图8.4）。

水费的费率和总额由流域委员会根据国家有关规定来确定，并根据用水的强度和环境敏感度进行调整。排污收费根据污染参数（COD、BOD_5、悬浮固体等）确定的污染物排放的年度水平来收取。不同用途之间的费用调整成为各流域确保水安全的重要工具。财政支持可以纠正管理失衡问题或支持必要的改革，以便改善水资源状态并确保其可持续利用。

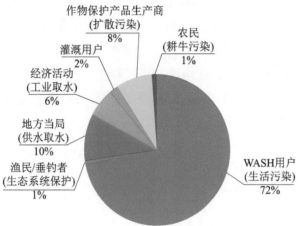

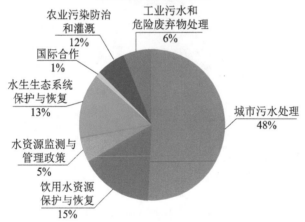

图 8.4 卢瓦尔河-布列塔尼河水务局费用分配

资料来源：卢瓦尔河-布列塔尼河水务局，原图来源：IOWater

8.2.6 子流域管理规划和地方水委员会

由于流域开发和管理总体规划所覆盖的 6 个流域范围较大，因此，在支流、子流域和含水层等层面也制定了相应水资源开发管理的计划。水资源开发管理计划作为子流域采取措施和行动的必要形式，兼有管理和监督的作用。为满足流域开发和管理总体规划的要求，水资源开发管理计划中设定了区域目标和需采取的行动，涉及水资源保护、污染防治、湿地恢复、水生生态系统保护、河流维持及开发和防洪减灾等。水资源开发管理计划的起草单位为流域水委员会，其成员 50% 来自当地社区，25% 为用水户代表，25% 为国家代表。目前，法国大部分地区已经制定了水资源开发管理计划（见图 8.5），这对于采取水资源保护行动是十分必要的一步。

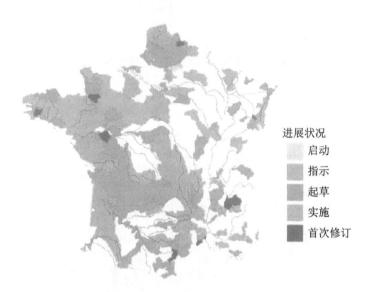

来源: IOWater–Gest'eau (www.gesteau.fr)
2017年1月1日数据

图 8.5　法国现行 WDMP 地图

资料来源：IOWater – Gest'eau，原图来源：IOWater

8.2.7　用水许可和监管

水安全体系有效发挥效率也取决于一系列授权和控制措施。虽然水属于全民共有，但用水必须受到监管，用水户的行为必须符合法律的规定。

这种监管职能由国家承担。从 1992 年法案颁布以来，根据有关规定和全国分类体系，法国建立了统一的用水"许可"监管系统，并设立了一套行政管理体系，对给水带来影响的所有建筑、设施、作业或行为进行管控。根据项目性质和设定的国家标准，通常由省政府的行政长官负责决定是否给予项目许可。如果许可需要的话，应组织公众听证会，就项目的影响征求居民的意见。许可具有一定期限；如果用水许可对居民公共卫生安全（例如洪灾），或水生生态环境系统产生风险，可对其进行修改或者取消。

　　许可必须符合流域水资源开发和管理总体规划的规定，通常包含了一些具体措施，而这些措施考虑了水资源可利用量（例如，保持河流所需的最小流量）以及与其他水用途的相容性等多个因素，以确保有效完成并维护相关设施，监测流速或产生的污染。事前的许可管理制度对于水资源管理至关重要，不仅对影响水资源的单独项目进行了具体规定，也为在全球范围内实现水安全提供了借鉴。

　　国家还有权强制执行相关法规。2009 年，水警部门处罚了大约 3 万起违法行为（http：//www. eaufrance. fr）。当然，国家管理部门也可依法启动法律程序，对违法行为进行罚款或起诉。例如，污染发生时，有关官员有权报告违法行为。

8.2.8　法国水信息系统

　　为了监测水质并了解水生生态系统，法国从 20 世纪 70 年代初已经建立了针对化学、生物和水形态参数的监测网络。自《水框架指令》实施以来，为了实现水体良好状态目标，强化了监测的必要性，这些网络得到了进一步扩展。不仅如此，水资源综合管理要求对海量数据进行收集、解读和比对。由于这些数据来源众多，法国于 20 世纪 90 年代初着手设立了数据协调、交换和交互操作系统。如今，法国水资源信息系统收集了所有有用数据，涉及水量、水质、生态系统、监管和使用等。这些数据来自国家和地方、公共和私营部门等不同机构，如水务局（通常负责水质数据管理）、各部委及其机构（地方国有机构负责水量数据管理）、地方当局、环境保护协会、用水户协会、工业企业、科技单位和工程公司等。监督及监测网络包括大约 1.6 万个地表水监测点和 8000 个地下水监测点，平均每 25km² 设立一个监测点。因此，法国水资源信息系统可以满足三大要求：水资源和水生生态系统信息及其监测；评估水生生态系统所承受的压力；公共政策定位及其评估，尤其是在水生生态系统保护和恢复领域。市民可以通过网站获取公共数据（http://www.eaufrance.fr）。

法国水资源信息系统同时满足《水框架指令》及其他水相关指令的报告编制要求，并且与欧洲水资源信息系统保持一致。

8.3 洪水管理

法国依然面临着严峻的洪水灾害。在过去的 30 多年里，洪水给法国造成的年均损失为 6.5 亿～8 亿欧元（DGPR，2014）。2012 年的一项调查估计，法国 1/4 人口和 1/3 行业处于洪水的威胁之下。巴黎地区集中了法国大部分人口和财富，洪水是其面临的最严重自然灾害。在沿海地区，气候变化是导致洪水灾害加剧的潜在因素。

8.3.1 国家负责主要洪水风险管理

除了沿海洪水灾害之外，法国的洪水风险通常由于主要流域大量降雨使洪水流量逐渐形成，或由于局部地区突发降雨导致山洪暴发，在强降雨的作用下使溪流快速转换成致命的急流。在地中海热空气上升的作用下，洪水一般在法国地中海地区的夏末发生。最近一次大洪水发生在 2015 年 10 月的尼斯沿海地区，由于强降雨造成了城市地区的大量地表径流，造成了 20 人死亡和 12 亿欧元的损失。

国家承担防洪抗洪的总体职责：

（1）执行 2014 年发布的国家洪水风险管理政策，包括划定洪水风险较大的大型流域和 122 个高洪水风险区域（根据《欧盟洪水指令》的规定）。在制定国家政策时将整个流域作为一个整体，上游采取的行动可保护城市地区免受严重破坏。尽可能多保留天然滞洪区，包括在农田地区保留蓄洪区以及其他相关措施（参见瓦兹河-埃纳河案例）。以流域为单元的目标是降低整体损失，并要求在将洪水影响从一个地区转移到另一个地区之前进行协商。将全流域作为一个整体，需要公平地分配责任，共同努力减少所有地区和利益相关方所承受的洪水负面影响。

（2）采取协调一致的措施来应对洪水和管理危机。环境部对 2.2 万 km 的河流和溪流实施实时监控。

（3）逐步完善洪水风险预防计划，摸清法国全境的洪水风险范围和严重程度。该计划已经覆盖 9000 个市镇。2017 年初，133 个地区制订了预防计划。自 2016 年 1 月 1 日起，根据城市规划和土地使用规划明确的责任，对市镇进行重组，分别明确负责防洪和水环境管理的机构。

（4）组织对灾后情况进行系统性反馈，以便对国家机构进行持续改进。该项全国性工作由环境部负责，不仅收集洪水期间的灾害管理情况，还包括各地区的洪水风险预防和恢复计划。这项工作需要对每次洪水发生时的系统信息进行收集（降雨量、水文气象和高水位等）。

8.3.2　地方政府也承担水环境管理和防洪的责任

目前，通过重组成立的地方管理局主要负责水环境管理和防洪。因此，地方管理局可将防洪有效整合到城市规划中，同时将水环境保护和水与卫生服务的管理有机结合；并根据国家总体框架编制行动计划，保护当地不受洪水侵害，这些行动计划的资金由地方和国家共同出资。地方管理局根据上级部门制定的计划编制本地区的应急方案并组织应急管理。

法国在防洪和抗洪领域的重大变革符合未来发展的治水理念，即注重城市和居民点预防与风险管理以及灾后重新确定土地利用的方式，尤其是寻求灰色与绿色基础设施之间实现新的平衡。

8.3.2.1　案例研究 1：瓦兹河-埃纳河联盟（瓦兹-埃纳协定）

瓦兹河和埃纳河是塞纳河的两个重要支流。瓦兹河-埃纳河联盟成立于 1968 年，是为了巴黎市区东北部瓦兹河集水区防洪而成立的组织。河流上游地区主要是农村，但在下游是易发生洪水的城市地区。流域面积 1.7 万 km^2，河流长 9000km，人口 200 万。

采取以流域为单元的方式管理洪水风险。该联盟通过在一些上游和农业区修建动态和静态防洪设施（超限洪水存储区、在支流修建农村水利设施），以及补偿农作物损失，造福下游城市居民。

如果发生洪水，一般选择淹没上游农田以保护下游城区。上游洪泛区的损失根据下游洪水损失减少的成本加以补偿。修建流域上游动态防洪设施目的是减少洪峰流量和延缓洪水到来的时间。流域上游洪水每降低 1cm 可节省约 600 万欧元的损失。仅上游一个工程就能延缓上游支流洪水达 13 小时，可挽回约 7800 万欧元的损失。

8.3.2.2　案例研究 2：卢瓦尔河自然保护计划

卢瓦尔河自然保护计划是致力于减少卢瓦尔河流域洪水灾害和保护卢瓦尔河生态系统的综合行动计划。由于 20 世纪 80 年代建坝导致生态问题突出，法国政府于 1994 年制定了该计划。该计划现已成为卢瓦尔河流域综合管理的一致性框架，获得了利益相关者的广泛参与。自 1994 年以来，国家管理部门、水利机构、当地政府以及欧盟联合制定了连续的行动计划，总投资超过 10 亿欧元，用于预防和管理洪水风险，加固堤防、防洪堤和泄洪道，管理水资源和保护卢瓦

尔河谷自然与文化遗产。该计划按照当事方全体大会的决议
进行管理，动员所有利益相关方参与共同决策和监督。项目
筹资由流域或地区委员会决定。

8.4　水短缺管理

法国每年的用水量大约为 380 亿 m^3（见图 8.6）：其中饮用
水 55 亿 m^3，灌溉用水 28 亿 m^3，工业用水 30 亿 m^3，航运 55
亿 m^3，以及发电用水 210 亿 m^3（水力发电水库除外）。

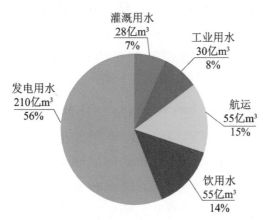

图 8.6　2013 年法国各行业用水量

资料来源：法国国际水资源办公室

根据每次用水后河道或其他水体的水量恢复的不同情况，
净耗水量有明显不同。因此，最终各行业用水比例为灌溉用水
48％、家庭用水 24％、能源用水 22％、工业用水 6％。

近年来，基本的水量丰度不能解决地方和季节性缺水，
尤其是在干旱的夏季；同时，地区差异也在不断增加。水冲
突和气候变化开始增加对环境平衡和压力的影响，尤其是在
法国西南部和巴黎周边地区。展望 2050 年，按照目前的使
用情况，法国预计每年将缺水 20 亿 m^3。2012 年法国环境部
开展的 2070 年预测显示，河流流量将平均减少 20％，地下

水补给将平均降低30%。然而，据报道，2015年，法国近90%的含水层地下水储量状态良好。

目前的一个普遍共识是法国干旱情况正在不断加剧，尤其是夏季和法国南部地区，降雨量已降低到了历史平均水平以下。从2012—2016年的监测来看，越来越多的较易受到影响的小型河流正逐渐干涸。

这种状况已产生叠加效应，包括河流水位更低、流量更小，地下水水位降低。由此还会产生经济影响，尤其是在农业方面，产量有所降低。国家层面已采取措施改善旱季水资源管理和通过提高节水意识、安装流量控制系统、更好地监督与控制灌溉活动来促进节水。在缺水时，如果河流或含水层达到预警戒值，政府将采取更为严厉的措施，比如限制用水。

8.4.1 案例研究1：加伦河2050年计划

阿度-加伦水务局对截至2050年加伦河流域未来水需求进行了研究，对未来可能存在的问题和水量不平衡进行了预测。总体分析了气候、人口、能源和农业等方面可能发生的变化，从全球变暖会对干旱的影响、蒸发量加大、干旱期需水量增加，尤其是农业需求等方面进行研究。通过建模预测到2050年该流域将出现水量短缺。为了应对水量不足，必须制定相应的应对措施。

阿度-加伦水务局向流域委员会提交了三种情景预测分析。这三种情景都是建立在假设灌溉农田用水量可减少15%和饮用水供应网络（用水户和管理者）可以实现节水，以抵消人口增长导致的用水需求增加的基础上。这项未来的措施，需动员所有经济利益相关方和用水户采取行动，有助于预测未来气候变化的影响，可能的应对措施（节水、流量补给、新的水电设施管理方式等）和投资模式。分享经验和治理措施是保障水安全的关键因素。

8.4.2　案例研究 2：博斯含水层灌溉农业的可持续利用

博斯石灰岩含水层是法国最大的地下水库之一，其覆盖范围包括巴黎大都市以南的塞纳河和卢瓦尔河之间约 1 万 km^2 土地，蓄水量为 200 亿 m^3。含水层位于低雨量地区，被作为农业、工业和生活用水的常规水源，其中农业用水主要用于谷类作物的灌溉，3300 名农民每年取水 1 亿～3 亿 m^3；工业用水约为 1000 万 m^3；生活用水约 8000 万 m^3，为流域 100 万左右的居民供水。

20 世纪 90 年代早期，大量取水和冬季连续干旱导致地下水位大幅下降，河流量也大幅减少。为此，农业、政府部门和水务机构的代表共同制定了地下水管理方法。

采取的措施包括：为农业灌溉用水安装水表（1994 年）；根据地下水位阈值制定抽水管理规定（1995 年）；制定地下水位模型（1998 年）；成立地方水资源委员会（2000 年）。经过以周为单位实施灌溉禁令的过渡期之后，1999 年完成了水表安装，并建立了取水集体管理制度。随着时间的推移，取水集体管理制度得到了完善，在降水量较低时地下水输入河流的供水也被计算在内。

基本规则：明确每年最大灌溉取水量（最高地下水位时，最大取水量为 4.2 亿 m^3/a；平均年份为 2 亿 m^3）；并根据当地的水文地理特征，将其划分为四个管理单元。每年 3 月份，根据冬季结束时的地下水位分别向农民分配取水量。在灌溉期间，基于预先确定的阈值，根据河流的低水位流量实施临时禁令（每周 24～48 小时）。

2013 年，这种参与式合作运行 20 多年后，该管理措施被纳入国家批准的博斯地下水开发管理计划。1999—2013 年，年均灌溉用水量降至 1.9 亿 m^3，根据模型模拟，可以实现水量平衡。

有关改进措施仍在继续讨论中，包括按照个体灌溉用水户的实际需要，调整作物灌溉用水的审批量。同时，为了实现水平衡，重新评估总用水分配额。总之，该方法阐明了如何杜绝地下水过度开采的现象。

8.5 饮水安全

上一节对法国水资源定量管理中涉及的一些问题进行了研究，包括饮用水供应优先原则。这一节关注水质问题。

饮水安全主要涉及两大风险：一是水资源管理和水质保护；二是水处理厂与管网（包括污水处理系统）建设和良好运行。

法国国内62%的地表水水体及超过69%的地下水水体处于良好状态。高品质的地表水和地下水资源是生产饮用水的良好保障，这正是源于法国自20世纪70年代以来在废水处理方面付出的巨大努力。大部分待处理的污染物来自于农业面源污染，如硝酸盐和杀虫剂。在未来，通过按照"微污染物"类别对当前所应用的化学品进行有效控制，饮水供应的安全性会得到进一步改善。

8.5.1 水源地保护

饮水安全取决于"饮用水保护区"对水源地的特殊保护政策，包括监测饮用水保护区的水质和水量，限制、禁止和控制部分人类活动和经济开发活动。该政策基于优先保护水质，而不是开发和利用昂贵的水处理设施生产饮用水的理念。在34000个取水点中，目前有3000个点处于面源污染的威胁，1994年至2013年间约有3000个取水点被废弃。政府对易遭受污染的集水区展开了一项保护行动：设立了各种保护边界，在边界内对人类活动采取一定的限制。在采取各项保护措施的同时，政府会与农民就这些边界进行谈判，促使其改变以往的做法以更好地保护水源。总之，采取了一系列措施保护流域上游地区的水源，避免源头污染。

在更大尺度上，流域尺度法（介绍见 8.2）常常用于保护饮用水水源可利用性和水质。

8.5.1.1 案例研究：波尔多地区深层含水层开发和管理规划

长期以来，波尔多城市地区可用水量一直处于不足状态。19 世纪末开始使用地下水，到 20 世纪下半叶，由于来自河流和湖泊的地表水以及浅层地下水受到污染且保护难度大，需要进行处理才能饮用，因此该地区开始从深层含水层提取饮用水。在制定水资源开发和管理规划之前，1955 年从深层含水层提取的水量为 3500 万 m^3，在 2003 年达到取水峰值 1.6 亿 m^3。

早在 20 世纪 50 年代，研究人员就曾分析了不断增加吉伦特始新统含水层取水量可能带来的风险。早在 1955 年，中、下始新统砂层中承压含水层的静水压力发生下降，由于吉伦特河口北部的含水层深度只有数十米，因此，导致出现海水入侵的风险。

为此，法国地质调查局于 1958 年开始对地下水进行压力监测，首先为始新统，然后逐渐扩展到其他五个当地含水层系统（侏罗系、上白垩统、渐新统、中新统和第四系），并于 1990 年对地下水水质进行了补充监测，以便了解资源退化的情况。

到 1996 年，研究证实有些深层含水层出现了过度开采的情况。鉴于问题的复杂性及所涉及的风险，包括各部门理事会和波尔多城市社区的当地利益相关方，决定在吉伦特省建立一个水资源研究和管理联合组织，委托该组织研究可以替代深层含水层的资源。

该研究的首个成果是根据资源类型分配用途，例如使用深层含水层提供饮用水，以及预留一些池塘的地表水用于工业活动（见图 8.7）。

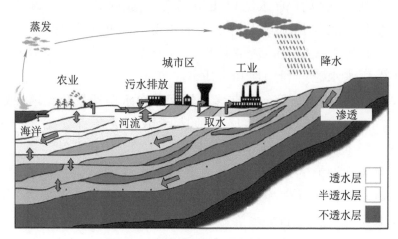

图 8.7　多目标利用地下含水层图解

资料来源：法国国际水资源办公室

　　此外，还决定开始制定专门针对深层含水层的水资源开发和管理规划，并于 1999 年设立地方水资源委员会。深层含水层水资源开发和管理规划于 2003 年通过并于 2013 年修订。与此同时，该地区还针对地表水制定了其他水资源开发和管理规划，包括：梅多克湖水资源开发和管理规划，莱尔河水资源开发和管理规划，吉伦特河口、加伦河等的水资源开发和管理规划。这些规划在实施中不但要确保相互的一致性，还要考虑到每个水源地的特殊情况。

　　水资源开发和管理规划旨在使过度开采的含水层（始新统作为优先考虑的含水层）恢复到"良好状态"，并使其他含水层保持良好的水质状态。为了维护"良好的水量状态"，需确定和执行与含水层补给能力相对应的最大可取水量，这个限额已经确定，而且确定后的几年中没有发生超限。

　　此外，当地必须经常检查取水是否造成含水层水压降低，因为水压降低会导致水资源退化（改变物理化学性质，海水入侵和易受污染）。因此，水开发和管理规划将监测含水层水压。地方水资源委员会制定的行动措施则侧重于减少饮用水供应系统的损耗、优化全体居民的生活用水量，并将新的资源（替代资源）投入使用。

地方水资源委员会通过每年更新和验证控制系统，对水资源开发和管理规划的实施情况及其对用水和资源状况的影响进行监测，并评估其有效性，同时为资源共享和管理提供"参考和借鉴"。该控制系统以获得的所有信息和现有的数据库为支撑，并根据最新研究成果进行更新。

目前，吉伦特省97%的饮用水是从数百米深的深层含水层中抽取，而这些含水层目前已受到全面监测，其水量和水质已得到控制。这些水（以可接受的量）受到严格保护且仅用于饮用水供应。

为减少供水系统的水量损失，已采取了很多措施，在10年内已将漏水率从25%降至20%。此外，很多措施旨在提高人们的节水意识，如向用户提出建议，制定学生教育方案等。目前，除饮用水供应外，正计划用其他水源替代地下水，该计划预计到2021年完成：加伦河、多尔多涅河以及其他地表水资源提供工业用水，及少量灌溉用水，而针对饮用水供应，则重新定位钻探。

自2003年为深层含水层确定水资源开发和管理规划以来，虽然该地区的人口增加了近10%，但深层含水层的取水量却有所下降。这证明所采取的措施和行动非常有效。

8.5.2　饮用水供应和卫生服务

法国的供水和卫生基础设施非常完善。法国本土已经实现了水质、水量、持续供应和污水处理目标（一些海外领土仍需要完善）。99%的法国人可通过约120万 km 长的输水管道获得自来水供应；生活污水处理率为95%，其中集中处理系统占81%（2013年已建有20271座污水处理厂），现场处理系统占19%。供水管网的平均效率为80%。

8.5.2.1 地方当局利用多种服务管理方案负责饮用水和卫生安全

自法国大革命以来，水和卫生服务一直由市政府负责，包括饮用水供应、废水处理以及雨洪处理等。长期以来，这种模式导致了服务的割据局面。2014 年，法国共有 13339 个公共饮水服务设施、16715 个集中卫生处理设施和 3800 个现场处理设施。

在过去的 15 年中，尤其自 2014 年以来，通过一系列改革措施，对这些机构进行了精简。目前，这些机构几乎全部归属于市政部门。到 2020 年，水与卫生服务机构的数量预计将下降到 4000 个以下，并通向更有效、更综合、更长期的战略发展愿景。

在供水和卫生服务领域，法国地方当局通常以自由选择的方式采取直接管理，即使用本部门的人力、技术和财政资源进行管理，或者将管理权限委托给私人机构进行管理。如果采取委托管理的形式，双方需在签署的合同中明确规定各自的责任，并受到有关法律的约束，特别是 1993 年《萨宾法案》和 1995 年《巴尼耶法案》颁布以来，投标人需要根据招标程序来获得合同。

地方当局的管理模式主要有三种，具体选择取决于其是否参与投资和运营服务，是否采取公私合营的形式，无论采取哪种模式，市政当局都是基础设施的所有者。

- 直接管理：由重组后的市政当局全权负责供水服务设施的投资和运营以及与用户的关系。员工都是当地公务员，有公众地位。这种形式通常被采用较高技术含量设施和服务的城镇或小型城郊社区所采纳；
- 委托管理：市政当局以合同的形式将供水服务设施全部或部分委托给公共或私营工业企业，期限不超过 20 年，20 世纪 90 年代平均期限为 18 年，目前大约为 13 年，平均低于 11 年续签一次合同。委托合同中会确定水费的增长幅度。通常采用两种形式的合同，依据是（1）地方当局是否直接融资和投资并仅将设施的运营移交给运营商，运营商再通过缴税的方式给予地方政府报酬，或者（2）运营商独自建设独自运营，并从水费中获取收益。在这两种情况下，合同期间的亏损风险由运营商承担；

- 混合式管理：直接管理和委托管理相结合，例如，委托合同仅包含部分设施运营或服务（如客户管理、收费等）。

2014 年，法国 69％ 的公共饮水设施（覆盖总人口的 39％）和 77％ 的集中卫生设施（覆盖相关人口的 59％）以及 91％ 的现场卫生设施由具备资质的地方机关直接管理。约 2/3 的法国居民从私营企业提供的供水服务中受益，超过 40％ 的卫生设施由私营企业管理。最终，法国的这种灵活管理系统，使得公共机构的主动性和私营部门的专业性得到了有效结合，保障了全国的水与卫生服务的稳健性。

8.5.3　以水养水

水费的收取是以流域为单元进行的，供水服务的定价根据每个地方提供饮水和卫生机构的水平，以覆盖实际成本。

在法国，水费主要由用户支付，而不是纳税人。采取这种方式的结果就是水价必须获得用户的认可。与欧洲平均水平相比，法国的饮用水水价偏低。一个法国家庭的用水花销基本上相当于平均可支配收入的 1.25％。因此，法国人对水费和卫生服务收费水平是认可的，水价并没有引发问题（除了在高度不稳定的情况下，价格会由特定的社会机制监管）。

即使在某些地方可能存在水管理问题，"谁污染、谁付费"和"以水养水"这两项原则在法国被普遍接受。尤其是，这两项原则为实现财务收支平衡和管理系统的稳定性奠定了基础。

8.5.3.1 案例研究：1970年以来塞纳河的修复

自19世纪中叶到1970年，塞纳河水质一直持续恶化，最终成为生物意义上的死河。巴黎地区的污水收集和处理能力没有跟上人口和经济的增长。巴黎市政府从1895年开始陆续开始修建大型污水收集系统，将大规模农业生产向城市西部地区扩散，于1900年设定了"所有污水一律不得排放至河流，全部进入下水道，全部在陆地上处理"的目标，并从1940年开始修建生物处置厂。然而，这些投入并不足以应付日益增长的污水处理需求。污水处理比例从1900年的90%下降至1950年的30%。到1970年，由于人口持续增多，巴黎有一半的污水仍然直接向河里排放。

巴黎大区卫生局最近出版了一本书，书中详细描述了20世纪70年代以来塞纳河巴黎上游和下游共计500km河段如何改进水质。

巴黎大区卫生局是在1968年对巴黎几个部门重组后，于1970年成立的。成立同时，制定了新的卫生总体计划，这成为塞纳河水质改善的转折点。该计划覆盖范围超过1800km^2、大约900万居民、每天处理污水250万m^3。

从1970年到1990年，塞纳河上游污水处理厂的处理能力增加了150万m^3。将近70%的污染得到治理（BOD$_5$）；塞纳河上游水质得到明显改善，BOD$_5$浓度减半。然而，由于当时缺乏对氮和磷的专门处理，河水里氮和磷的污染增加。因此当时河水的溶解氧含量低，特别是在夏天。

从20世纪90年代开始，根据欧盟管理规定（城市污水处理指令91/271/EEC，1991），水利机构的资金投入增加，更多的资金被用于污水处理领域，包括处理氮和磷。到2013年，95%的有机污染物（BOD$_5$）被消除，巴黎上游观测到的氨浓度下降到原先的25%水平，磷的浓度减少了90%。

特别是 2007 年以来，塞纳河的微生物质量得到显著改善，一部分原因归功于采用先进的处理技术，另一部分原因归功于对雨水的处理，很大程度地限制了粪便细菌排入塞纳河（见图 8.8）。

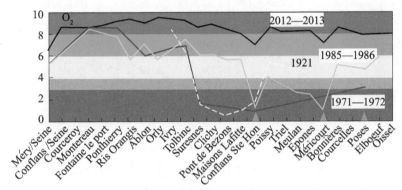

图 8.8　1921 年、1971—1972 年、1985—1986 年和 2012—2013 年塞纳河中心区（即：从巴黎上游到巴黎下游）溶解氧变化

资料来源：Rocher et Azimi，2017

塞纳河的生物多样性恢复结果令人震惊。20 世纪 60 年代末，塞纳河的鱼类几乎消失殆尽。随着卫生条件改善，尽管人口数量每年都在增加，塞纳河中观察到的鱼类种类仍然从 20 世纪 90 年代早期的 12 种增加到目前的 20 种，几乎翻了一番。更好的消息是，鱼类种类的分布意味着正常食物链的重建，这表示对环境质量更为敏感的食肉群和杂食种群将重现塞纳河。

对塞纳河案例的研究清楚地表明，改进污水处理可修复水生态系统质量。在整个修复过程中，有两个关键因素值得注意：一是与自然尺度相应的管理。巴黎大区卫生局发挥着至关重要的作用，尤其是在融资和创新能力、确保污水处理措施落实和打破行政管理限制等方面；二是长期规划。巴黎地区首个规划于 20 世纪 30 年代制定，1997 年出台的新总体计划是实现战略愿景和投资的转折点。

8.6　结论与观点

目前，水安全对于法国而言并非紧要问题。由于资源相对丰富，人口、农业和经济结构较为合理，法国的水安全问题并不像其他国家那样严峻。因此，水安全总体上处于良好的状态。

然而，根据欧盟《水框架指令》规定的优良水体生态状况目标要求来看，情况也并非全部令人满意。图8.9描述了法国水体的生态状况：36％较好、39％中等、12％较差、4％差。在水质改良方面，需要改进农业耕作方式，特别是在气候变化条件下，应采用新型农业措施。强化农业开发领域的水质管理将是法国水安全的根本要素。

当前，水安全还没有完整的结果数据。鉴于水安全问题并不突出，优先用水需求得到了很好地满足。因此，目前法国公共政策的优先领域正在向水生态系统保护倾斜，主要是为了生物多样性的保护和恢复，不仅仅是水体，还包括陆地、海岸和海洋。

2017年1月，法国生物多样性管理局成立，负责生物多样性的保护和恢复，也包括水资源管理。该机构的工作重点是通过对所有生态系统（包括陆地和水生）的影响，在气候变化与生物多样性之间构建联系。该机构推动生物多样性作为减轻气候变化危害的解决方案。该机构为政策起草、实施和评估提供科学技术支持和金融支持，同时也为知识传播、生态系统服务推广以及生物多样性保护和恢复项目提供支持。该机构还负责全国的水供需平衡和可持续管理。

水政策向关注生物多样性保护转型正在影响法国的机构设置，这将进一步强化"生态安全"对水资源管理的重要性。在这方面，未来几年很可能产生显著进展。

这种重新定位的原因是，已经认识到对水生态系统保护是应对未来不确定性成本最低的解决方案。特别是在降低洪水风险方面有很多生态措施可用，如湿地保护或天然滞洪区、控制局地雨水与径流以及防治水土流失。

　　这种演变给法国的机构设置和两大资产（参与性治理与资金专用）带来了新的挑战。有必要确定未来水安全领域有哪些事项将继续获得优先考虑，哪些优先事项需要在流域层面进行组织，是采取流域获得专用资金的形式还是健康持久的自筹资金模式。

　　鉴于未来水资源可利用量的不确定性持续增加，有必要采取以流域为重心的管理措施，使广大用水户广泛参与优先领域行动的制定。随着各地区水质以及水量短缺程度出现进一步差异，采取地方性手段和对话来提出有效的解决方案很有必要。

参　考　文　献

Agence de l'eau Adour – Garonne（2014）Eau et changements climatiques en Adour – Garonne，les enjeux pour la ressource，les usages et les milieux

Agence de l'eau Loire – Bretagne（2017）La vulnérabilité au changement climatique dans lebasin Loire – Bretagne. Ministère de la transition écologique et solidaire & AELB

Agence Régionale de Santé（2017a）Plan de la gestion de la sécurité sanitaire des eaux，PGSSE. Tours

Agence Régionale de Santé（2017b）Contrôle ARS des périmètres de protection des captages AEP. Tours

Akhmouch A，Clavreul D（2017）Gouverner les politiques de l'eau. Annales des Mines：110 – 113

Carroget A，Perrin C，Sauquet E，Vidal JP，Chazot S，Rouchy N，Chauveau M（2017）Explore 2070：Quelle utilisation d'un exercice prospectif sur les impacts des changements climatiques à 214 E. Tardieu l'échelle Nationale pour définir des stratégies d'adaptation. Sciences Eaux & Territoires，2017/1 Numéro 22，pp 4 – 11

Caude G（2015）Evaluation du plan national d'adaptation au changement climatique. Conseil Général pour l'Environnement et le Développement Durable，Paris

Centre Européen de Prévention du Risque d'Inondation（2017）Orléans. Les ouvrages de protection contre les inondations：S'organiser pour exercer la compétence GEMAPI et répondre aux exigences de la réglementation issue du décret du 12 mai 2015. Guide méthodologique édité par le CEPRI. http：//anel. asso. fr/wp - content/uploads/2017/04/Guide _ gemapi _ PI. pdf

Conseil Général pour l'Environnement et le Développement Durable，Ministère en charge de l'écologie（2017）Paris. Pour des retours d'expérience au service de la stratégie nationale de gestion du risque inondation：synthèse du collège prévention des risques naturels et technologiques

Direction Générale pour la Prévention des Risques，Ministère en charge l'écologie （2014）Stratégie nationale de gestion des risques d'inondation（SNGRI）. https：//www. ecologique - solidaire. gouv. fr/sites/default/files/2014 _ Strategie _ nationale _ gestion _ risques _ inondations. pdf

Direction Régionale et Interdépartementale de l'Environnement et de l'Energie （2017）Sécheresse 2017：où en sommes - nous? Île - de - France

Faytre L（2017）Témoignage d'acteurs：Urbanisme et risque《inondation》，le cas de l'Île - de - France. Issue Gestion du risque inondation：connaissances et outils au service de l'aménagement des territoires. Sciences Eaux &. Territoires 23：8 - 11. http：//www. set - revue. fr/sites/default/files/articles/pdf/set - revue - risque - inondation - urbanisme - iledefrance. pdf

Gorget B（2017）Témoignage d'acteurs：Comment un opérateur intègre la prévention du risque《inondation》dans ces activités? Exemple de la RATP. Issue Gestion du risqué inondation：connaissances et outils au service de l'aménagement des territoires. Sciences Eaux &. Territoires 23：22 - 25. http：//www. set - revue. fr/temoignage - dacteurs - comment - un - operateurintegre - la - prevention - du - risque - inondation - dans - ces

Guillet F（2017）Evaluation de la vulnérabilité aux inondations：Méthode expérimentale appliquée aux Programmes d'Action de Prévention des Inondations［See chapter 2 / La capacité collective à faire face au risque d'inondation en France：État，Politiques publiques et stratégies …］. Ph. D. Thesis. http：//www. mrn. asso. fr/system/files/These _ FloraGUILLIER _ part1. pdf

Milano M（2013）Eau et changements climatiques en Méditerranée：quelles stratégies pour une meilleure gestion des ressources en eau? Plan bleu pour l'environnement et le développement en Méditerranée. Séminaire Société Hydrotechnique de France, Prospectives et tensions sur l'eau: des crises de l'eau en 2050? Paris, 30 - 31 mai 2013

Morel M, Basin B, Vullierme E (2017) French national policy for flood risk management. Revue La Houille Blanche 4: 9 - 12

Mortureux M (2017) La gestion du risque inondation par l'État. Revue Responsabilité & Environnement, avril

Richard S, Bouleau G, Barone S (2013) Water governance in France: institutional framework, stakeholders, arrangements and process. In Jacobi P, Sinisgali, P (eds) Water governance and public policies in Latin America and Europe (Anna Blume), pp 137 - 178, 2010

第 9 章 拉丁美洲城市水安全——26 个城市的实证证据与政策影响

作者：约瑟·卡雷拉 (Jose Carrera)、

维克多·阿罗约 (Victor Arroyo)、

弗朗茨·罗雅斯 (Franz Rojas)、

亚伯·梅希亚 (Abel Mejía)

摘要： 本章阐述了拉丁美洲城市地区水安全问题。文中指出，虽然该地区的水利基础设施取得了令人瞩目的发展，但仍不足以确保本地的水安全，文章对这个富饶地区仍然面临水安全问题的原因进行了探讨。对城市与水资源之间相关联的主要问题进行了综述，讨论了拉丁美洲开发银行（CAF）对地区内 26 个中型城市水安全的近期分析结果和影响。分析表明，到 2030 年，拉丁美洲将会弥补水利基础设施差距，城市水安全将取得实质性进展，相关投入将相当于国内生产总值的 0.3%，并可持续 20 年时间，水利基础设施相关服务治理将得到实质性改进。

9.1 了解水安全范例

水资源对减少贫困、改善健康和营养状况以及住房条件至关重要。水资源也是粮食和能源安全的内在保障。通过加强城市和农村环境的稳定性和可持续性，可减少洪水和干旱导致的生命损失和经济负面影响。因此，水资源是可持续发展的中心已日益成为共识。

不断增长的水资源需求和可利用量在时空上的不对称

性，持续水污染又加重了不对称性，与此同时气候变化又加剧了水循环内部的相互作用，这些因素对水资源在实现可持续发展目标中的关键作用发挥提出更大的挑战。

鉴于上述原因，水安全的概念在过去十年中受到了广泛关注，并提升了公众对水资源短缺和用水压力的认识，从而推动相应政策的制定和实施（联合国大学，2013）。虽然实现水安全有不同方式，但文献中发现的共同特征则是水资源的物理可利用量和可获得量。从这个角度看，水安全涉及以下方面：确保人们能够获得足够数量和质量的水资源，有足够的水资源确保可持续发展，保护水体（包括地表水和地下水），并减少极端事件的风险。

因此，水安全既取决于水资源可利用量和水利基础设施，也取决于机构和管理安排。综上所述，水安全不仅涉及以机构为代表的公共部门，也涉及产生水资源需求的整个社会，二者均为水资源公共福利的受益者。

城市水安全要求研究者全面了解主管机构的基础设施和管理能力（与限制）以及水资源可利用量，向负责城市地区水资源管理与发展的决策者提出政策建议。

9.2 水利基础设施发展概述

拉丁美洲的水利基础设施发展令人刮目相看。自 20 世纪 50 年代以来，随着人口的快速增长和城市化进程的推进，多数国家都出现了水利和卫生基础设施的大规模扩张。水力发电占发电市场的比重已达到 65％左右。以拉丁美洲对全球农产品和肉制品商品市场日益增长的重要性来衡量，灌溉用水等农业用水量呈增加趋势（Garrido 和 Shechter，2014）。

城市地区供水管网服务覆盖率由 1950 年的 40％左右提高到 2010 年的 90％以上，同期人口增量约为 4 亿人。尽管供水和卫生服务网络覆盖面广泛，但其服务质量仍然较低，有 2/3 人口的饮水不符合国际标准，包括生活在农村地区、小城镇和大中型城市贫民区的人群。拉丁美洲的许多城市，每周全天候水资源供应服务持续性、管道压力充足性、符合泛美卫生组织饮用水标准的达标性仍然面临挑战（Mejia，2012）。

产销差较高，在多数供水公用设施中超过 35%，这表明了丰富的水资源、广泛的网络基础设施覆盖范围和较低的供水服务质量之间的地区性矛盾。众所周知，减少产销差不仅与管道泄漏维修、水表更换和减少浪费有关，更重要的是事关加强问责制度、改善经济状况（包括反映成本的水价）和透明政策等治理措施的有效实施，从而解决支付能力问题。

大多数城市河流受到严重污染，由于供水部门的基础设施和管理缺陷，污染有增无减。在拉丁美洲，尽管现有基础设施有能力处理 40% 的废水，却只有不到 30% 的废水得到处理。根据雄心勃勃的流域修复计划，布宜诺斯艾利斯、墨西哥城、波哥大、利马和圣保罗等城市已经在废水处理方面进行了大量投资。按照环保法的规定，在成千上万的中小城市中建设了污水处理设施（Mestre，2017）。但是，由于缺乏强有力的制度和政策，施工和运行普遍滞后；其中，包括运行成本的水价成为有效行动和可持续解决方案的阻碍。

圣保罗、里约热内卢和布宜诺斯艾利斯曾遭受了毁灭性的洪水灾害，造成了人员伤亡和巨大的经济损失。城市水害与强烈的水文循环有关，也与无节制的土地硬化扩张有关，而这反过来又增加了径流量峰值（Tucci 和 Bertoni，2003）。其原因就是大都市主管当局在解决需要跨部门、多层级协调的水资源问题时，决策碎片化。当前的制度和政策安排导致城市流域防洪基础设施投资规划不足，为转移洪水易发区的居民而采取的不当激励措施和执法力度不足又进一步加剧了这一问题。

在农村地区，洪水通常与大冲积平原和丘陵地区反复发生的气候现象有关。在阿根廷，大部分人口和经济活动集中于巴拉那河系的洪泛平原，那里经常遭受十年一遇的洪灾。自 20 世纪 90 年代初以来，阿根廷联邦政府大力建造基础设施并采取非结构性措施，以保护城市和农村地区。然而，这需要国家和省级主管部门之间的鼎力协作，以及大笔财政拨款来运行和维护大量现有的防洪基础设施。

拉丁美洲的水力发电量占总发电量的比例居世界首位。大多数南美洲国家的水力发电占总装机量的 50％以上。拉丁美洲的水电开发潜力估值超过 2 亿 kW，各国政府对新水电项目都兴趣十足（Millan，2015）。亚马孙河流域（马德拉河、托坎廷斯河、塔帕霍斯河和兴古河）、安第斯山脉东坡（秘鲁）、委内瑞拉的卡罗尼河、阿根廷南部和智利等敏感生态系统的水力发电能力正在扩张。但由于社会影响、土著人权利，以及诸如生态流量、生物多样性热点地区保护和拉姆萨尔湿地等多重问题，所有这些新水电开发项目都面临着巨大阻力。

从地表水体和含水层抽取的水资源，75％以上用于灌溉农业。同时，约有 719 万 km² 土地可用于农业扩张，约占总土地可利用量的 35％，潜力巨大。根据 2016 年联合国粮食及农业组织（FAO）统计数据估算，拉丁美洲灌溉潜力为 77.8 万 km²，其中 65％位于巴西、阿根廷、墨西哥、玻利维亚和秘鲁。尽管拉丁美洲在全球灌溉面积中所占比例不到 7％，但该地区已成为世界上旱作和灌溉农产品的出口大国。然而，灌溉农业在基础设施系统运行、维护和修复方面面临重大挑战，并遭受盐碱和涝渍造成的土壤退化问题（拉丁美洲开发银行，2015）。

9.3　水资源丰沛但水安全问题突出

　　拉丁美洲的陆地面积为 2050 万 km^2，占世界陆地总面积的 15.2%，但在水资源方面，占世界降雨量的 30% 和径流量的 33%。以水资源可利用量来衡量，其水资源相对丰沛，居民年人均水资源可利用量约为 $28000m^3$（联合国拉丁美洲和加勒比经济委员会，2017），但这些资源禀赋在年内和年际分布高度不均衡，地理空间分布也不均匀。在各国境内，水资源可利用量常受到不同水资源区域与需水人口和经济增长之间的严重失衡所带来的影响。大多数国家水资源集中分布在人口较少地区，而城市则位于湿度低、气候条件温和的宜居地区。

　　自殖民时期以来，为便于和西班牙、葡萄牙开展海外贸易，城市化和经济活动均集中在海岸线附近。在巴西、委内瑞拉和哥伦比亚等土著文化较少的地区，通过奴隶制获取劳动力成为殖民帝国经济模式的核心，而这种模式的基础是沿海种植园出口。

　　在这样的历史背景下，墨西哥就是一个教科书式的例子，因为其 77% 的人口，84% 的经济活动，以及 82% 的灌溉面积均位于北部和中部地区的墨西哥高原，海拔 1000m 以上；但其 72% 的水资源可利用量却位于南部及低海拔地区。秘鲁的情况也是如此。秘鲁是年人均水资源可利用量最高的国家之一（$58000m^3$），其太平洋沿岸地区只占 1% 的水资源，却居住着 70% 即 2900 万人口，并产生 90% 的经济量。这种分布不对称使秘鲁成为最具经济活力的严重缺水国家。

　　在委内瑞拉，90% 的人口和经济活动都集中在北部加勒比海沿岸地区，以及安第斯山脉北部支脉的城市，而这些城市的可用水量不到全国的 10%。遗憾的是，其余

90％的水资源位于距主要城市和经济活动数百千米以外的奥里诺科河以南地区。

此外，一年当中的降雨季节性分布不均。墨西哥就是一个极端例子，68％的降雨量分布在 6 月份到 9 月份的四个月，而从 11 月份到次年 4 月份的六个月中只有 16％的降雨量。在南美洲，34.6％的径流量分布在 5 月份和 7 月份之间，17％的径流量分布在 11 月份和次年 1 月份之间（墨西哥环境与自然资源部，墨西哥国家水资源委员会，2015）。

常用缺水指数以年平均水平为基础，其目的并不是为反映国家层面的淡水资源地理和季节分布。例如，法尔肯马克（Falkenmark，1992）指标提出以年人均可再生水资源量阈值 1700m^3 来表示"水资源压力"。此阈值以居民、农业和能源部门的水需求量以及环境需求估值为基础。阈值低于 1000m^3 的国家属于"缺水国"，低于 500m^3 的国家属于"绝对缺水国"。在拉丁美洲地区，只有加勒比地区的几个小岛国低于 1700m^3 的阈值：它们是海地、巴巴多斯和安提瓜。其他国家都远高于这个阈值，只有萨尔瓦多、多米尼加共和国和特立尼达和多巴哥例外，它们接近 1700m^3 的阈值。

斯卡诺夫（Shiklomanov，2003）提出的水资源脆弱性指数可用于说明用水量。根据世界 26 个经济区的资料汇总，估算各国年度总取水量占水资源可利用量的百分比，以此来考虑水资源供应量和需求量之间的平衡性。指数显示，如果某国的年取水量占其年供应量的比例为 20％～40％，那么该国就属于"水资源脆弱国家"；如果这一比例超过 40％，那么该国就属于"严重缺水国家"。在拉丁美洲，只有古巴（指数为 21％）勉强列入了水资源脆弱国家，墨西哥（19.1％）、多米尼加共和国（16.1％）和阿根廷（10.1％）取水量巨大，但是如果和拉丁美洲地区其他国家比起来，它们的水资源脆弱性比率可忽略不计。

虽然这些指数可以用来说明一些问题和趋势，但对于了解国家层面的水安全问题用处不大。这些指数甚至可能会误导公众和政客，使他们相信，拉丁美洲水资源丰沛，可免费供应，因此政府有义务满足所有的供水需求。可悲的是，这种看法仍普遍存在，但实际上农村和城市地区的贫困人口迫切需要水，甚至连最基本的供水和卫生需求都无法得到满足。

考虑到这些问题，国际水资源管理研究所（IWMI）提出了一种截然不同的方法，即通过计算人类所需的可再生水资源可利用量的份额来估算水资源需求量，包括现有的水利基础设施（IWMI，2000）。该方法对水资源需求量的分析以耗用量（水分蒸发蒸腾损失总量）为基础，而剩余取水量则作为回流量。研究所对2025年水资源需求量进行了预测，包括通过改进水管理政策对潜在基础设施发展和较高的灌溉效率进行评估（IWMI，2007）。据该研究所称，即使考虑到未来适应能力，当国家无法满足2025年预计水资源需求量时，就会成为"物理性缺水国"。另一方面，可再生水资源充足但缺少基础设施来供应资源以满足需求的国家属于"经济性缺水国家"或"水资源不安全国家"。按照这一标准，到2025年，除巴拿马、哥斯达黎加、厄瓜多尔、苏里南和乌拉圭外，拉丁美洲所有国家都将面临经济性水资源不安全问题。

国际水资源管理研究所提出的经济性缺水概念与本章所述的水安全问题相符。这一概念有助于深入了解稀缺程度，而不只是从各国每年的水文数据中查看水资源分配情况，对拉丁美洲特别有用。因此，需要对水资源供应量和需求量的内在本质进行考量。关于供水和卫生服务，在服务区域范围内，水资源供应量应在标准化压力下随时满足瞬时需求，并符合卫生规范。

为了征集更多关于水安全的意见，本章讨论了拉丁美洲26 个城市的水资源供应量和需求量（基准年为 2015 年），并对 2030 年、2040 年和 2050 年的水资源需求量进行了预测。为了更好地了解水资源供应系统的安全性，将水文能力从基础设施中分离出来，以便将水资源调节、储存和输送到城市入口。此外，还考量了从城市入口到最终消费者（用户）需求点的网络系统，以及现有管理系统对整个系统的运作因素。

9.4　城市化趋势和水安全问题

拉丁美洲 80％的人口居住在城市，是世界上城市化程度最高的地区。该地区是新兴经济体，但不平等和环境退化情况严重。第二次世界大战之后，城市化增长速度最快，最高年份的年增长率超过 4％，但此后显著放缓，2010 年仅为1.3％（联合国拉丁美洲和加勒比经济委员会，2017）。

从历史的角度审视空间转型和城市发展就会发现很多乱象。由于拉丁美洲的结构性土地市场无法满足住房和基础设施服务需求，城市就在非正规占用的城镇地区逐渐发展起来。在某种程度上而言，从 1950 年到 1980 年近 30 年的时间里出现了爆炸性城市增长。在短短数年内，非正规土地市场就超过了地方政府、私营部门和整个社会的能力总和，以现有的投资、体制能力和社会治理水平满足了住房和基础设施需求（世界银行，2009）。

在过去的 25 年中，拉丁美洲的贫困人口从 48％下降到28％，这的确是一项伟大的成就。然而，不平等现象仍然广泛存在，并且不断扩张，这使拉丁美洲成为世界上不平等程度最高的地区。在许多国家，不平等现象与土著人口和非洲裔人口有着密切的种族联系。城市地区的不平等现象要比农村地区更加明显，因为城市地区的居住隔离把人们的居住区域划分为棚户区、贫民窟或贫民区，那里缺乏安全、充足的供水和卫生等公共服务。它们也多位于易受山体滑坡和洪水等极端事件影响的山坡、山谷、河岸、不稳定土地等高风险地区。

在人口统计和城市化进程背后，尽管存在生活成本高、环境恶化和暴力威胁等因素，但仍有强大的社会和经济诱因吸引着人们到城市去追求经济机遇。政府通过出台明文政策来控制城市快速增长的做法通常都以失败告终。其中一些政策提出了一种理想化的农村生活概念，但无论依据为何，这些政策均未奏效，城市仍然不断增长。

基于数千城市数据的实证研究发现了一些数学规律，可以用来解释人们聚集的好处：经济活动得到提升，基础设施投资回报率更高，社会活力普遍增强。更重要的是，在生产力和成本下降方面，不同经济发展水平、技术水平和财富水平的国家表现出一致性。世界不同地区的证据表明，城市增长会带来一些不可避免的偶然后果。同世界其他地区一样，拉丁美洲已经开始进入城市化趋势，且无法停止。因此，公共政策决策者所面临的初步考验就是城市土地使用规范化、住房建设以及电力、供水和卫生设施等主要家庭服务方面的规划和实施过程。

到 2030 年，拉丁美洲城市人口预计将达到 5.85 亿。但在 2014 年，大约 21% 的拉丁美洲城市居民的生活条件仍然不达标，缺乏城市服务（联合国拉丁美洲和加勒比经济委员会，2017）。那么，拉丁美洲城市将来有可能在为另外 2 亿人口提供住房的同时，还能为生活条件不达标的人口改善供水服务、卫生等基础设施，并给他们提供住房和废弃物处置等其他城市服务吗？只有当拉丁美洲克服政策制定和执行方面的挑战时，上述进程才能迅速、高效地开展，同时降低成本，缓解人民疾苦。正是因为人们得到了水资源才实现了经济增长和生产水平提升，因此拉丁美洲国家必须为水资源建立起可持续且透明的管理制度，并善用其财政资源投资水资源。因此，应在土地占用和住房建设中普遍存在的非正规（以及不安全）的城市化进程中了解拉丁美洲城市地区的水安全问题。同时，还应该了解普遍薄弱的城市服务管理，特别是供水和卫生设施，由于污染和固体废物管理不善造成的城市环境严重退化，以及日益频发的特大洪水和严重干旱。

此外，受气候变化影响，拉丁美洲水资源供应量和需求量之间的地理失衡情况不断恶化，其影响正在改变包括海平面上升在内的水文循环的历史趋势，同时造成沿海低地、洪峰流量增大和干旱期延长等。面对这种不利的水文形势以及水资源可利用量与需求量的不对称性，各国必须加强水资源治理和水利基础设施建设。稳定的水利基础设施是减轻厄尔尼诺现象（每 7 至 10 年加剧水循环一次）造成民众伤亡和国内生产总值下降的重要前提。因此，讨论拉丁美洲城市和水资源之间的关联性时，不仅需要制定政策，还需要优先安排基础设施投资，考虑该地区较高的城市化率，以及少数城市才是该地区真正的增长引擎这一事实。

城市水资源管理是个复杂的过程，通常分段实施，可划分为三个不同的（线性）构件：水、卫生设施和排水。然而，自然水文系统是封闭（循环）的，当然不存在这些人为（和线性）划分。自然水循环与森林、山脉和含水层密切相关，可将水资源调节并释放到土地和土壤中，在那里产生径流和下渗。这与城市过程，以及人类活动和自然过程产生的沉积物和废弃物相关。

尽管拉丁美洲城市增长无序，但仍有可能缩小基础设施差距，提高管理效率，从而在 2030 年前在拉丁美洲城市地区实现水安全。判断依据是经济增长、宏观经济稳定性以及根深蒂固的成功民主进程的预测。拉丁美洲地区的劳动力人口比例较高，并将在 2025 年左右达到峰值。总而言之，拉丁美洲面临着历史性机遇，可以在提升经济发展水平的同时，降低不能接受的不平等程度，并在 2030 年前缩小现有的基础设施差距。

9.5 城市水安全：经验证据

全球水伙伴提出，一个"水安全"的社会要具备管理制度以及能够将当前风险控制在可接受水平并适应未来风险的基础设施（Pena，2014）。此外，还强调水安全应包括取水手段。供水短缺的原因可能是管理不善或缺乏资金或基础设施，而不仅仅是由于缺乏资源本身。直观地说，它关系着终端消费者能否在家中获取充足、卫生和安全的水。

拉丁美洲开发银行开展了一项调查，以便更好地了解拉丁美洲城市地区的水安全（Mejia，2015）。研究结果有助于决策者了解情况，提供新水源开发信贷申请评估指导，强化供水系统的核心基础设施，增加分销网络的覆盖范围和管理措施，以便提升需求和供给效率。

在 17 个国家中，有 26 个中型城市被认定为饮用水供应地理多样性及管理模式代表（表 9.1）（圣保罗、墨西哥城、布宜诺斯艾利斯、波哥大和利马等大城市，因规模和复杂性原因而未被包括在内）。城市地区人口的计算依据是水资源承载力和供水基础设施建设。

表 9.1　　　　　17 个国家 26 个中型城市研究结果

城　市	人　口	城市面积（km²）	人口密度（人/km²）	水资源供应流域面积（km²）	干线基础设施容量[L/（人·天）]	产销差（%）
阿雷基帕	989 332	99	10 000	3 880.0	399	29.16
阿里卡	198 386	47	4 200	0.0	250	35.3
亚松森	1 467 819	469	3 100	353 752.0	276	46.5
巴基西梅托	1 438 124	384	3 700	910.0	353	42
巴兰基利亚	2 427 061	478	5 100	2 574 438.0	247	66.6

续表

城　市	人口	城市面积（km²）	人口密度（人/km²）	水资源供应流域面积（km²）	干线基础设施容量 [L/(人·天)]	产销差（%）
大坎普	845 693	353	2 400	458.5	771	36.5
危地马拉	1 111 668	195	5 700	204.0	350	58
科恰班巴	785 756	107	7 300	623.0	152	42.93
科尔多瓦	1 367 188	592	2 300	2 728.0	361	34.15
库斯科	399 824	385	1 000	96.0	124	41.71
瓜亚基尔	2 672 786	392	6 800	4 200.0	380	61.92
马那瓜	1 533 996	254	6 000	1 216.9	263	45
麦德林	3 871 387	186	20 800	10 455.0	391	40.1
蒙特雷	4 295 706	895	4 800	10 632.0	251	30.28
蒙得维的亚	1 891 338	760	2 500	2 385.0	343	49.39
巴拿马	1 662 008	60	27 900	1 026.0	633	42.27
阿雷格里港	1 458 180	226	6 500	84 763.0	1 164	24.74
波萨达斯	300 381	73	4 100	933 600.0	370	49.6
克雷塔罗	1 161 655	360	3 200	918.0	296	43
基多	2 456 938	208	11 800	5 420.0	272	27.75
圣荷西	1 541 216	311	5 000	100.0	355	49
圣克鲁斯	1 910 386	290	6 600	0.0	483	22
圣萨尔瓦多	1 671 645	238	7 000	10 215.0	186	37.26
特古西加尔巴	1 239 417	155	8 000	470.0	124	45
瓦伦西亚	3 548 031	522	6 800	3 960.0	395	46.8
瓦尔帕莱索	953 470	183	5 200	7 640.0	438	40.4

资料来源　Mejia，2015 年。

　　通过对主要基础设施的确认和相关水文分析，为城市供水的流域受到了保护。截至 2015 年底，这 26 个城市的总人口为 4300 万，城市总面积约为 8000km²，流域总面积为 170 万 km²。平均而言，人口密度相对较低，每平方千米6800人；只有麦德林和巴拿马的每平方千米土地人口超过20000人。

城市水资源供应系统由水文保障、主干基础设施、供水管网和生活水资源供应四部分组成。

第一部分是水资源供应源头的安全，即水文保障，也就是说自然环境中要有足够的水资源。这与受流域内水文过程影响的水资源可利用量有关，或与地下水资源有关，从理论上讲，地下水资源取决于含水层的持续提取。

第二部分包括水资源供应系统的各项主干单元（以2015年现有设施为基线），即取水系统、储存和调节设施、输水系统和通往城市入口的水处理设施，在那里主干基础设施与城区内分配系统相连接，通常是一个饮用水水库，下游是水处理厂。至于地下水，在缺乏含水层补给数据的情况下，可基于泵站能力来估算。主干基础设施容量数据来源于相应服务商的网页，但许多系统都制定了饮用水总体规划，有助于更详细地分析基础设施的额定容量。设备老化可降低20％的额定容量。

第三部分是城市范围内管网水安全，包括进水管道、水库、泵站和配水网等要素，这些要素应在一定压力下向每个独立管道提供充足的饮用水，并在到达终端用户之前进行计量。为了确保管网有能力满足需求，管网中不同物理构件的加工设计应能承受以数小时、周或季节为周期的需求峰值，在特定地域年内会出现温度和人口大幅变动。理想情况下，供水管网被划分成多个运行区域，这些区域可隔离或连接到监测控制和数据采集（SCADA）系统，以便实时监督或控制运行。

第四部分是与终端用户交付使用的水资源数量和质量相关的水安全。水安全与健康和生活质量有一定关系，涉及家庭可用水量和水质，以及水资源的使用、储存和控制。简而言之，这在很大程度上取决于卫生习惯，包括排泄物处理和废水排放。在水安全的最后一个环节，如果水资源供应断断续续，则需要储水供数天使用，甚至在使用时用装置进行饮用水处理和消毒。

还对麦德林、巴拿马、蒙特雷、阿雷基帕、科尔多瓦、瓦尔帕莱索、蒙得维的亚、巴伦西亚和阿雷格里港 9 个城市的水安全做了分析，它们很大程度上依赖流域内降水。分析还采用了一个模型来模拟预测直到 2050 年上述城市的月度可用水资源量。

在政府间气候变化专门委员会排放情景特别报告（SRES）的 A2 设想下，利用全球环流模型（ECHAMS）对降雨量进行了预测。这一设想符合对温室气体排放的保守预测，即假定世界各地区人口持续增长和经济增长趋同程度较低。随后，全球环流模型生成的降雨数据被应用于降雨/径流模型（WaterGap），地理单元为 50km×50km。尽管模型规模很大，但从研究目的考虑，结果被认为是合理的。假定的气候变化设想对流域的月度水资源量产生积极影响，但对蒙特雷和巴伦西亚却有轻微的不利影响。

分析表明，这些城市 2050 年水文预测将能满足当年的水需求量，而在 9 个分析城市中，有 7 个城市的源头水资源可利用量都不会成为城市地区水安全的最大约束。当然，这种说法指的是月度均值，反映不出年际变化，年际变化可能非常显著，并对调蓄水库和河流直接调水造成严重限制。

另一个重要发现是地下水的重要性。在 26 个城市中，超过 60% 的水资源供应来自地下水，但实际比例可能更高。由于地下水开采和水井建设规范性法规的缺乏，在通常情况下，许多（工业或生活用）水井都未进行注册，但在干旱时期却发挥重要作用。

根据研究，在 26 个城市中，有 22 个城市在 2015 年建造了主干水利基础设施,将满足 2050 年人均每天 200L 的用水需求(见图 9.1)。其余四个不达标城市分别是特古西加尔巴、圣萨尔瓦多、库斯科和科恰班巴。将现有容量与 2030

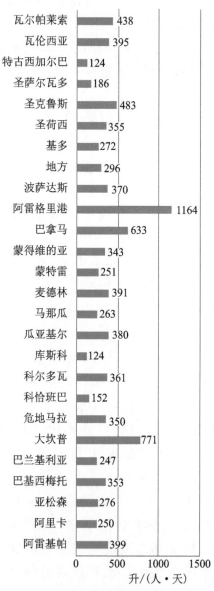

图 9.1 主干基础设施容量

资料来源:Mejia,2015

年的预测需水量进行比较,73%的城市可以达到2015年的干线容量标准。除了2015年已经出现问题的城市外,只有马那瓜、蒙特雷和基多有所制约。同样,在将2040年和2050年基础设施容量与预测需水量进行比较时,61%的城市还是可以满足2015年主干基础设施的有效需水量的。

管网水安全包括进水和配水管道的容量,以及城市周边整个管网的容量。分析考虑了三项主要指标:水资源供应覆盖缺口、产销差和计量。信息来源于服务提供商和国家统计数据,假设本章的目的代表了截至2015年年底的现有基础设施。整体来看,26个城市的产销差超过40%(见图9.2)。在这些城市中,圣克鲁兹市比例最低,为22%,这反映出该市的有效管理,但需要注意的是,圣克鲁兹市的供应商只服务于50%的人口,均为该市的高收入地区,这些地区享有供水服务。

超过30%的产销差可能与供水系统管网管理效率低下有关,最终可能导致水安全系数降低。研究发现,所有参与研究的服务供应商,包括私人服务供应商,其产销差均较高,需要采取强烈的效率激励措施进行推动,以降低成本并提高利润。此观察结果反映出,这些城市降低产销差的经济激励相当薄弱,而与此同时,增加源头和主要基础设施水资源供应能力的激励似乎很强。巴兰基利亚、瓜亚基尔和瓦尔帕莱索等城市的情况就是如此,这些城市的公共设施条件最好,并享有丰沛的水资源。

令人惊讶的是,私有地下水资源运营商(阿里卡和大坎普)的产销差也很高。合理的解释是,出于监管目的,将减少泄漏列入运营成本,而在设定水价基准时,监管机构对源头和主干基础设施水资源采取不同的处理方式(即作为一项投资)。如果是这样,则说明有一项监管失误有待纠正。

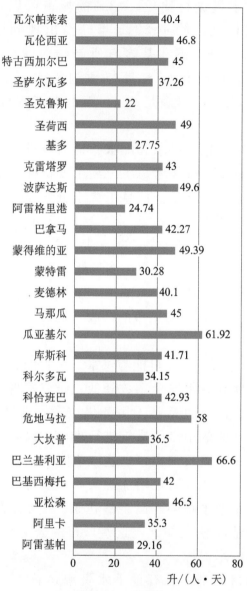

图 9.2 产销差

资料来源：Mejia，2015

供水管网管理是城市水安全的关键。本文梳理出以下几
个要点。首先，供水管网管理是保障城市水安全的关键，
2014 年圣保罗和 2016 年拉巴斯的水危机事件就说明了这一

点。这两地爆发的水危机，都是起源于水文变化，供水管网内部缺乏稳定的基础设施，成为应对突发危机困难的一项主要因素。上述两个案例表明，当城市部分地区出现严重水短缺和定量配给时，其他地区就会出现剩余，但因为在城市范围内缺乏水系连通和水资源重新分配基础设施，就无法向缺水地区供给。回顾这些案例，反映出对城市地区水资源供应的脆弱性和风险的认识不足，因此在规划和工程中未作考虑；同样，也未考虑与水源相关联的风险组合，不同流域的水文过程不同，所带来风险也不同。

世界卫生组织和世界银行在拉丁美洲多个国家开展了供水和卫生设施服务不足相关经济学研究（Sanchez – Triana，2007；Hutton，2016），得出的研究结论是，对于哥伦比亚、秘鲁和厄瓜多尔这样的国家来说，成本可能超过其国内生产总值的1%。在该地区，尼加拉瓜、洪都拉斯和玻利维亚等欠发达国家，其成本可能要高得多——研究估计要占到其国内生产总值的5%。研究方法中采用了标准化指标和元数据，将成本分配到死亡率和患病率。研究还观察到，拉丁美洲的患病率影响极大——竟与经济发展和用水覆盖范围薄弱的非洲国家持平。

饮用水和卫生条件缺乏会带来公共卫生危机。胃肠道疾病造成的营养损失破坏性很大，特别是对儿童健康可能产生长期负面影响，包括造成认知和发育问题。虽然情况严峻，却似乎并未引起决策者的注意；决策者通常只关注取水设施建设，而忽视了运行和维护。例如，在秘鲁，有50%的人口无法获取经过氯化消除细菌污染的水。

9.6 到2030年缩小城市地区水利基础设施差距

尽管存在上述问题，到2030年缩小水利基础设施差距的同时，提升城市地区水安全仍是拉丁美洲城市的现实目标。2011年，拉丁美洲开发银行（CAF）的一份评估报告指出，只要每年投入占2010年国内生产总值0.31%的投资额就足以缩小供水和污水处理服务之间的差距，显著推进棚户区居民服务供应与改进计划，扩大供水和排水系统基础设施，实现2/3的污水回收处理。2010年至2030年期间，投资总额将达到2500亿美元（按2010年的美元汇率折算）。供水和卫生设施服务的运营成本约占地区国内生产总值的0.5%，相当于每年200亿美元。此估算依据是巴西、智利、秘鲁、哥伦比亚等拉丁美洲地区可信度高的国家统计信息。总体来说，供水、污水排放、废水处理方面的投资占65%，包括现有设施的改造、翻修和扩建。据估算，城市地区排水单项的年度投资计划覆盖城市建设面积的80%，增加约1亿城市居民的水资源供应量，其投资将占国内生产总值的0.07%。最后，如果要到2030年实现棚户区供水达标和污水排放设施联网的话，需要每年投入占国内生产总值0.05%的资金，届时，此类服务赤字将会减少50%。同时，低收入人口经济适用房投资估值为2000亿美元，高于为相应人口提供水资源服务的费用。这再次强调了城市和水资源分类规划与投资的相互关联性。

拉丁美洲城市地区水资源系统需要大量可预见性投资，以便到2030年缩小基础设施差距并实现普及服务目标。然而，即便如此也远远不够，亟待各国改进其薄弱的水治理制度，并实行实质性的政策改革，从而提高水资源服务的管理水平和效率。据粗略估算，2010年拉丁美洲低效的供水和卫生设施服务所带来的隐形损失高达580亿美元（Mejia，2012）。

总之，增加投资额需要良好的环境，即决策者有实行改革的政治意愿，能够获取公共和私有的金融资源，实现法律安全，并为开展透明、高效的责任制改革提供充分的激励。只有如此，才能满足日益增长的社会需要，并为市民管理工作提供支持，早日实现水安全。

参 考 文 献

CAF (2015) La Infraestructura en el desarrollo de America Latina. CAF，Caracas

ECLAC (2017) The 2030 Agenda and the sustainable development goals. United Nations，antiago

Falkenmark M (1992) Population and water resources：a delicate balance. Population Reference Bureau，Washington

Food and Agriculture Organization of the United Nations (FAO) (2016，11 12) Resumen general – América del Sur，Centroamérica y Caribe. Version 2016，2016. Retrieved 11 12，2016，from AQUASTAT website：aquastat@fao. org

Garrido A，Shechter M (eds) (2014) Water for the Americas：challenges and opportunities. Routledge，Abingdon

Hutton GV (2016) The cost of meeting the 2030 sustainable development goal targets on drinking water，sanitation and hygiene. World Bank，Washington，DC. Water and Sanitation Program

International Water Management Institute (2000) World Water Supply and Demand. IWMI，Colombo，Sri Lanka

IWMI (2007) Water for food water for life. Earthscan，London

Mejia AR (2012) Water supply and sanitation in Latin America and the Caribbean：goals and sustainable solutions. CAF Banco de DEsarrollo de America Latina，Caracas

Mejia AN (2015) La Seguridad Hidrica en las Ciudades de America Latina. Caracas：draft

Mestre E (2017) Diagnostico Rapido. Tratamiento de Aguas Residuales en America Latina. Draft，Queretaro

Millan J (2015) Agua y Energia en America del Sur. CAF，Caracas

Peña H (2014) Desafio a la Seguridad Hidrica en America Latina y el Caribe. GWP，Stockholm

Sanchez – Triana EA (2007) Environmental priorities and poverty reduction. World Bank，Washington

SEMARNAT，CONAGUA (2015) Atlas del Agua en Mexico 2015. Comision Nacional del Agua，Mexico

Shiklomanov IA (2003) World Water resources at the beginning of the twenty –

first century. Cambridge University Press, Cambridge

Tucci CE, Bertoni JC (2003) Inundacões Urbanas na America do Sul. ABRH, Porto Alegre

UNU (2013) Water security and the global water agenda: A UN – water analytical brief. UN, New York

World Bank (2009) Reshaping economic geography. World Bank, Washington

第 10 章　巴西水安全管理经验与面临的挑战

作者：弗朗西斯科·德·阿西斯·索萨·费洛
（Francisco de Assis Souza Filho）、罗莎·玛丽亚·
福米加-约翰逊（Rosa Maria Formiga – Johnsson）、
蒂西亚娜·马里尼奥·德·卡瓦略·斯塔特
（Ticiana Marinho de Carvalho Studart）、
马科斯·撒迪厄·阿比卡（Marcos Thadeu Abicalil）

摘要： 水安全与人类福祉和可持续发展息息相关。"安全"通常指可预见性、可控制和保障性，它与世界的多变性紧密关联。变化涉及全球范围内塑造和改变当地现实的社会和自然过程。在该框架下，必须将水安全的概念与风险的概念辩证联系起来。在过去几年里，随着巴西多地发生严重干旱，公众的水安全意识日益增强。2013 年至 2015年间，巴西东南部经历了有史以来最严重的干旱。巴西东北部自 2011 年起也遭受了干旱，并一直持续到 2017 年。干旱已影响到社会稳定，因此，水安全问题被纳入巴西的政治议程，但决策能力和应对措施仍显不足。本章重点介绍巴西两大都会区通过应对水危机、保障水安全取得的经验，包括位于东南部经济发达城市圣保罗以及东北部半干旱地区塞阿拉州的福塔莱萨。同时也阐述了水危机期间所采取的水安全策略、汲取的经验教训和未来所面临的挑战。

10.1 引言

过去几年中，由于严重干旱侵袭了巴西的多个地区，因此水安全的概念在巴西得到了越来越多的宣传。2013—2015年，巴西东南部经历了有史以来最为严重的干旱，降雨量减少导致这个地区大城市水库干涸和限时供水。有2100万人口的巴西最大城市圣保罗大都会区旱情最为严重。降雨量减少导致了严重的水资源短缺。

东南地区干旱严重影响了水电行业，2000—2015年供水水位接近最低水平。巴西电力行业的装机容量为1.504亿kW，水电目前占巴西发电量的70%以上。为促进经济增长，巴西需要以合理的造价不断增加电力生产。

巴西东北部地区，属于半干旱区，人口2200万，历史上曾多次出现干旱，最近的一次始于2011年，并持续到2017年。降水量首次降至历史平均水平以下，直接影响到水库蓄水量，这些水库是塞阿拉州首府福塔莱萨等大都会区的水源。

这些与气候风险和社会适应性有关的事件，推动巴西政府把水安全提到了政治日程上。然而，决策者们对政策的认识还停留在初始阶段。尽管如此，极端干旱事件还是推动了新的举措来实现水安全。有目的地制定了长期规划以提高抗旱能力，其中包括修建蓄水池和跨流域调水工程等基础设施，实施需求管理战略，还制定了应对干旱管理规划，以减轻干旱带来的不利影响。

但是，长期规划与短期规划目标之间缺乏协调。长期规划应将气候变化和社会变革纳入考量范畴，在水安全规划中，制定气候风险管理战略。也可采纳德索萨·菲略等的建议，制定《主动式应对干旱计划》。

巴西号称地球上水资源最丰富的国家，但水资源分布不

均。根据水资源分布可将其分为三大地区。第一个是水资源
丰富的北方地区，占全国水资源总量的 65%，但人口仅占全
国总人口的 5%。第二个是半干旱的东北地区，水资源比较
短缺，占全国水资源量的 4%，但人口占全国总人口的
30%。该地区河流在干旱季节时常断流，必须通过修建水库
才能保证持续供水。第三个是拥有巴西最多财富的东南地
区，其 GDP 占全国的 60%，人口占 40%，但水资源仅占
6%。该地区只能通过修建大型水库满足不断增长的用水需
求，包括水力发电、城市和工业用水。这些再加上人口压
力，对当地的水质产生了严重影响。

　　本章研究的对象是巴西两个遭遇严重干旱的地区：巴西
东北部以福塔莱萨大都会区和塞阿拉州为代表的半干旱气候区
和巴西东南部以圣保罗大都会区为代表的气候湿润和经济发达
区。这两个地区有一个共同点，都属于在 1997 年国家政策颁
布之前，于 20 世纪 90 年代初首批开始制定水政策的州。

10.2　背景

　　截至 20 世纪 90 年代初，巴西水政策缺少统一协调，水
电、供水与卫生、农业等用水行业各自为政。随着城市化、
工业和农业的增长，水资源面临的压力逐渐增大，导致用水
量的增加，也加剧了河流、含水层和潟湖的退化。

　　为此，联邦及各州在 20 世纪 90 年代分别制定了水资源管
理政策。包括地下水在内的所有水体均为国有，由一个以上州
或与其他国家共享的河流归联邦所有；其他水体归各州所有。
目前，巴西各州都制定了地方水法。1997 年，联邦政府开始
制定和执行水政策，各州在 1991 年至 2007 年之间也颁布了各
自的政策。尽管取得了一定进展，但水保护和水安全方面收效
甚微。联邦和各州立法政策和措施虽然大同小异，但组织体系
存在差异导致在政治和运行结构存在显著的不同。

圣保罗州水资源管理体系主要受法国流域委员会和水管理局模式的影响。这种模式深刻影响了联邦法律，将流域作为规划和管理的单元，通过流域委员会和执行秘书处（流域管理局）进行分散式和参与式管理，并采取水资源规划、用水权、水体分类、水信息系统和批量计收水费等管理措施。命令和控制是传统的州水管理机构、水电能源局和圣保罗环境卫生技术公司采取的主要手段。水电能源局主要负责水量管理，控制和管理各州水资源的使用量，圣保罗环境卫生技术公司负责水质管理和污染控制。

塞阿拉州采用的管理结构与圣保罗州的模式完全不同。塞阿拉州水法通过两年之后的 1993 年，塞阿拉州水资源管理公司成立，这进一步突出了塞阿拉州与其他州管理体系的不同。大多数州的环境或水管理机构依靠州预算运营，而塞阿拉州水资源管理公司则属于独立和自负盈亏的机构，承担管理、监督和执法的职责。自成立以来，公司承担了水管理技术领域的所有职能和收缴水费。这不仅弥补了管理开支缺口，还为水利设施运营和维护提供了资金。集中收缴水费而不是联邦所规定的按流域收费，其中的一个主要原因是要在州内流域重新进行资金分配。除了福塔莱萨大都会流域之外，其他流域都无力承担自身的运营和维护费用。

在联邦层面，2001 年成立了国家水务署，负责实施国家水资源管理政策。国家水务署在水资源领域推出了数项重大举措，成为巴西联邦政府的重要机构，这也极大改进了联邦层面的水资源管理工作。国家水务署的运转资金主要来自水电行业的收费，每年的收费金额都不相同，2016 年总计约为 6500 万美元（1 美元＝3.2 巴西雷亚尔）。国家水务署在巴西国家水资源综合管理中发挥着主导作用，主要活动包括水资源规划、用水管理、大坝安全、水文信息、水资源管理培训和重大事件的监测管理等。由国家水务署主导的涉及水安全的规划包括：

- 2010 年，国家水务署编制了《巴西城市供水地图集》，提出巴西水资源和环境卫生行业规划，确保全国共 5560 个市镇的正常供水。根据这份地图集，46％的市镇需要扩建供水系统，另有 9％需要寻找新的水源；

- 2017 年，国家水务署编制了《巴西水处理地图集》，目的是评估巴西 5565 座市镇的污水收集及处理状况。通过分析不同需求、技术方案和实施成本以及公共和私营部门的资金来源，提出扩大服务的备选方案；

- 另一项举措是制定《国家水安全计划》。该计划将明确整个国家和各地区的重点项目，确保生产和生活供水，减少干旱和洪水风险，规划了一批确保国家水安全的基础设施项目；

- 国家水务署还开发了监测干旱和洪水等极端事件的系统，如设立了"情况室"监测全国的水文趋势，分析降水、河流流量、水库水位以及天气和气候预报的变化，通过数学模拟帮助预防极端事件；并作为重要的管理中心，帮助国家水务署进行水库应急调度提供决策支持，监测国家主要水系的水文条件和确定可能发生的重大事件。因此，系统开发有助于制定早期应对措施，减少干旱和洪水的影响；

- 国家水务署的另一个重要创新工具是监测干旱状况的"东北地区干旱监测系统"，协调和整合了各州和联邦机构的技术和科学资源，包括塞阿拉州气象与水资源基金会、伯南布哥州水与气候局以及巴伊亚州环境与水资源研究所。其主要目的是监测和了解干旱状况，如严重程度、空间和时间变化及其影响。"干旱监测系统"会定期监测东北地区的旱情，并发布综合监测结果，按月提供有关旱情的最新信息。根据最近 3 个月、4 个月和 6 个月的短期指标和 12 个月、18 个月和 24 个月的长期指标，评估该地区的干旱演变情况。

10.3　圣保罗旱情与水安全

圣保罗大都会区（以下简称"圣保罗"）位于巴西东南部，是世界最大城市群之一，人口接近 2200 万，面积 8051km²。大都会区地处蒂埃托河上游，当地水需求远远超过了水资源可用量，给水库带来巨大的压力，当地的水处理服务也没有普及。有必要开展需水管理，节约用水，解决用水矛盾，针对极端事件作好应对准备。

圣保罗的用水由大都会综合系统提供，圣保罗州水与卫生公司（SABESP）负责运营。该复杂系统由水库、隧道、河道、泵站和一个跨流域调水系统组成，包含 8 个饮用水子系统（表 10.1），整个系统的最大生产能力接近 74m³/s。

表 10.1　　　　　圣保罗饮用水计划

饮用水计划	处理能力（m³/s）	大都会在综合系统中的占比（%）
康达雷拉-瓜劳	33.0	44.7
瓜拉皮兰加/比林斯	15.0	20.3
阿尔托蒂埃托	15.0	20.3
里奥格兰德	5.5	7.4
里奥克拉鲁	4.0	5.4
阿尔托科蒂亚	1.3	1.8
拜舒科蒂亚	1.1	1.5
利贝拉德艾斯蒂娜	0.1	0.1
总计	73.9	

资料来源　圣保罗州水与卫生公司（2015 年）。

10.3.1　康达雷拉水系对大都会区供水的重要性

康达雷拉水系位于邻近的皮拉西卡巴河流域，为圣保罗大约 900 万居民提供服务。水系长度约 80km，依靠自流经过雅瓜里-加卡里、卡舒埃拉、阿蒂巴尼亚和派瓦卡斯特罗水库（见图 10.1），由圣伊内斯泵站提水后穿过康达雷拉山脉抵达阿瓜斯克拉腊斯水库，继续自流至瓜劳水处理站，该站生产能力达 33m³/s，为圣保罗的一半人口供水。

巴西的河流分别归属联邦或州所有，供水管理由联邦或州政府负责。康达雷拉水系的联邦所属河流由国家水务署负责管理，州所属河流由州水电能源局负责管理。水系向下游放水有助于调节皮拉西卡巴河流域雅瓜里河、卡舒埃拉河和阿蒂巴尼亚河的水量，并为当地许多城市和工业用户服务，在坎皮纳斯等一些大型城市，服务人口超过100 万。

10.3.2　圣保罗计划减少对康达雷拉水系的依赖

为进一步强化水安全、减少圣保罗对康达雷拉水系的依赖，州政府决定制定圣保罗计划，包括阿尔托蒂埃托流域和皮拉西卡巴河流域以及周边流域。规划的首要目标是为居民供水，另一个主要目标是，截至 2035 年，可以满足巴西最大和最重要城市群的城市、工业和灌溉用水需求。

10.3.2.1　圣保罗市

圣保罗市由圣保罗州的圣保罗、坎皮纳斯和拜萨达桑塔斯塔三个大都会区组成，还包括目前或计划为该城市供水的流域。该市占该州总人口的 75%（占巴西总人口的 16%）和 83% 的 GDP（占巴西 GDP 总值的 28%）。2014 年，该地区人口已接近 3200 万（见表 10.2），预计到 2035 年，圣保罗大都市的人口将突破 3700 万。

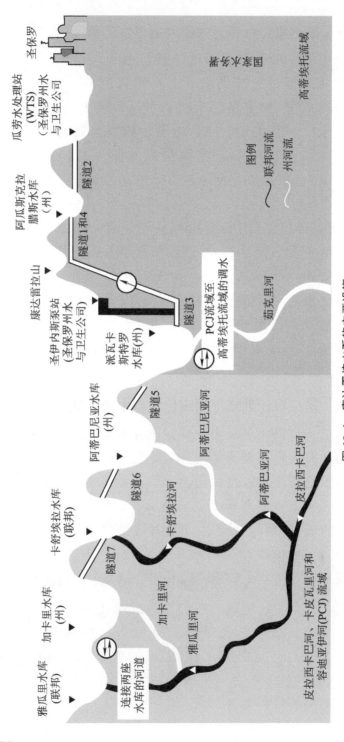

图 10.1　康达雷拉水系的主要设施
资料来源：联邦水务署，2015 年。

表 10.2　　　　　2014 年 圣 保 罗 市 人 口

区　　域	人口	主要城市	人口
圣保罗市区	20935204	圣保罗	11895893
坎皮纳斯市区	3043217	坎皮纳斯	1154617
淡水河谷、巴拉巴和北部海岸都市区	2430392	坎波斯	681036
索罗卡巴市区	1805473	索罗卡巴	637187
拜萨达桑塔斯塔市区	1781620	桑托斯	433565
皮拉西卡巴城市群	1195904	皮拉西卡巴	388412
容迪亚伊城市群	705000	容迪亚伊	397965
总计	31896810		

资料来源　IBGE，2014 年。

10.3.2.2　输水计划：供水替代方案

圣保罗市输水计划于 2013 年制定，早于康达雷拉水系和大都会区发生的水危机，计划提出了几个供水替代方案，目的是增加水量，满足圣保罗不断增加的水需求。该计划综合考虑了新旧两个方案，主要内容如下：

- 康达雷拉水系（皮拉西卡巴河流域）：圣保罗大都会区的主干供水系统面临水源紧张的局面，供水安全系数低，这是因为它位于康达雷拉水系的下游。康达雷拉水系地处皮拉西卡巴河、卡皮瓦里河和容迪亚伊河流域，这个州的第二大都市区坎皮纳斯都会区也坐落于此。计划提出了多种方案，其中包括从南帕拉伊巴河流域的调水计划，该方案备受争议，目前处于在建阶段。鉴于南帕拉伊巴河流域需为里约热内卢州 75% 的人口供水（包括里约热内卢大都会区），跨流域调水已成为巴西州与州之间水冲突的导火索；

- 圣保罗西部地区供水严重不足，需大幅提高供水能力，计划优先考虑建新的供水系统；

- 比林斯水库地区的供水主要通过里奥格兰德支流以及瓜拉皮兰加水库的调水（塔奎瑟图巴支流），同时，比林斯水库通过派恩洛斯河的泵站系统，为圣保罗大都会区防洪提供保障。但由于存在水质问题以及库巴唐亨利·波登水电站发电用水，是否应利用该系统扩大供水引发了很多争议。如果截取比林斯水库其他支流来供水，将会影响发电用水量。根据圣保罗州水与卫生公司的研究成果，圣保罗大都市水资源利用计划中只考虑从佩克诺河支流调水；

- 米迪欧蒂埃托/索罗卡巴流域干旱地区位于圣保罗西部，该地区城市、工业和灌溉用水严重短缺。计划实施三个调水项目：从茹基亚河流域调水，提高伊塔帕拉噶水库的水资源可用量；利用索罗卡巴河和萨拉浦河的集水区；利用阿尔托帕拉纳帕内马流域茹鲁米林水库的集水区；

- 皮拉西卡巴河流域、卡皮瓦里河流域和容迪亚伊河部分地区拥有多个孤立的集水区，可供城市、工业和灌溉使用。除康达雷拉水系水库之外，该地区没有大型水库来补充河水流量，使该地区在极端干旱情况下变得尤为脆弱。以下输水计划将满足该地区的水需求：增加康达雷拉水系的流出量（利用南帕拉伊巴河流域的雅瓜里河水库补水）；建造水库调节河水流量，增加雅瓜里河和卡曼杜卡亚河的用水量；从米迪欧蒂埃托/索罗卡巴的索罗卡巴河和萨拉浦河、阿尔托帕拉纳帕内马流域的茹鲁米林水库调水；

- 圣保罗东部地区主要受阿尔托蒂埃托供水系统的影响，扩大供水能力的替代方案包括：使用南帕拉伊巴河上帕赖布纳水库调控的部分水源，以及阿尔托蒂埃托流域蓬蒂诺瓦水库的调水；伊塔廷加和伊塔潘豪的用水使用拜萨达桑蒂斯塔流域马尔山脉的部分水源。

10.3.3　2014—2015 年水危机

如果想要理解圣保罗大都会遭遇的水危机，首先要分析导致干旱的原因，并回顾国家水务署、水电能源局和圣保罗州水与卫生公司采取的措施。

10.3.3.1　皮拉西卡巴流域与圣保罗大都会水危机与冲突

除了里奥克拉鲁水系之外，圣保罗市 2013 年 10 月—2014 年 9 月的平均降雨量远低于全流域的历史平均值（表10.3）。康达雷拉水系的总降雨量比历史同期平均水平低43％。2014 年夏和 2015 年雨季，降雨总量远低于历史平均水平。2013 年 12 月—2014 年 2 月，降雨量仅为历史平均值的 32.8％。该地区在 2014 年 12 月—2015 年 2 月的降雨量有所增加，但仅为历史同期水平的 77.6％。图 10.2 给出了康达雷拉水系集水区的月均降雨量，以及 2012 年 10 月～2015年 6 月的平均降雨量。

表 10.3　　　2013—2014 年累积降雨量与
历史同期水平相比（mm）

	供　水　系　统					
	康达雷拉	瓜拉皮兰加	阿尔托蒂埃托	阿尔托科蒂亚	里奥格兰德	里奥克拉鲁
平均水平	1.5868	1342.5	1463.6	1386.4	1559.4	2176.6
2013/2014 年	905.2	1189.7	1045.9	768.4	1337.1	2309.1
差值	−43.0	−11.4	−28.5	−44.6	−14.3	6.1

资料来源　圣保罗州水与卫生公司，2015。

2014 年，康达雷拉水系水库的入库水量为 85 年来的最低水平。上次记录是出现在 1953 年，当时的平均入库量低至 24.6m³/s，但仍是 2014 年的两倍还多。干旱时期河水流量的降低，加剧了原本存在于皮拉西卡巴流域和圣保罗大都会区之间用水矛盾。除了康达雷拉水系，皮拉西卡巴河流域、卡皮瓦里河流域和容迪亚伊河流域没有其他水源和设施来调节流量。总需水量（36.3m³/s）中城市用水占一半以上，97%由地表水提供。皮拉西卡巴河流域、卡皮瓦里河流域和容迪亚伊河流域之中坎皮纳斯是一座大城市，居民超过100万。

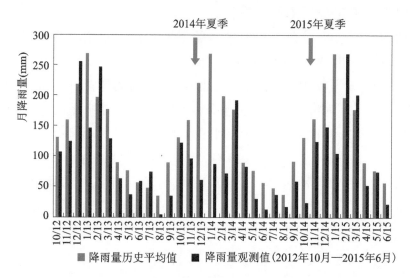

图 10.2　康达雷拉流域降雨量的历史平均值和观测值

（2012 年 10 月—2015 年 6 月）

资料来源：Marengo 等．2015 年。

根据 2010—2020 年皮拉西卡巴河、卡皮瓦里河和容迪亚伊河流域规划，流域地表水可用量约为 37.8m³/s，而总需求为 34.5m³/s；这意味着该流域的整体流量已用尽。大约 18.9m³/s 的用水以废水的形式重新返回水体，使缺水情况得到缓解和实现水平衡（表 10.4）。

表 10.4　　皮拉西卡巴河、卡皮瓦里河和
容迪亚伊河流域水平衡

可用水量（m³/s）	取水量（m³/s）	废水（m³/s）	水平衡（m³/s）
37.9	34.5	18.9	22.3

资料来源　COBRAPE，2011 年。

该计划表明未来需求将增加：预计 2020 年水需求为 41.6m³/s，预计 2035 年水需求为 46.5m³/s。皮拉西卡巴河流域、卡皮瓦里河流域和容迪亚伊河流域将面临严重水短缺。

10.3.3.2　干旱和水资源管理危机

根据《国家水资源政策》的规定，巴西水资源由国家水务署负责管理，州政府负责管理各州的水资源。由于旱情恶化，国家水务署和水电能源局专门成立了康达雷拉水系管理支持技术咨询小组。该技术咨询小组在干旱期间负责管理康达雷拉水系，监测为康达雷拉水系供水的水库等相关数据以及降雨和水质。技术咨询小组的另一个职责是把来自康达雷拉水系的水分配给圣保罗大都会区和皮拉西卡巴河、卡皮瓦里河和容迪亚伊河流域。在水短缺的情况下，分配给圣保罗州水与卫生公司的总水量从 2014 年 3 月 6 日起逐渐减少。技术咨询小组通过协调沟通，确定可调至圣保罗大都会区的流量，以及雅瓜里/加卡里、卡舒埃拉和阿蒂巴尼亚水库可输入流域的流量。协调有效期为 30 天，每月都会对流量进行重新评估，并根据水储量对分配实施严格管理（见图 10.3）。

7 个月后，2014 年 9 月 19 日，国家水务署退出技术咨询小组，并提议解散该小组。尽管技术咨询小组解散，但国家水务署和水电能源局仍继续共同确定康达雷拉水系的水限额和圣保罗的供水量。为了减轻康达雷拉水系的负担，圣保罗的供水量从干旱初期的 31m³/s 减少到 2015 年 2 月的 13m³/s，降幅达到 56%。

10.3.3.3　圣保罗州水与卫生公司抗旱计划

巴西第 11.445/2007 号水与卫生法规定，各州负责管理和监督各自的供水和卫生服务。因此，2014—2015 年干旱期间，经圣保罗州政府授权，圣保罗州水与卫生公司负责实施圣保罗饮用水使用限额，以弥补康达雷拉水系供水量的不足。

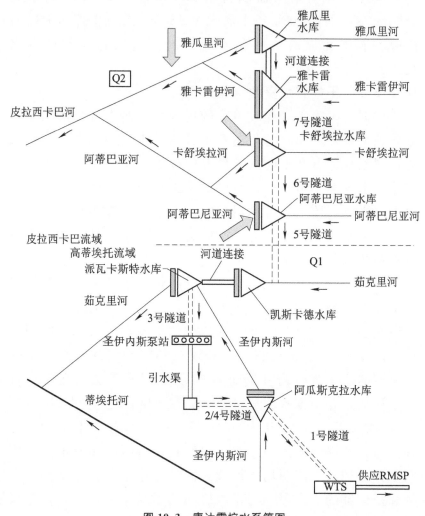

图 10.3　康达雷拉水系简图

资料来源：ANA—DAEE，2004 年。

10.3.4　圣保罗州水与卫生公司采用的水安全策略

　　为了应对干旱，圣保罗州水与卫生公司决定不采用循环供水服务，因为这存在健康风险、供水管网泄漏、边远和地势较高地区无水可用以及基本服务必须靠应急供水等不利因素。该公司采取了减少从康达雷拉水系取水的方案，并实施了以下措施。

10.3.4.1　奖惩计划

　　奖惩计划旨在鼓励公众改变日常行为，减少用水量。从2014 年 2 月开始，该公司要求消费者将用水量较上一年减少20%；消费者若能做到，可获得 30% 的资金奖励。该计划实施一年之后，公司发现尽管节水意识有所提高，仍有一部分人的消费量高于平均水平。为了减少这种高消费，公司决定向每月消费超过平均水平的用户加收超量费：超过平均用水量 20% 以下的水费加收 40%；超过平均用水量 20% 以上则加收 100%。超量费对于签署长期供求合同的工商业用户也适用。

　　奖惩计划实施之后，圣保罗人均用水量从 2014 年 2 月的每人每天 155L 下降到了 2015 年 3 月的每人每天 118L。2015 年 3 月，奖惩计划节省的水量为 $6.2m^3/s$。其他成果包括：

- 用水量减少：与计划确定的平均值相比，圣保罗82% 的客户减少了用水量。（有些客户略微减少了用水量，但没有达到拟定目标，因此无法获得奖励。）
- 超量费：18% 的客户月用水量高于计划确定的平均值。（享受社会救助的对象没有被征收超量费。）
- 按照需求类别区分，参与奖惩计划的情况如下：
  ——工业/商业用户：49% 获得了奖励。
  ——住宅用户：36% 获得了奖励，仅 11% 住宅公寓实现了目标。

10.3.4.2　整合饮用水供应系统

　　作为非常规措施，相关部门通过水利工程进行置换调水。2014 年，通过采取应急措施，将 $6.3m^3/s$ 的水量调配给了此前由康达雷拉水系负责供水的区域。

10.3.4.3　加强漏水管理

　　圣保罗州水与卫生公司制定了减少漏水长期计划，主要减少修补漏水的时间、增加减压阀覆盖管网的比例，以及通过管网降压来预防漏水。降低压力是应对水危机的最有效措施，使康达雷拉水系流量减少 7.3m³/s，相当于整个系统节水 41%。

10.3.4.4 技术储备项目的应用

技术储备一期工程于 2014 年 5 月 16 日开始运行，共向康达雷拉水系补水 1.825 亿 m³（雅瓜里/加卡里和阿蒂巴尼亚水库"死库容"的一部分）。在雅瓜里/加卡里水库，修建了一条 80m 长的坝，并将电动泵组固定在浮子上。在阿蒂巴尼亚水库，利用电动泵组将水抽入集水箱，再通过 890m 长的河道自流至 5 号隧道的集水河道。随后修建了一条 100m 长的大坝，将从 5 号隧道调阿尔托蒂埃托流域派瓦卡斯特罗大坝的水储存起来。技术储备二期项目于 2014 年 10 月 24 日开始运行，额外向康达雷拉水系提供了 1.05 亿 m³ 的水量。在加卡里水库新建了 400m 长的干式结构，安装了新的电动泵组。这些水利工程共计提供了约 2.875 亿 m³ 的蓄水量，超过现有容量的 29%。

10.3.4.5 干旱应对策略的主要成效

与 2014 年 2 月相比，康达雷拉水系 2015 年 3 月的取水量从 31.9m³/s 减少到 14.04m³/s，降幅达 56%。表 10.5 列出了不同方案的节水量。从分析所涵盖时段来看，节水量最大的是降压和减损，占节水总量的 41%。其他方案还包括从其他水系调水（36%）、奖励计划（20%）和减少城市调水量（3%）。圣保罗超过 80% 的人口都参与了奖励计划。

表 10.5   圣保罗州水与卫生公司计划的节水量

（2014 年 2 月—2015 年 3 月）

圣保罗州水与卫生公司计划	减 少 流 量	
	m³/s	%
降压/减损	7.30	0.41
从其他水系调水	6.30	0.36

| 圣保罗州水与 | 减　少　流　量 | |
卫生公司计划	m³/s	%
奖励计划	3.50	0.20
减少城市调水量	0.60	0.03
总计	17.70	

资料来源　SABESP，2015 年。

10.3.5　水危机之后的水安全

圣保罗州水危机的严重程度超出了预期，康达雷拉水系的干旱程度尤为严重，也暴露出水资源管理和治理方面存在的问题，之前各种计划提出的提高供水的措施均未实施。为了应对干旱危机，圣保罗州将水安全列入了重要政治议程。通过技术和管理创新，改进了干旱期间的供水管理，并通过供水系统联网互通来优化饮用水基础设施。除了增加基础设施投资之外，水质恢复、需水管理和水资源回用的重要性也在水危机中得到了体现。通过保护生态系统和修复水源，可使水质得到恢复。最重要的是，这场水危机凸显了加强水资源管理机构治水和应对能力的必要性。

10.4　塞阿拉州干旱和福塔莱萨大都会区水安全

受多种因素影响，如年降水量少于 900mm、年蒸发量大于 2000mm、降雨时空不均导致连年干旱、80％的土地覆盖着结晶岩石、土层浅薄和地下水资源稀缺等不利地质条件，塞阿拉州水资源可用量较少。而且，当地大多数河流属于自然间歇性河流。

水资源短缺期间，该州约 900 万人口的水安全主要依赖水库、水系连通、运河的供水系统等基础设施。除数百座小型水库之外，塞阿拉州还有 155 座具有战略性用途的水库，蓄水量占该州总量的 90％（186.7 亿 m³），分布在 12 个水文分区。

该州的水利基础设施包括 439km 的河道，1250km 的管线和配水管网，以及 32 个泵站；调控的河流长度为 2551km，涉及 91 个水体。

截至 20 世纪 90 年代，塞阿拉州境内以及东北半干旱地区的水政策和管理基本都由联邦政府负责，其主要任务是抗旱。1992 年以后，随着巴西水务改革的推进以及水资源管理系统在各州的实施，其政治体制发生了重大变化。1993 年，塞阿拉州成立了水资源管理公司，主要负责维护该州的水资源管理系统。塞阿拉州模式成功的原因之一，是借鉴了第 9.433/97 号联邦法律确立的管理模式。该模式比巴西其他各州的管理模式更为集权化，也创建了分散式水量分配制度。水资源管理公司和塞阿拉州水资源部的职责是与供水管理系统相关联邦和州立机构合作，将该州打造成为巴西水资源管理最先进的地区，在具备了重要的技术、政治和机构能力基础上，贯彻实施水资源管理职责和干旱应对策略。

与大都会供水基础设施由供水服务提供商圣保罗州水与卫生公司管理的圣保罗州不同，塞阿拉州采用了一种非典型模式，包括大都会供水在内的所有水利基础设施均由水资源管理公司进行管理。塞阿拉州的供水服务提供商是塞阿拉州水务公司，它也是水资源管理公司的用户之一。

10.4.1 大都会供水情况

福塔莱萨大都会区没有大型水体，城市发展和工业活动更多是依赖调水。比如，佩西姆港口就是为此而建。这种依赖性自 20 世纪 90 年代初开始增加，现在主要靠距福塔莱萨 216km 的卡斯坦豪大坝提供水源。

截至 20 世纪 90 年代初，福塔莱萨大都会区一直由帕科蒂-里亚乔-加维奥系统供水。1993 年建成的"工人渠"成为第一个向大都会区输水的主要基础设施，雅瓜里比流域奥罗斯大坝和雅瓜里比河也是大都会区供水系统的一部分。2003

年，卡斯坦豪水库竣工，它是塞阿拉州最大的水利工程，位于雅瓜里比流域（62 亿 m³）。大都会系统的水安全逐步得到强化：首先，扩建早已在为福塔莱萨部分地区供水的雅瓜里比河供水系统；尤其是 2012 年以来建设完成了一系列泵站、河道、管线、虹吸管和隧道，这个复杂系统被称为"综合河道"，可将河水直接从卡斯坦豪大坝调入福塔莱萨大都会区。

目前，大都会供水系统的服务人口约 320 万，包括两个水处理厂：为福塔莱萨大都会区约 90% 的人口供水，处理能力可达 10m³/s 的加维奥，以及处理能力为 1.25m³/s 的欧斯特。

10.4.1.1　圣弗朗西斯科跨流域调水工程

圣弗朗西斯科跨流域调水工程于 2018 年初完工，该系统进一步强化了水安全。该项目由联邦政府实施，跨越数百千米和多个州，从巴西的主要河流圣弗朗西斯科河调水 26.4m³/s。自 2025 年起，向拥有 1200 万大中小型城市居民的伯南布哥州、塞阿拉州、帕拉伊巴州和北里奥格兰德州半干旱地区供水。该项目需要在巴西北部和东部地区开挖 477km 的运河，并修建隧道、渡槽、泵站、水库、变电站和输电线路。2017 年 3 月，东部地区的项目完成，具备了向帕拉伊巴州和北里奥格兰德州供水的条件。塞阿拉州的项目按计划应于 2018 年结束，北部地区通过雅瓜里比河流域连通在一起，从而改善福塔莱萨大都会区的供水状况。

10.4.1.2　塞阿拉水带

2013 年，塞阿拉州政府开始建造雄心勃勃的塞阿拉水带，通过整合各流域水资源和建设备用供水系统来确保水安全。该水带由遍及该州大型河道的网络组成，横跨多个流域，一期是修建圣弗朗西斯科河调水工程的取水口。水带将把河水引向塞阿拉州的大部分地区，其中包括该州较为干旱的地区以及具有旅游开发和经济潜力的地区。该基础设施还可将圣弗朗西斯科河的多余流量调入该州最大的卡斯坦豪水库和奥罗斯水库。一期工程目前正处在最后阶段，完成后调水距离将长达 145.43km。

10.4.2 主要相关机构

尽管塞阿拉州的大部分河流归本州管辖，但多用途重要水域则归属联邦所有，大坝由联邦政府出资建造。联邦机构主要通过国家抗旱工程部和国家水务局进行水管理。不过，这些机构的作用很小，因为联邦政府对这些水体的管理权已委托给塞阿拉州。

因此，塞阿拉州参与水安全管理和福塔莱萨大都会区供水的主要机构都是州级政府（见图 10.4）。水资源管理机构为塞阿拉州水资源部和水资源管理公司，负责全州的水资源开发和使用管理，以及预防和缓解冲突、监督当前和未来的水安全。该州的供水和卫生公司塞阿拉州水务公司负责为151 座城市（共 184 座）供水，其中包括福塔莱萨大都会区。塞阿拉州气象与水资源基金会是该州的气象和水资源管理机构，负责水文和气候监测。运作上，输水工程和水利基础设施的建设由输水工程总监负责。市政当局在供水和卫生方面拥有一定权力和特权，并控制着土地的使用和占用。由用户和民间团体组成的联合机构有水资源州委员会和流域委员会，负责协商水资源的分配。

10.4.3 2012—2017 年严重干旱

2010 年以来，塞阿拉州和东北地区持续发生降雨不均。2010 年出现过干旱，但由于前两年雨水丰足，水库蓄水保证了供水；2011 年雨季降水高于平均水平，虽未积攒一定的水量，但农业实现了丰收。可从 2012 年到 2017 年，该地区遭遇了连年干旱。塞阿拉州气象与水资源基金会的研究表明，2012—2017 年是 1950 年以来最干旱的时期。这场干旱属于50 年一遇甚至 100 年一遇。

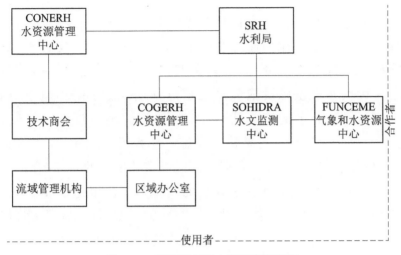

图 10.4　塞阿拉州的水资源管理系统

资料来源：SRH - CE，2017a。

10.4.3.1　蓄水受到的影响

根据水资源管理公司管理的 153 座战略水库等效蓄水能力的变化（总库容为 186.4 亿 m³），可以推测出这场干旱所造成的水危机的严重程度。2012 年 10 月的蓄水量占总库容的 56.5%，但在随后几年逐渐下降，2016 年 10 月仅占总库容的 9.1%。2016 年 12 月，39 座大坝完全枯竭，153 座被监测的大坝中有 42 座已达到死库容水平。这场水危机受灾最严重的是农业部门，灌溉是塞阿拉州的用水大户。

受到供水影响的首先是喷灌用户，尤其那些依赖常流河进行作业的用户。灌区年取水量从 2012 年的 22.95m³/s 下降到 2016 年的 3.68m³/s，灌溉用水大户的供水量减幅达 84%（SRH - CE，2017b）。

10.4.3.2　危机期间的水安全策略

为应对水危机和确保中长期水安全，塞阿拉州采取了各类应急措施和管理措施。这些举措彰显了该州在应对干旱方面的技术创新能力以及政治和体制能力，其中包括水利基础设施的战略性扩建、规划和管理措施以及特定危机时刻的水安全紧急行动。鉴于水危机的严重性，该州还在继续评估和探讨新的计划，比如通过废水利用和需求管理，实现水源的多样化。建造更多的大坝等大型水利基础设施似乎并不可行，因为水利基础设施似乎已超过预期。鉴于降雨时空分布无章可循，目前的策略是进行流域水资源统一调配。

目前该州建有 12 条输水设施，总长度 426km。"工人渠"长 100km，为福塔莱萨大都会区提供重要的水源。"综合河道"长 256km，于 2012 年完工。它的输水量最高可达 22m³/s，目前是福塔莱萨的主要供水设施。在建的"塞阿拉水带"多段河道长约 1300km，为圣弗朗西斯科跨流域调水工程输水。

10.4.4 干旱管理策略

应对干旱的规划和管理措施包括硬件设施和应急措施。塞阿拉州水资源部制定的措施主要包括以下几个方面（见图 10.5）。

图 10.5 与干旱有关的主要规划和管理措施

资料来源：SRH - CE，2017b。

10.4.4.1 水分配谈判

该项措施于 1994 年开始实施，是一种参与式解决方案，由用水户组成的管理委员会根据流域委员会和水资源管理公司确定的分配指标进行水量分配。用水户每年从水库提取的水量应通过协商决定，并需获得水资源管理公司的确认，由其负责调配水库的水量。这是巴西供水管理的创新举措，是应对干旱和使每个人都获得用水的战略之举。

10.4.4.2　州水安全工作组

水安全工作组成立于 2015 年，隶属于政府应急委员会，每周都会召集直接参与部署应急措施的州属机构，商讨对策应对塞阿拉州严重和长期的干旱。这些会议由州长办公室主任和塞阿拉州水资源部牵头召开，期间委员会讨论和制定各种措施，从而确保连年干旱期间塞阿拉州所有城市的正常供水。

10.4.4.3　抗旱综合委员会

抗旱综合委员会成立于 2012 年，是一个应急机构，成员来源广泛。由塞阿拉州州立机构、在该州运行的联邦机构，比如国家一体化部和国家抗旱工作部，以及民间团体组织共同组成。该委员会旨在采用参与式方法，讨论农村地区水资源的使用，为福塔莱萨大都会区提供支持。

10.4.4.4　州抗旱计划

这项计划于 2015 年获得塞阿拉州政府批准，旨在为以下五个领域提供应急、构建和额外措施：水安全、食品安全、社会福利、经济可持续发展以及知识和创新。该计划的实施对于该州不同地区的供水保障至关重要。

10.4.4.5　福塔莱萨大都会区水安全计划

这项计划提出的战略措施旨在保障 2016 年 8 月至 2017 年 3 月，向福塔莱萨以及其他大都会区供水系统内部城市供水，应对福塔莱萨水危机的其他措施包括征收超量费和减损计划。

10.4.4.6　应急措施

近年来水危机期间采取的措施呈现出多样性，其中一些措施属于首创，比如快速铺设管线和倡导节约用水：

- 快速铺设供水管道。这些管道均为钢制，带有快速连接系统和锁闭接头，自锚定于地面（不用挖沟）。它们可抗高水压，干旱紧急情况下可沿路铺设，将水从水库引至城市的水处理厂。2015年和2016年，塞阿拉州已安装此类管道186km，为7个城市的近31万人提供服务；
- 打井。这种解决方案在长期干旱期间发挥了明显作用。2015年以来，几家州属机构已钻探水井3500多口；
- 建立海水淡化厂。2015年以来已建成300多座；
- 建立移动式水处理站，采用以色列超滤技术处理污水（29套设备）；
- 在河床和干涸的大坝处进行挖掘；
- 水处理站回收利用反冲洗水；
- 从福塔莱萨大都会区外部的沙丘提取地下水；
- 使用运水车。为小型和孤立社区供水的紧急措施，由塞阿拉州民防局和巴西军方负责执行。

10.4.4.7 塞阿拉州水务公司采取的主要措施

针对福塔莱萨大都会区，塞阿拉州水务公司采取了多项节水措施。主要措施包括征收超量费，鼓励终端用户节约用水（2017年3月为13.98%）；减损232L/s（主要是防止失漏）；循环利用加维奥水处理站滤池中的反冲洗水（217L/s）。自2016年12月起该站加大了抽水压力（逐步取代自流取水），水处理不再受到加维奥大坝水位的限制。福塔莱萨大都会区水安全计划对上述措施有详细描述，还涉及其他措施。

10.4.5 严重和长期干旱状况下的水安全

过去25年以来，塞阿拉州建立了完善的水资源管理系统，将连年干旱的影响控制到最低程度。最大的成就是保障了福塔莱萨大都会区的供水，避免了当地市县和农村发生水荒。塞阿拉州以前发生过几场严重的干旱，导致众多人口和动物死亡，农村和小城镇居民不得不向城市中心迁徙。

随着管理措施的不断完善，相关部门正在以创新的方式应对紧急干旱。在抗旱结束后，决策者应反思如何进一步改善水资源管理，评估更有效的抗旱措施；审核"多种用途—城市用途"以及"大都会区—雅瓜里比流域"之间的关系，所有利益相关者都应通过流域委员会直接参与大都会区和雅瓜里比水区的管理。除了水利基础设施之外，还需加强需水管理、废水再利用和水源保护。

10.5　从干旱到水安全：从圣保罗和福塔莱萨大都会区汲取的经验教训

圣保罗大都会区（2014～2015 年）和福塔莱萨大都会区（2012～2017 年）的水危机为我们提供了很多经验教训。在不同的情况下，需要动员各种社会要素机构和个人参与解决水危机。本文作者认为，水危机事件为我们提供了下面的经验教训：

首先，应进一步强化干旱管理。干旱是一种社会自然现象，强化干旱管理需考虑若干因素：公众舆论、政治制度、法律和技术。这些措施旨在从技术、社会、政治和体制的角度缓解冲突，制定可持续发展决策。

水分配规则和定量配给数额应根据"无知之幕"的原则决定，保证公平、公正，参与各方应在旱灾发生之前，表明他们的立场，这有助于缓解冲突。

公众参与可为合法性和社会融洽提供保障。危机发生时的制度框架和社会参与规则，可能不是一种可持续的策略。如果不能提前制定好为大家所认可的社会规则，那么危机发生时所爆发的冲突，将会是一个极大的挑战。

水资源系统属于非常复杂的社会自然体系，涉及社会、经济、政治、气候、生态系统和工程等诸多方面。因此，干旱管理需要多样化的专业知识来制定可持续发展解决方案。决策过程应得到合法、相关和一致的信息支持。

理想状态下，应对水资源系统做出整体分析，整体往往大于部分之和。所有人都必须认识到该系统的协同效益。通过建模对城市和农村土地利用、气候变化以及民众的习惯和偏好等不确定因素进行分析，设计出更强和更灵活的体制机制。

干旱管理离不开快速和连续的决策过程。环境变化响应时间是抗旱响应质量的一个决定性变量。

复杂供水系统管理和运营组织的技术水平是干旱管理的决定性因素。

尽量减少对输水设施的干预，有助于减轻供水系统的压力，比如，通过调整取水结构来确保水泵的充分浸没，这些措施可明显提高输水系统的运行效率。

干旱管理措施应将供水管理、需水管理和冲突管理融合在一起。系统运行灵活性是供水管理的黄金法则，如供水管网的压力变化和功能分区，不同的备用水源。经济激励措施，如支付水费或获得水费优惠等，应作为需水管理策略。应制定干旱期间冲突管理的法规体制框架，用来缓解冲突。

干旱管理包括未来不确定情景下的风险管理。公共部门所发挥的作用至关重要，如果公共部门职能重叠会增加管理成本，给负责管理的技术人员带来负担。决策需要实时评估，评估现有信息，知识不对称会给决策者带来不安全感，这种不安全感会因担心受到惩罚（由于无法准确预测未来）而加剧。制定有助于管理机构持续和集中监测决策过程的策略，能够优化决策环境。

干旱监测对于确定干旱的开始时间、严重程度和结束时间至关重要。早期预警对于缓解干旱的影响非常重要。圣保罗的水文气象和流体测量网络非常完备，但缺少干旱监测。有关部门应考虑开发干旱监测系统。

应制定主动式干旱管理计划。应针对各个干旱阶段提前制定措施，并确定实施这些措施的必要条件。如果在水危机加剧时采取紧急措施将导致成本大幅增加，在早期预警系统的支持下，主动式干旱管理计划可以缓解干旱影响。

水资源系统旨在保障供应。水短缺风险取决于异常事件的概率。通常依据的标准是全年 90% 的时间能够保障供应，10% 的时间无法保障。但是，这种确定水文风险的方法并未明确考虑相关损害。对于极其关键的系统，比如居民供水系统，应评估确定无法保障的最低概率，如果想要降低供水危机发生的概率，那么就要提高水资源设施的部署和运行成本。可接受风险的概念对于水安全极其重要，这个概念需要得到强化，确保社会合法性。

水资源管理体制必须为管理机构解决争端提供必要的空间。《水法》规定的水资源管理综合系统可发挥这样的作用。应进一步建立明确可行的管理规定，促进和强化仲裁，明确各自的界限。

管理机构应提供信息访问渠道并保持渠道畅通和信息透明，使媒体没有机会制造、传播谣言和错误信息。公众宣传计划的意义重大。需要承认的是，在旱灾发生期间，公众对于某些自然或者社会事件很可能会有不同的解读，而这些解读在民主社会都是合情合理的。民主社会接纳多元观点和分析角度。水资源管理部门需要协调引导，给公众一个表达的平台。

供水和水处理公司在城市干旱管理中发挥着核心作用。水危机期间，这些公司供水水量和收取的费用会明显减少，这会对公司的财务收益带来不利影响。通过大幅提高水费来确保公司的可持续性并不是最佳策略。干旱规划应考虑制定相应的财务机制，降低对供水公司和广大用水户的影响。

特许用水权可当作行政手段发挥作用，需要制定更多广义的公正政策。供水政策既可以由单一的部门制定，也可以由多个公共部门协调制定。此外，还应对管理机构在供水和相关行业中的作用加以界定。

应提倡节约用水的习惯，巩固旱灾时形成的节水习惯。这是一种具有滞后性的机制：旱灾打破了人们的社会行为习惯（比如，平时过度用水，旱灾时不得不节约用水），而当旱灾过后，公众不会立刻恢复到最初的行为模式。从环境和水安全角度来看，是有积极意义的。需要克服想要回到最初行为模式的冲动，保持节约用水的习惯。

干旱管理应在技术、政治、公众舆论和法律等不同层面展开。干旱管理需要专业技术来应对固有的复杂性和不确定性，建立冲突调节的体制机制，提升供水管理效率，开展有效和公平的需水管理。供水行业应该在构建干旱治理框架的基础上，将干旱监测、早期预警与主动式干旱管理计划有机结合在一起。

<h1 style="text-align:center">参 考 文 献</h1>

ANA（2010）Atlas Brasil：Abastecimento Urbano de Água. Agência Nacional de Águas，Brasília

ANA（2015）Conjuntura Recursos Hídricos no Brasil：Informe 2014. Encarte Especial sobre a Crise Hídrica. Agência Nacional de Águas，Brasília

ANA（2017）Atlas Esgotos：Despoluição de Bacias Hidrográficas. Agência Nacional de Águas，Brasília

ANA – DAEE（2004）Subsídios para a Análise do Pedido de Outorga do Sistema Cantareira e para a Definição das Condições de Operação dos seus Reservatórios. Nota Técnica Conjunta Agência Nacional de Águas – Departamento de Águas e Energia Elétrica

ANA – DAEE（2016）Dados de Referência acerca da Outorga do Sistema Cantareira. Relatório Técnico Agência Nacional de Águas – Departamento de Águas e Energia Elétrica

Brasil（1997）Lei no. 9.433，de 08 de janeiro de 1997. Institui a Política Nacional de Recursos Hídricos，cria o Sistema Nacional de Gerenciamento de Recursos

Hídricos e regulamenta o inciso XIX do art. 21 da Constituição Federal

Brasil (2007) Lei no. 11. 445, de 5 de janeiro de 2007. Estabelece diretrizes nacionais para o saneamento básico […]; e dá outras providências

CAGECE (2017) Segurança Hídrica da Região Metropolitana de Fortaleza. Apresentação em powerpoint da Companhia de Água e Esgoto do Ceará, Fortaleza, abril

Ceará (1992) Lei no. 11. 996, de 24 de julho de 1. 992. Dispõe sobre a Política Estadual de Recursos Hídricos, institui o Sistema Integrado de Gestão de Recursos Hídricos - SIGERH e dá outras providências

Ceará (2016) Plano de Segurança Hídrica da Região Metropolitana de Fortaleza. Fortaleza: Governo do Estado do Ceará. Julho

COBRAPE (2011) Plano das Bacias Hidrográficas dos Rios Piracicaba, Capivari e Jundiaí 2010 - 2020. São Paulo: relatório final para os Comitês PCJ, Consórcio PCJ e Agência de Água PCJ

DAEE (2013) Plano Diretor de Aproveitamento de Recursos Hídricos para a Macrometrópole Paulista. Departamento de Águas e Energia Elétrica, São Paulo

de Souza Filho FA, do Oliveira PP, Abicalil MT, Braga CF, da Silva SO, de Aquino SH, Camelo Cid DA, de Araújo LM Jr, Braga ACFM (2016) Drought preparedness plans: tools and case studies. In: De Nys E, Engle N, Magalhães AR (eds) Drought in Brazil: proactive management and policy. CRC Press, Boca Raton

Formiga - Johnsson RM, Kemper KE (2005) Institutional and policy analysis river basin management: The Jaguaribe River Basin, Ceará, Brazil. Policy Research Working Paper no. 3649. World Bank, Washington, DC

Formiga - Johnsson RM, de Farias EF Jr, da Costa LF, Acserald MV (2015) Segurança hídrica do Estado do Rio de Janeiro face à transposição paulista de águas da Bacia Paraíba do Sul: relato de um acordo federativo. Revista Ineana (Revista técnica do Instituto Estadual do Ambiente, RJ), vol 3, no 1, pp 48 - 69, jul. /dez

Garjulli R, de Oliveira JL, da Cunha MAL, de Souza ER (2003) Bacia do rio Jaguaribe. In: Formiga - Johnsson RM, Lopes PD (eds) Projeto Marca d'Água: Seguindo as mudanças na gestão das bacias hidrográficas do Brasil. Caderno 1: Retratos 3x4 das bacias pesquisadas. FINATEC /Universidade de Brasília, Brasília

IBGE (2014) Projeção da população do Brasil e das Unidades da Federação. Instituto Brasileiro de Geografia e Estatística, Rio de Janeiro

Marengo JA, Nobre CA, Seluchi ME, Cuartas A, Alves LM, Mendiondo EM, Obregón G, Sampaio G (2015) A seca e a crise hídrica de 2014 – 2015 em São Paulo. Revista USP 106: 31 – 44

Porto M (2003) Recursos Hídricos e Saneamento na Região Metropolitana de São Paulo, um desafio do tamanho da cidade. World Bank (Série Água Brasil, no. 3), Brasília. Abril

SABESP (2015) CHESS: Crise Hídrica, Estratégia e Soluções da SABESP para a Região Metropolitana de São Paulo. Relatório Técnico da Companhia de Saneamento Básico do Estado de São Paulo, São Paulo, 30 de abril 264 F. de Assis Souza Filho et al

São Paulo (1991) Lei no. 7. 663, de 30 de dezembro de 1991. Estabelece normas de orientação à Política Estadual de Recursos Hídricos bem como ao Sistema Integrado de Gerenciamento de Recursos Hídricos

SRH – CE (2017a) Gestão das águas e segurança hídrica de abastecimento público em situações de escassez: o caso do Ceará. Apresentação em powerpoint da Secretaria de Recursos Hídricos do Estado do Ceará, Fortaleza, abril

SRH – CE (2017b) Ações do Estado do Ceará em resposta aos efeitos da seca no âmbito dos recursos hídricos 2012 – 2017. Apresentação em powerpoint da Secretaria de Recursos Hídricos do Estado do Ceará, Fortaleza, abril

SSRH – SP (2017) O Planejamento e o Sistema de Gerenciamento no Estado de São Paulo. Apresentação em powerpoint da Secretaria de Saneamento e Recursos Hídricos do Estado de São Paulo, São Paulo, abril

第 11 章　美国加利福尼亚州：基础设施、机构和全球经济体的水安全

作者：杰伊·伦德 (Jay Lund)、
若苏埃·梅德林·阿祖若 (Josué Medellín-Azuara)

摘要：美国加利福尼亚州（以下简称加州）的水资源无论在水文季节和年度上，还是其用水需求上，变化都很大，加州的人口和经济结构也发生了巨大变化。加州这样的状况一般都会使水资源更为脆弱，更易发生水资源短缺和洪水现象，但州政府采取的措施却很有效。加州各地建立了半自治的地方、区域和州级水资源管理机构，负责各类水利基础设施的管理和运营。尽管面临诸多挑战，但通过建立规章、水权制度、用水合同和激励机制等，这些不同的机构合作良好，管理设施正常运行。加州的半干旱和多变的气候，持续增长的人口，变化中的经济结构和社会目标，不断挑战着加州的管理体制和其水利基础设施。然而，加州政治上采用的分权制度，不断地促进了地方的创新，加之极端事件引起的关注，使创新不断扩大到区域和全州层面。加州气候的多变性也不断地促进了政治层面支持大、小规模水资源管理创新的积极性。层出不穷的问题催生出富有远见的不断变革，这在一定程度上保障了加州大部分地区的水安全（尽管并非100%）。

11.1　简介

有效的水资源管理为公共卫生、经济繁荣和政治稳定奠定了基础。水资源管理水平决定了文明的兴衰。人们会自然

地关注水资源管理对整体安全保障的作用。水资源等领域的安全至关重要，涉水的一点点焦虑或轻微的威胁，都会为水资源管理系统的运行和维护带来持续的关注和源源不断的资源。

尽管有效的水资源管理对健康和繁荣至关重要，但或许只有在繁荣的社会中有效管理水资源才能实现，因为在这样的社会里其功能才能正常发挥。没有普遍有效的管理和组织，水资源管理系统就会随着不断积累的运行和维护问题很快陷入瘫痪。

水资源管理通常可以反映出社会的繁荣和问题，它会促进社会繁荣，但也会带来新的问题。有效的水资源管理对社会的进步是必不可少的，但并不是唯一的决定性因素。

加州是世界上最大、最繁荣的经济体之一，人口众多，农业产值巨大。虽然地处全球水文变化最大的半干旱地区，但水利基础设施建设和水资源管理机构奠定了加州繁荣发展的基础。

本章回顾了加州水资源开发和其原因、它的成就和教训、当前挑战及未来前景。总体上，加州同过去一样，始终面临巨大的水资源挑战，但只要其多元化治理且高度自治的管理系统能够始终聚焦且有组织地解决已有和不断发生的问题，前景还是令人乐观的。

11.2 加州水系统

加州的水文情势和用水需求变幅较大。该地区的年均径流量中，2/3的径流量产自该州20%的地表面积，而该州近九成的径流量仅产自40%的地表面积。另一个极端情况是，该州最干旱的30%的地区年径流量仅占总量的0.1%。加州的地中海气候加剧了水资源供应的地域差异，夏季旱期较长，从4月下旬持续到11月，而雨季较短。人们对水资源的需求和可用的水资源分布明显不匹配，该州大部分农作物和城市位于极度干旱区域，且在漫长的旱季用水量最多（Hanak 等，2011）。

加州巨大的降雨年际变化加剧了这种不匹配。在整个美国，加州的降水量年均变异系数最大（Dettinger 等，2011）。实际上，全美最极端的干湿年份都发生在加州。

加州狭长平坦的中央河谷汇聚了主要河流的大部分水资源，并为大型运河的修建创造了条件，这些运河将水资源从该州较为湿润的地区调往较为干旱的地区。这一战略极大缓解了加州水资源供需空间不均衡的矛盾。

加州的多山地形和广阔的沉积型地质为大量的地表水储存、大规模水力发电提供了不同寻常的地质条件，还包括大范围的含水层。这些有助于缓解加州季节性和年际间的水资源变化，在雨季储蓄的大量水资源和水能资源，可供旱季时使用。

加州水利基础设施的建设和运营普遍采用的是分权管理，也有部分由州政府集中管理，数以千计的当地、区域、州和联邦机构都参与其中。在加州，几乎所有的地方和区域水务机构都由各自的理事会负责管理，理事会成员是由当地选举或由地方民选官员任命产生的。水资源管理系统被地方政府赋予了自治权，从而催生了特殊的地方问责制，由地方募集用于供水设施保障的资金，使得地方上可以参与更大范围的州级和区域层面的管理和决策。这些机构间协调机制产生的积极影响，与加州水利基础设施发挥的巨大作用不相上下。

11.3　政策演进历程

加州的水资源管理系统在持续不断地发展。从历史上看，水资源管理系统发生过多次巨大变化，并在持续演进。图 11.1 总结了水资源系统的发展历程以及地方、区域和州层面的基础设施、法律和政策的不同发展阶段。

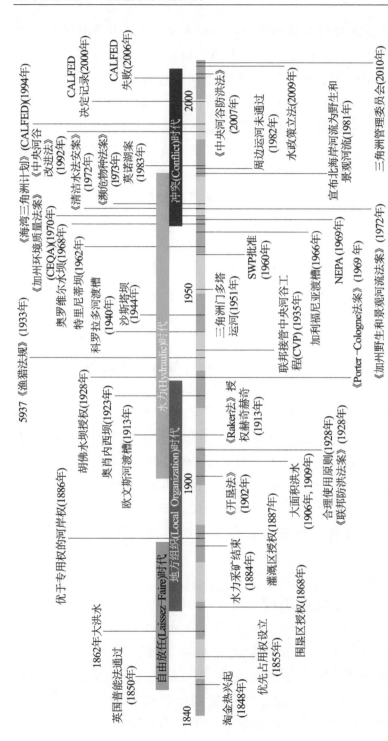

图 11.1 加州水资源管理的历史进程

资料来源：Hanak 等，2011

加州水资源管理起源于拥有这片土地的个人和企业极其分散的管理活动，这种管理方式至今仍有大部分保留。而在防洪问题上，当地则不得不依靠新设立的地方机构，由专业人员修建地方灌排沟渠和引水系统加以解决。在某些情况下，水利基础设施是由当地私人部门负责开发的，如灌溉公司开发土地出售给农民，或由当地农民共同开垦水源区。还有一些情况下，越来越多的水利基础设施由地方民选政府设立的专门机构负责开发，如灌溉系统和防洪堤（Kelley，1989；Pisani，1984）。

由于地方资源有限，无法满足当地供水或防御较大洪水侵袭的要求，因此更多规模较大的区域机构和组织也参与到相关工作当中，并由此促成了一些区域项目。最初从城市开始，比如，1928 年的洛杉矶渡槽项目（Los Angeles Aqueduct，1913）和旧金山赫奇赫奇水库项目。随后，地方机构建立了区域调水机制，并先后于 20 世纪 20 年代末和 30 年代修建了奥克兰莫凯勒米渡槽和南加州大都会科罗拉多河渡槽等工程。随着经济、人口持续增长和水资源的供不应求，加州还建设了一批遍及全州范围的大型水利项目，如联邦中央河谷工程和加州调水工程；以及多个区域项目，如美国陆军工程师兵团在 20 世纪 40 年代至 80 年代为图莱里流域和周边地区提供供水保障而修建的数座堤坝。

加州的萨克拉门托山谷很早就实行了洪水区域化管理，20 世纪初，由于原有堤防无法应对较大规模的区域性洪水，因此在区县、州和联邦层面，不同的防洪项目被赋予了不同的功能定位。数十年来，加州在地方自建防洪堤的基础上，由不同层级的机构共同努力，逐步建成了较完备的区域防洪体系。现如今，萨克拉门托防洪分流系统能够将大部分洪水从河流主干道分流出去，这是以前大部分防洪堤无法实现的。目前，地方行政部门主要负责防洪堤的维护保养，而州和联邦部门负责提供资金和检查。

11.3.1 水旱灾害推动创新

水旱灾害有助于推动各级政府水资源管理的战略转移，特别是在区域和州层面。表 11.1 总结了旱灾推动创新的历史进程。每次旱灾都有不同的水文特征，其地域特征、持续时间和强度也各不相同。近期发生的旱灾总是伴随着高温（Hanak 等，2015）。每次加州受灾时的经济状况、需水量、涉及的水利基础设施、管理机构及社会组织等都有较大差异。

表 11.1　加州历次旱灾及其影响、创新点与主导创新者

日期	影　响	创　新　点	主　导　创　新　者
19 世纪	牲畜死亡，农作物绝收	地方灌溉，1873 年联邦中央河谷研究	地方、私营单位
1924 年	农作物绝收	地方蓄水工程，主要水利工程计划（区域/州）	地方、公共与私营调水
1928—1932 年	三角洲盐碱化，农作物减产	全州范围内主要大坝和运河工程计划	区域和州级水坝和运河
1976—1977 年	主要城市和农业缺水	城市节水，早期市场	地方城市节水，水权交易
1988—1992 年	城市和农业缺水，鱼类濒临灭绝	供水网络、结合使用、市场、节水、区域	供水网络、结合使用、水市场、新增蓄水（区域、地方）
2007—2009 年	农业和渔业供水短缺	用水报告新要求，新三角洲规划机构，城市强制节水令	采集更多数据，新三角洲规划机构，城市强制节水令
2012—2016 年	温暖干旱，三角洲水量少，农业严重缺水，渔业和林业受损	地下水可持续性立法、三角洲屏障、其他用水报告	地下水（地方/州），加州城市强制节水令

资料来源　Lund，2014 年。

　　19 世纪的旱灾对雨养农业和畜牧业经济造成了直接影响，而畜牧业又是皮草贸易的主要支撑。加州旱季漫长，旱灾频发，供水对经济的制约变得尤为明显，农民依靠当地河流修建了地方灌溉系统。到 20 世纪初，随着建坝能力和施工环境适应性的提升，为进一步应对旱灾，加州揭开了大型蓄水设施和区域内/跨区域调水工程规划建设的序幕。1928 年至 1932 年间，连年的严重干旱推动了地方、区域和州内更多重大水利工程规划的出台。实际上，许多大坝建于 1940 年至 1980 年间，尤其是联邦中央河谷工程和加州调水工程。

　　1976 年至 1977 年的旱灾虽然只持续了两年，但其中包括有史以来最为干旱的年份。此次旱灾发生在人口和经济持续增长的时期，大型水利工程的应急救灾能力得以充分体现。尽管如此，这些工程仍然无法在整个旱灾期间为旧金山湾区和大多数农民提供充足的水源。为此，加州首次提出，要在全州 40％ 的区域内开展广泛、深度的城市节水工作，并制定了建立应急供水网络、水权交易市场和其他相关措施。节水工作的迅速开展大大减轻了旱灾造成的经济损失（水资源部，1978）。这场旱灾过后，加州主要城市的供水部门都制定了关键的需水管理方案，水权交易市场的作用更加凸显，交易额大幅增加。1977 年旱灾标志着加州的水资源管理已将工作重点从基础设施建设转向了供需管理，而一批水库的建成运行也发挥了作用，产生了巨大的经济效益。

　　1988 年至 1992 年的旱灾再次引起人们对供水、水权交易和节水工作的关注。这次旱情导致多个生物物种成为受威胁或濒危物种。旱灾促进了城市节水工作的广泛开展，水市场合同量和活动量大幅增长，地表水和地下水统筹使用，多个地表水水库和地方系统供水网络得以修建，这些举措极大地提升了供水系统的灵活性和容量。

　　2007 年至 2009 年的中度旱灾持续时间不长，但与此同时，土著鱼种的数量再次大幅减少，这给加州萨克拉门托-

圣华金三角洲地区抽取水资源量提出了新的限制要求。旱情和生态退化使部分地区的农业遭受巨大损失。尽管城市和大部分农田也面临严峻的供水压力，但情况并没有坏到哪去。

2012 年至 2016 年，加州干旱程度严重、持续时间长且气候异常温暖，都预示着旱灾的到来。农业、生态和城市都面临严重的水资源短缺。多亏了供水网络的正常运转、含水层和水库提前蓄水、水权市场交易和长期的节水工作，绝大多数城市都未出现紧急情况。而另一方面，得益于地下水补给和走高的全球商品价格，加州农业仅遭受了轻微损失。（相比于人类活动，生态环境可就没有这么幸运了。）自然环境变化无常，长期极度干热的气候加速了土壤水分蒸发和积雪消融，导致 1 亿多棵树木干枯死亡，大片森林消失。本地鱼类数量本就持续减少，受干旱影响，更是岌岌可危。相比之下，水禽受到的不利影响要小得多，这多亏了适时到来的冬季风暴以及个人、州、联邦和非政府机构等多方组织的有效救援行动，在旱灾期间为鸟类迁徙提供了充足的栖息地。近期的旱灾也带来了许多具有长期影响的创新，其中，在州政府监督下由地方和区域机构共同开展的地下水管理可能是最具变革性的创新之一。

加州的洪灾历史也是如此，留下了很多相似的创新和改进经验，这使得人们对此后的极端事件管理变得更加从容，遭受的损失也越来越小（Kelley，1989）。

11.3.2 水资源"组合管理"

加州水资源管理的一项重大创新是（借鉴金融投资管理理念）发展出了水资源"组合管理法"。该方法包括：各种供水和需水管理方案的"打包组合"，以及帮助不同用水主体开展有效合作的具体举措。表 11.2 列举了水资源供应的组合措施，适用于洪水管理（Lund，2012）、水质和环境管理。组合措施的发展和完善为水资源管理创造了许多新的机遇，实现了成本降低、丰枯年际间用水的统筹平衡，并通过联结大量利益相关者和有关机构，实现了互利共赢。

表 11.2　　地方、区域和州层面的水资源管理组合措施

供　　水	
可 利 用 水 源	处 理 方 式
雾、降水、溪流、地下水和废水收集	现有水资源和废水处理
水源水质保护	新生水和废水处理
输水能力	废水再利用
运河、管道、含水层、运输船或卡车（海运或陆运）、瓶罐等	海水淡化
	受污染的含水层
蓄水能力	作业
地表水水库、含水层和补给、水箱、积雪等	蓄水和输水再作业
	结合使用
需 水 量 和 水 量 分 配	
农业用水效率与削减	生态系统需求管理
城市用水效率与削减	再生水使用效率
水 利 管 理 人 员 协 作 激 励 措 施	
定价	补贴、税收
市场	教育
"规范化"教导	互利合同

资料来源　Hanak 等，2011。

　　各类有待实施的供需管理措施，尤其是适用于不同地理条件、基础设施及需水状况的措施，为加州日益健全的水资源管理系统提供了保障。该系统在抵御重大水旱灾害时，已经表现出了较强的经济保障能力。以合同或协议形式在水利机构间实施组合管理，不仅激励了各水利机构间开展更加深入的合作，也极大地抑制了可能造成破坏的用水冲突。如今，加州城市水务部门向农业区支付一定的节水费用（农业节水的份额转而出售给城市），并在丰水年从灌区购买水资源，储蓄起来以备枯水年使用，这样的例子不胜枚举。而一

些储存在农业区的水资源，则是通过城市节水保留下来的
（Hanak 等，2011）。

11.4 相对成效

与世界上其他一些地中海气候的区域，尤其是那些同样
处于干旱半干旱地区的发达国家和发展中国家相比，美国加州
在统筹和优化经济、粮食生产和生态系统等多目标方面积累了
比较成功的经验（表 11.3）。与 19 世纪相比，尽管当前仅存
的湿地面积只有原来的 5%，大多数鱼类的洄游通道已被水坝
和其他供水防洪设施阻断了，但近年来的干旱却没有影响到保
护鱼类栖息地的生态供水。生态系统仍然是干旱期水安全保障
最为脆弱的环节之一，而且还在继续退化。总体上，加州的成
效还不错，但是许多地区仍然有待实质性的改善。

表 11.3　全球地中海气候地区人口、财富、粮食
生产和本地水生生态系统对比

国家/州	人口（万人）	财富（GDP PPP/人）（美元）	粮食生产（亿美元）	天然淡水水生生态系统条件
加利福尼亚	3900	62000	450	陷入困境、不断退化
阿尔及利亚	3900	13000	80	大量退化
澳大利亚	2400	68000	250	显著退化
智利	1800	22500	80	显著退化
希腊	1100	26000	60	大量退化
以色列	800	36000	30	大量退化
意大利	6100	35600	290	大量退化
摩洛哥	3300	7000	90	大量退化
南非	5400	12500	130	陷入困境、不断退化
西班牙	4600	43000	320	大量退化

资料来源　Lund，2016。

11.5　水安全问题依然严峻

严重的水问题长期伴随着加州的发展，其中，历年来最为严重的几个问题是由天气、经济、基础设施、政策和环境条件等不同因素导致的。如今，加州最严重的水管理缺陷，以及引发焦虑和水危机的源头分布在多个领域。

本章总结了加州一些主要用水部门水安全最突出的方面。

- 实践证明，城区已为极端水情和未来情景做了充分准备。大部分城市水务机构组织健全、责任明确、资金充足、自治性强，能够有效解决本地或区域问题。尽管城市水务机构仍有待进一步完善，但只要每个部门都能各尽其职，那么保持未来繁荣的前景将一片光明；

- 加州的农业发展呈现出多样化特征；在大部分地区，农业已经非常发达，并保持良好的发展态势。但也有例外，特别是在圣华金河谷，随着新法案的出台，地下水超采问题得以解决，但萨克拉门托-圣华金三角洲的主要水源供应也岌岌可危。在全州范围内，约有 10%～15% 的农业灌溉用地将休耕；不过由于这些土地盐碱化程度较高，生产力和产出效益较低，因此经济损失相对较小。加州持续开展作物改良和结构调整，加大种植高价值、用于出口的农作物，将进一步实现加州农业产值的增长和集中；

- 农村供水也面临重大问题。尽管农村大部分地区水资源充足，但许多农田受到硝酸盐（主要来自农业）和其他形式的地下水污染，且部分地区的地下水位正在下降。这些问题虽然较为严重，但大多发生在人口密度低、经济规模有限和组织管理不规范的地区；

- 生态系统管理或许是加州最深层次和最为普遍的水

资源管理问题。多年来，生态系统目标不仅从未得到改善，而且还缺少稳定和充足的资金，以及能够真正发挥作用的利益相关机构。水鸟利益保护组织也许是组织能力最强和高效的群体，从该组织上一次成功应对旱灾的案例中可见一斑。几十年来，森林及森林管理系统都明显退化和弱化了，这加剧了上次旱灾中的森林损失。本地的渔业利益保护组织也未能提出有效的解决方案或发挥支撑作用；

- 洪水是加州的另一个"老大难"问题。一方面是因为洪泛平原上遍布着居民，另一方面，洪水的水文变异性较高，难以预测。洪水管理部门经过数十年的艰苦努力，终于在最近几年获得了国家债券资金的支持，对防洪设施做了升级改造。这样的改善和成效能否持续还有待进一步观察。一些大型基础设施的维修养护问题依然存在；

- 萨克拉门托-圣华金三角洲地区仍然需要长期关注，该地区的水资源管理目标与更大范围的区域和州层面的供水、防洪和栖息地保护等管理目标存在冲突，且难以协调。其中，三角洲南部和西部地区的农业和城市用水，以及栖息地的生态需水，都对整个加州水资源管理系统提出了严峻挑战。

有些问题因为涉及多个部门、且不断变化，已经超越了本地区所能解决的范畴，如气候变化和地下水。虽然有研究表明，即使是剧烈的气候变化，加上地下水超采，依然不会从根本上威胁到全加州的经济发展（Medellin - Azuara 等，2011，2015；Nelson 等，2016），但是，在未来不利气候条件影响下，即使管理良好，部分地区的农业和环境也会受到一定影响。

在很大程度上，对于像加州这样一个组织健全、经济繁荣的地区，作为全球经济体的一部分，水安全不应该构成重大挑战。加州长期受益于当前状况，而且随着全球经济纽带作用和水资源管理机构的进一步强化，其收益也将不断增加。然而，作为一个半干旱地中海气候条件下、农业用水需求巨大的重要经济体，加州总会出现一些用水紧张的状况。这种紧张的局势可以推动加州持续保持并不断提升在水资源管理领域的高水平，并帮助我们更好地解决其水资源管理的不足。

11.6　干旱引发的安全问题及全球化

全球化的交通、通信和贸易从很大程度上降低了干旱对不断增加的经济全球化地区公共卫生和经济造成的影响。现代天气预报、通信和交通设施的改善也极大地减少了洪水造成的生命财产损失。从全球来看，近几十年来，涉水灾害导致的死亡人数，无论从总量上还是比例上来看，都大幅下降（见图 11.2）。尽管地方和区域层面的水资源管理水平提升可

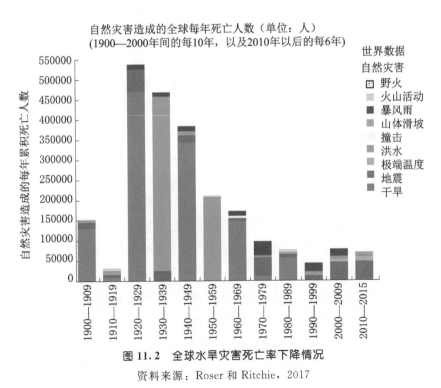

图 11.2　全球水旱灾害死亡率下降情况

资料来源：Roser 和 Ritchie，2017

对加强水安全保障发挥巨大作用，但经济全球化、全球天气预报和通信发挥的作用更是不可忽视。由于交通运输条件和全球粮食贸易的改善，因干旱死亡的人数锐减；由于全球和当地天气测报水平、应急疏散能力的提高，以及对功能分区的日益关注，因洪水死亡的人数也大幅减少。

11.7　结论

尽管地处半干旱的地中海气候区，但通过有效的分权管理和健全的基础设施，美国加州成功实现了水安全目标，并依靠富有活力的经济发展支撑了公共健康和社会繁荣。

加州经济全球化的实质为水安全做出了积极贡献，在正常情况下和干旱时期提供了便宜的替代食品，维持了整体经济的繁荣走势。

只要对现有措施组合进行妥善的管理，并保持强劲的经济势头，加州水安全可在全州范围内得到保障，即使在严峻和长期干旱的条件下也能够应对（Harou 等，2010）。那么在这种情况下，对水资源安全得不到保障的恐惧，则更像是由水资源引发的危机感。

在加州，为实现水安全目标而大兴土木的时代早已成为过去。利用好现有的基础设施和管理机构，以及在蓄水和调水方面采取创新举措，就可以最大限度地满足未来农业、城市和生态系统的用水需求。在这个持续变化和多样化的复杂系统中，还需要保持和增加系统的灵活度。

如果管理得当，保持居安思危，就可以支持供水系统的有效运行和维护，并持续提高系统在各种条件下的适应性。干旱及其他极端涉水事件也可将大众对水危机的担忧转化为水资源管理创新的机遇，以适应各种变化。

加州多变的气候条件为各类水资源管理创新提供着政治支持。因此，针对层出不穷的问题，加州水资源管理逐渐形成了一种富有远见的渐进主义，在一定程度上保障了全州大部分地区的水安全（尽管并未覆盖所有地区）。

参 考 文 献

Department of Water Resources (1978) The 1976 – 1977 California drought：a review. California Department of Water Resources，Sacramento

Dettinger M et al (2011) Atmospheric rivers，floods and the water resources of California. Water 3 (2)：445 – 478

Hanak E，Lund J，Dinar A，Gray B，Howitt R，Mount J，Moyle P，Thompson B (2011) Managing California's water：from conflict to reconciliation. Public Policy Institute of California，San Francisco. http：//www. ppic. org/publication/managing – californias – water – from – conflict – toreconciliation/

Hanak E，Mount J，Chappelle C，Lund J，Medellín – Azuara J，Moyle P，Seavy N (2015) What if California's drought continues? Public Policy Institute of California，San Francisco. http：//www. ppic. org/publication/what – if – californias – drought – continues/

Harou JJ，Medellin – Azuara J，Zhu T，Tanaka SK，Lund JR，Stine S，Olivares MA，Jenkins MW (2010) Economic consequences of optimized water management for a prolonged，severe drought in California. Water Resour Res 46 (5). https：//doi. org/10. 1029/2008wr007681

Kelley R (1989) Battling the inland sea. University of California Press，Berkeley

Lund JR (2012) Flood management in California. Water 4：157 – 169. https：//doi. org/10. 3390/w4010157

Lund J (2014) California droughts precipitate innovation. California Water Blog，21 Jan. https：//californiawaterblog. com/2014/01/21/california – droughts – precipitate – innovation/

Lund J (2016) California's agricultural and urban water supply reliability and the Sacramento – San Joaquin Delta. San Francisco Estuary Watershed Sci 14 (3). https：//escholarship. org/uc/item/49x7353k

Medellín – Azuara J，Howitt RE，MacEwan DJ，Lund JR (2011) Economic impacts of climate – related changes to California agriculture. Clim Change 109 (Supp. 1)：S387 – S405

Medellín – Azuara J，MacEwan D，Howitt RE，Koruakos G，Dogrul EC，Brush

CF，Kadir TN，Harter T，Melton F，Lund JR (2015) Hydro - economic analysis of groundwater pumping for California's Central Valley irrigated agriculture. Hydrogeol J 23 (6): 1205 - 1216

Nelson T，Chou H，Zikalala P，Lund J，Hui R，Medellin - Azuara J (2016) Economic and water supply effects of ending groundwater overdraft in California's Central Valley. San Francisco Estuary Watershed Sci 14 (1). https://escholarship. org/uc/item/03r6s37v

Pisani D (1984) From the family farm to agribusiness: the irrigation crusade in California，1850 - 1931. University of California Press，Berkeley

Roser M，Ritchie H (2017) Natural catastrophes. OurWorldInData. org. https://ourworldindata. org/natural - catastrophes/